教育部农林经济管理特色专业建设点项目引进教材

林业经济学

张道卫　［加］皮特·H·皮尔森　著

刘俊昌　贺超　孟莉　龚亚珍　译

张道卫　校

中国林业出版社

Originally published as Forest Economics ⓒUBC Press, Vancouver, Canada, 2011. Amended for the Chinese-language edition only.

原著为《森林经济学》，加拿大，温哥华，不列颠哥伦比亚大学出版社，2011。仅为中文版修订。

图书在版编目(CIP)数据

林业经济学／张道卫，(加)皮尔森著；刘俊昌等译．－北京：中国林业出版社，2013.10
(2024.1重印)
教育部农林经济管理特色专业建设点项目引进教材
ISBN 978-7-5038-7242-6

Ⅰ．①林… Ⅱ．①张… ②皮… ③刘 Ⅲ．①林业经济学－高等学校－教材 Ⅳ．①F307.2

中国版本图书馆CIP数据核字(2013)第246092号

著作权合同登记号：01－2013－7783

出 版 人	金 旻
责任编辑	徐小英 何 鹏
封面设计	赵 芳

出版	中国林业出版社(100009 北京西城区刘海胡同7号)
E-mail	hepenge@163.com 电话 (010)83143543
网址	http://lycb.forestry.gov.cn
发行	中国林业出版社
印刷	北京中科印刷有限公司
版次	2013年9月第1版
印次	2024年1月第3次印刷
开本	787mm×1092mm 1/16
印张	16
字数	399千字
印数	3001~3500册
定价	45.00元

FOREST ECONOMICS

Daowei Zhang and Peter H. Pearse

UBCPress · Vancouver · Toronto

©UBC Press 2011
Paperback published 2012

All rights reserved. No part of this publication may be reproduced, stored in a retrieval system, or transmitted, in any form or by any means, without prior written permission of the publisher, or, in Canada, in the case of the photocopying or other reprographic copying, a licence from Access Copyright, www.accesscopyright.ca.

20 19 18 17 16 15 14 13 12 11   5 4 3 2 1

Printed in Canada on FSC-certified ancient-forest-free paper (100% post-consumer recycled) that is processed chlorine-and acid-free.

Library and Archives Canada Cataloguing in Publication
Zhang, Daowei
  Forest economics/Daowei Zhang and Peter H. Pearse.

Revision and expansion of: Introduction to forestry economics.
Includes bibliographical references and index.
Also issued inelectronic format.
ISBN 978-0-7748-2152-0 (bound); ISBN 978-0-7748-2153-7 (pbk.)

  1. Forest and forestry-Economic aspects. I. Peares, Peter H. II. Title.

SD393.Z53 2011   338.1'749   C2011-903547-2

e-book ISBNs: 978-0-7748-2154 (pdf); 978-0-7748-2155-1 (epub)

Canada

UBC Press gratefully acknowledges the financial support for our publishing program of the Government of Canada (through the Canada Book Fund), the Canada Council for the Arts, and the British Columbia Arts Council.

Printed and bound in Canada by Friesens
Set in Syntax and Cambria by Artegraphica Design Co. Ltd.
Text design: Irma Rodriguez
Copy editor: Frank Chow

UBC Press
TheUniversity of British Columbia
2029 West Mall
Vancouver, BC V6t 1Z2
www.ubcpress.ca

中文版作者序

  中国、美国、加拿大都属于世界上面积最大国家之列,各自拥有辽阔的森林。尽管这些国家在经济发展水平、政治体制和文化生活等方面都有很大差别,但在管理好面积辽阔、多种多样的森林,并使林业为经济建设、提高人民生活质量和实现可持续发展贡献出最大效益是各国林业工作者所共同面临的艰巨任务。目前,包括中国、美国、加拿大在内的世界各主要木材生产国的森林和林地是由各级政府和包括家庭在内的私人企业混合地进行经营的。政府政策、法律和决策,对森林管理、林地利用和林业生产有重大甚至决定性的影响。毫无疑问,各国林业工作者能够分享实现森林效益最大化和经营各自国家的森林等有关信息、经验、和观点,并从中受益。

  本书中文版的出版发行也许能为实现信息交流作出相应的贡献。新中国成立和多年来中国林业发展的成绩引人瞩目。目前,中国正在进行对森林经营管理体制改革的探索和实践;并实施了天然林保护、京津风沙源治理、防护林建设、退耕还林、速生丰产林和野生动植物保护等林业生态建设工程。这些探索和实践,涉及土地利用、长期木材供需平衡、造林和营林投资、非木材林产品的生产和服务(特别是生态效益)的提供和森林保护等重大林业发展问题,以及为解决这些问题所制定的一系列政策。本书将有助于这些探索和实践,并帮助理解如何借助市场和政府的力量最有效地实现这些工程的目标。

  非常感谢刘俊昌、贺超、孟莉和龚亚珍在繁忙的工作中抽出时间翻译了这本书。本书中文版的出版发行能使我们接触到更多的中国学生和读者,我们为此感到高兴。

  为了方便中国学生和读者使用此书并征得原出版社同意,本书作者之一在每章最后写了要点与讨论部分,指出该章的内容如何应用和解决中国林业经济的相关问题。尽管如此,本书的许多方面还不能满足中国学生和读者的需要。希望读者能够将你们的评论、批评和建议告诉我们,以便再版时参考。

张道卫

皮特·H·皮尔森

2013 年 3 月于美国奥本大学

译者序

随着我国对外交流和开放的逐步深入，国内林业经济学者与国外林业经济同行的交流日益频繁和紧密，国外林业经济学教学的方法和内容也不同程度地被引进到国内的教学和教材中来，对提升我国林业经济学的教学水平起到了促进作用。

相对于林业经济学界日趋紧密的人员交流，国外优秀林业经济学教材的引进却有些滞后。在过去的20年中，只有张道卫教授翻译的皮特·H·皮尔森先生（加拿大）所著的《林业经济学概论》于1994年由中国林业出版社出版。时至今日，林业经济学不论从教学内容还是教学方法都有了很大的变化。为了更好地学习和借鉴国外林业经济学教材推动我们的林业经济学教学和教材建设，近年来我们一直试图寻找一本优秀的林业经济学教材，但2000年以来，国外出版的林业经济学教材不多，且由于联系作者和版权的困难，使我们的愿望一直没有实现。

张道卫教授和皮特·H·皮尔森教授于2011年出版的这本林业经济学为我们多年愿望的实现带来了可能。当我们与张道卫教授联系翻译出版这本教材时，他不但答应了我们的要求，还帮助我们联系了版权转让等相关事宜，使得本教材的出版成为现实。

张道卫教授和皮特·H·皮尔森教授长期在高校教授林业经济学课程，对林业经济学的教学方法和内容有很好的把握，是这一领域著名的专家和学者。他们合作出版的这本教材是皮特·H·皮尔森教授上一本教材的修订版，是这一领域一本优秀的教科书。正如原美国耶鲁大学和加拿大不列颠哥伦比亚大学林业经济学教授克拉克·S·宾克利教授为这本新作所做的序中指出，"它是一本全面、详尽和现代版的教材。它是一本真正意义上体现了本领域两位优秀作者各自优势和紧密合作的新书。……这本教材包含了皮尔森原教材的精髓和自那本教材出版以来所取得的新进展。"目前，该书已成为美国、加拿大和南非等国家近20所大学的林业经济学的教材。我们希望这本教材中译本的出版，能够有助于我国林业经济学教学和教材建设。

本书由刘俊昌组织翻译并统稿。张道卫教授校译。各章翻译的分工：第一、二、五、六章和十三章译者是刘俊昌，第三、十、十一章和十二章的译者是北京林业大学经济管理学院的贺超副教授，第七、八章和九章译者是博闻锐思商务咨询（北京）有限公司的孟莉博士，第四章的译者是中国人民大学环境学院的龚亚珍博士。由于译者水平有限，恳请读者批评指正！这本翻译教材的出版得到了北京林业大学经管院和中国林业出版社的大力支持，在此表示衷心的感谢。

刘俊昌
北京林业大学经济管理学院教授、博导
2013年7月于北京

原英文版序

在过去的30多年中,我曾经为本科生、研究生和经验丰富的金融投资者讲授林业经济学。后者对经济学有很多的了解并对林业产生了兴趣,他们期望将经济学与林业结合起来。这本新的教科书适应所有这些背景不同的学生和商业人士学习林业经济学。

经济学是学习如何最优地配置资源以实现全社会目标的一门学科。经济学的规范性要素是:如果人们想要达到既定的目标,他们应该如何付诸行动。经济学还有一个说明性的要素是:如果有重要影响的行为主体(私人个体、企业和政府)间互相影响并且各自追求自身利益最大化,那么关键性的经济因素如木材价格、采伐量和活立木蓄积将如何变化?这本书对这两方面都给予了讨论。

虽然名义上本书是对皮特·H·皮尔森1990年的经典教材——林业经济学概论——的新修订版,但是它实际上是一本崭新的教材。这部林业经济学全面、详尽和现代;它是一本真正意义上体现了本领域两位优秀学者各自优势和紧密合作的新书。皮尔森对加拿大的林业政策和自然资源管理作出了巨大的贡献。他发表在加拿大《林业》杂志上的开拓性文章——"最优林业轮伐期"——为许多学生对这一问题的学习提供了很好的素材。由于相对于每年的采伐量来讲森林蓄积量非常大,林业可能是现代经济中资本投入最密集的经济活动。几个世纪以来,最有效的利用资本投入是林业经济中最基本的原则。这本教材包含了皮尔森原教材的精髓和自那本教材出版以来有关文献上所取得的各种新进展。张道卫在林业市场和政策方面的卓有成效的分析研究(正如在他有关北美木材市场的专著《针叶锯材战争:政治、经济和美国与加拿大长期的贸易摩擦》中所展示的那样),为本书提供了扎实的、规范性的基础。张道卫和皮尔森一同发表过林业产权安排对管理效果影响的研究成果。本教材也包含了这一重要的主题。

两位作者都教授林业经济学多年。这本教材汇集了他们的智慧和成果。同时也包含了我过去教学时用过的部分材料。当时我在加拿大不列颠哥伦比亚大学教授林业经济学时,张道卫协助了我的教学。教授林业经济学的教师们会发现这本教材很适合一个学期的教学,其十三章的内容大部分都可以放到一个学期的教学中去讲授。

这本教材为学习林业经济学的学生和商业人士提供了有益的帮助。它将经济学的原理与私人和公共林业决策联系起来。这种联系体现在时间与空间上的资源配置、林业行业的各种市场(包括国际贸易)与市场干预、没有市场价值的生态系统服务的评价、林业税费及林业发展的长期动态和过程。这本教材将传统的间隔时间分析扩展到更现代和更严格的连续时间分析的范式。教材中对政策的讨论包括了永续产出规则的影响、环境保护规则、政府刺激对营造林集约投入的影响和效果、不同森林产权安排的产生和效果、林业税费和林业在经济发展中的作用。这些有关政策的讨论都有理论分析和实际例证。

森林具有各种各样的不同用途。对于广大民众来讲，森林是人们日常生活的基础。土著居民将森林视为他们的家园。森林帮助全球生物化学系统有规律的循环运转。在没有或基本没有人类干扰的环境中，森林提供了重要的精神、生态和文化价值。今天森林所提供的木材仍旧是世界上非常重要的原材料和能源之一。可持续林业要求我们尊重森林的所有价值。林业经济学使人们能够从如何最好的利用和经营森林的视角来对待森林。这本书提供了实现这一目标的工具。

克拉克·S·宾克利
剑桥，马萨诸塞州

原英文版前言

这本教材是对 1990 年皮特·H·皮尔森出版的《林业经济学概论》的全面修订和扩充。它适用于林学的本科生在选修林业经济学课程时使用，也适用于具有不同学术背景的研究生在学习森林经理和林业政策时使用。

这本教材凝聚了两位作者，在美国和加拿大教授本科和研究生的林业经济学课程累计 50 多年的经验和体会。与上一版本相比，本书的范围有所扩大、内容进行了更新，同时在深度上也有所提升，案例资料更丰富。当然，本书的重点还是对基本的经济学概念、原理和在分析私有林与公有林的决策中所用到的经济学理论和方法的介绍。

在我们看来，林业是一门以实现预定社会目标为目的的有关经营土地和森林的应用科学。这些社会目标包括人们所需要的各种产品与服务；例如工业用材的生产和休闲与游憩。经济学帮助人们进行正确的决策，以便有效地配置资源和利用这些资源生产对人们有价值的产品。我们两人的职业生涯都是从林业开始，随后才转向经济学的。我们发现，林业和经济学是互相补充和促进的。林业是利用土地、劳力和资本等资源从森林中生产产品和服务，而经济学则可以帮助人们以最有效的、满足人们需求的方式来利用这些资源、产品和服务。

而且，越来越明显的是我们不可能将林业与推动其他活动的经济力量分割开来。对森林所提供的游憩、美学和环境效益以及木材需求的强度和范围的不断扩大，使得人们在各种需求之间进行选择的问题变得越来越复杂。而这种选择的问题正是经济学所研究的核心。林业在北美洲和世界其他地区一样，越来越注重多边利用以及森林培育和经营，而不仅仅是采伐森林。林业直接与其他社会目标在投资上产生了竞争。因此，必须将林业置于整个经济环境中进行分析。这就为人们提供了一个分析林业问题的统一框架。

然而，我们在教授林业专业本科生的经济学课程时经常被缺少可用的参考材料所困扰。要找一本适用于研究生层次的林业经济学教材就更难了。我们经常听到来自教师和研究生对此事的抱怨。

因此，我们编写了这本教材，目的是帮助林业专业的学生理解他们作为林业工作者所做工作的经济意义。同时也有助于研究生成为林业经济学家。本科生在林业经济学课程中所学到的知识，对他们中的大多数人来讲会在将来多年的工作中受益。研究生则需要学习到更多、更深的知识。因此，在编写这本教材的过程中我们不仅竭尽全力保持本书的基础性，也就是在教材中涵盖了在林业中所用到的基本经济学原理和如何将这些原理应用到森林经营和政策的决策中；而且也包含了尽可能多的、更高层次的林业经济学的理论和实例，特别是林业经济学研究的新进展。

大多数的学习林业经济学的学生已经学习了经济学原理课程。部分没有学过经济学原理的学生则需要先阅读有关经济学原理的参考书。所以，本书从一般的经济学原理开始并建立在其上，然后详细介绍了与森林经营相关的经济学概念。

本书的写作过程在很大程度上是对经济学和林业问题的精选过程，并努力将二者结合起来。使一本教科书同时满足本科生和研究生教学的需要确实是一个挑战，有可能哪一方面都没有得到满足。为了避免这种情况的出现，我们必须依赖于授课教师。授课教师通过他们的各种努力来指导学生正确地使用本教材、思考实用性问题和进行课后的阅读（每一章的结尾列出一些参考阅读文献）。授课教师在本科教学中使用本教材时，应将那些适用于研究生教学的章节进行剔除。同时，他们在讲授研究生林业经济学课程时应该添加额外的阅读材料和案例分析。

如果本科生通过林业经济学课程的学习，掌握了基本的经济学理论和这些理论在林业上的应用，我们就很满足了。这些基本经济学理论包括经济效率、市场、机会成本、激励、边际分析、时间价值评估和非市场产品的价值评估、最佳轮伐期、集约经营、产权的含义、税收和国际贸易。本书的大部分章节都是讲述这些理论在林业上的应用。如果研究生通过学习林业经济学课程，能够对林业、林产品市场、相关的政府职责以及它们在经济分析中的特殊地位有更深刻的理解，就达到了我们的预期目的。

本书共有五部分。

第一部分包括三章的内容。第一章介绍了如何从经济学的角度看待林业、相关的概念范畴和在后面章节中所要关注的问题。第二章复习在林业中所用到的中级微观经济学的重要概念和原理，例如经济效率、生产理论、市场失灵和政策失灵。第三章转向林业投资分析，内容可以看做是财务分析在林业上的应用。这一章涵盖了资本的时间价值和评价林业投资的方法。这些原理和方法在随后章节的特定问题的分析中将会被用到。

第二部分是林业产业部分，也包括三章的内容。第四章涵盖了林产品产业，主要讲述木材产品的供给与需求。第五章涵盖了森林服务产业，介绍林业所提供的非市场价值的产品和服务，特别是如何对它们进行评估。第六章讨论在不同的价值和用途中的土地配置问题。

第三部分是森林经营经济学。第七章介绍森林最佳轮伐期。第八章讨论在时间维度上的采伐规则。第九章介绍林业的长期发展动态趋势和营林投资问题。

第四部分是林业政策经济学。它包括两章，分别用以讨论两个最重要的林业政策——产权和税收。第五部分是全球视野下的林业经济学，包括林产品贸易和全球森林资源对经济发展和环境的影响。

林业离不开计量，然而在北美洲和世界其他地方所使用的一些林业计量单位确是不尽相同的。因为林业工作者和林业经济学家需要习惯于与数字打交道，所以我们在本书中有意地使用了不同的计量单位，特别是在案例中保持了当地的计量单位。学生们可以利用在本书第一章的前面所给出的计量换算表进行换算和比较。

在本书的写作过程中，我们得到了许多同行的建议和支持。他们是奥本大学的大卫·N·拉班（David N. Laband），罗伯特·塔弗特斯（Robert Tufts），张耀启（Yaoqi Zhang），萨恩·塔格（Shaun Tanger）和格劳瑞亚·M·尤曼利-麦克厄娜（Gloria M. Umali-Maceina），宾夕法尼亚州立大学的麦克尔·G·雅各布松（Michael G. Jacobson），弗吉尼亚州立理工大学的简娜克·阿拉瓦拉帕提（Janaki Alavalapati），路易斯安娜州立大学的张森（Joseph S. Chang），克莱姆森大学的塔玛瑞·卡辛（Tamara Cushing），以及不列颠哥伦比亚大学的盖瑞·G·布（Gary G. Bull）和安斯尼·斯考特（Anthony Scott）。本书初稿的原不署名的三位审稿人提出了尤其深刻和有益的建议。我们通过不列颠哥伦比亚大学出版社征得他们的同意在这里把他们的名字列出来。这三位审稿人是俄勒冈州立大学的克拉瑞·A·蒙哥马利（Claire A. Montgomery），不列颠哥伦比亚大学的哈瑞·尼尔森（Harry Nelson）和新不伦瑞克大学的范·A·兰兹（Van A. Lantz）。非常感谢他们的帮助。

我们还必须要对刚开始写作本书时威廉姆·F·海蒂（William F. Hyde）给予的有益建议表示谢意。对克拉克·S·宾克利（Clark S. Binkley）为本书所做的序表示感谢。

我们的家庭和奥本大学林业和野生动物科学学院的支持使得我们得以完成本书的写作。最后，我们要感谢多年来我们的学生给予的支持和提问，正是他们的支持和提问才使我们更深刻地认识到经济学是如何帮助人们理解和应对管理森林所遇到的挑战的。

张道卫
皮特·H·皮尔森

计量单位换算表

长度
1 英吋（1 inch）=2.54 厘米
1 英呎（1 foot）=12 英吋 =30.48 厘米
1 英里（1 mile）=5280 英呎 =1609.3 m
1 链（chain）=66 英呎
面积
1 平方英呎 =0.0929 平方米
1 英亩 =43560 平方英呎 =0.4047 公顷
1 公顷 =2.471 英亩
1 英亩 =10 平方链 =43559.3927 平方英呎
体积
1 立方英呎 =0.028317 立方米
1 立方米 =35.313378 立方英呎
重量
1 磅（1 pound）=0.4536 公斤
1 短吨（美，1 short ton）=907.1848 公斤 =0.90718 公吨 =2000 磅
1 长吨（英，1 long ton）=1 016 公斤 =1.016 公吨 =2240 磅
典型林产品
1 绳索（80 立方英呎）（薪材或纸浆材）=2.27 立方米*
1 板英呎（1 board feet，原木木材）=0.00453 立方米**
1 板英呎（阔叶锯材）=0.00236 立方米
1 板英呎（针叶锯材）=0.00170 立方米***
1 板英呎（锯材进出口时的使用单位）=0.00236 立方米
1000 平方英呎（1/4 英吋的面板）=0.590 立方米
1000 平方英呎（3/8 英吋的面板）=0.885 立方米
1000 平方英呎（1/2 英吋的面板）=1.180 立方米

  *一绳索（又译为考脱）是名义上有 8 英呎长、4 英呎宽和 4 英呎高（名义体积等于 128 立方英呎）的一堆劈开而且堆放整齐的薪材或纸浆材。由于在堆放劈开的薪材或纸浆材时，木材之间有空隙，平均来讲，一绳索只包含有 80 立方英呎的木材。但是一绳索的美国南方松则只有 72 立方英呎。因此，绳索只是一个大致的计量单位。树种和劈开的原木的尺寸影响一绳索的准确计量和对立方米的换算。

  **一板尺等于 1 平方英呎×1 平方英呎×1 平方英吋的木材体积。由于原木是圆锥型，木材的计量以立方米或吨更准确。实际工作中板呎和立方米的换算系数也随树种和原木的尺寸不同而不同。

  ***针叶锯材在美国的生产和消费时的计量只是名义上的，而非实际上的体积。例如，在美国 2×4 针叶锯材（历史上其横截面是 2 英吋×4 英吋）实际是 1.5 英吋× 3.5 英吋。这就是为什么这里的换算系数不同于阔叶锯材和国际贸易中针叶锯材所使用的换算系数。

目 录

中文版作者序
译者序
原英文版序
原英文版前言
计量单位换算表

第一部分 市场、政府和林业投资分析

第一章 绪 论 (3)
一、从经济学角度探讨林业问题 (3)
二、经济学的基本问题 (5)
三、混合型资本主义和政府的作用 (6)
四、经济目标：效率和公平 (7)
五、作为经济资源的森林 (9)
六、为什么要有林业经济学 (10)
七、经济决策 (11)
八、要点与讨论 (14)
复习题 (15)
参考文献 (15)

第二章 市场经济与政府管理 (16)
一、经济效率和机会成本 (16)
二、生产理论 (17)
三、生产要素分配 (24)
四、市场失灵和林业的外部性 (25)
五、政府干预与政策失灵 (27)
六、要点与讨论 (28)
附录：实现资源有效配置的边际条件 (28)
复习题 (33)
参考文献 (33)

第三章 林业投资分析 (35)
一、时间和利息的作用 (35)
二、复利、贴现和现值 (36)
三、投资决策的标准 (40)
四、利率、通货膨胀、风险和不确定性 (44)
五、森林经营的经济分析 (51)

- 六、中幼林价值评估 (52)
- 七、税收与社会注意事项 (58)
- 八、要点与讨论 (58)
- 注释 (59)
- 附录：林业中常用的复利与贴现公式 (59)
- 复习题 (60)
- 参考文献 (61)

第二部分　林业行业：土地、木材和无价格的森林价值

第四章　木材供给、需求和价格 (65)
- 一、供给、需求和价格均衡 (65)
- 二、林产品部分 (69)
- 三、林产品的供给和需求 (72)
- 四、木材需求 (74)
- 五、木材供给 (78)
- 六、长期木材供给预测 (83)
- 七、立木价格（林价）的确定 (84)
- 八、价格扭曲 (85)
- 九、要点与讨论 (85)
- 注释 (86)
- 复习题 (86)
- 参考文献 (87)

第五章　无市场价格的森林价值 (88)
- 一、无价格的价值：计量问题 (88)
- 二、消费者剩余作为价值的计量 (89)
- 三、对无价格的野外游憩的评价 (90)
- 四、在评价游憩资源时需要考虑的其他问题 (98)
- 五、外部性和内在价值 (100)
- 六、其他实用上的局限性 (101)
- 七、要点与讨论 (102)
- 复习题 (103)
- 参考文献 (103)

第六章　土地配置和多边利用 (105)
- 一、土地使用的集约程度 (105)
- 二、土地使用的粗放临界点 (106)
- 三、用途的选择 (107)
- 四、不同用途的组合 (109)
- 五、实用中的困难 (113)
- 六、一个例证：美国林地所有权变动所带来的土地利用变化 (114)

七、要点与讨论	(116)
复习题	(116)
参考文献	(117)

第三部分　营林经济学

第七章　最佳森林采伐期 (121)
一、最佳采伐年龄的离散型表述	(121)
二、最佳采伐周期的连续型表述	(129)
三、异龄林分的采伐周期	(131)
四、其他轮伐周期比较	(132)
五、影响最佳轮伐期的因素	(133)
六、哈特曼采伐年龄	(136)
七、要点和讨论	(138)
注释	(139)
复习题	(140)
参考文献	(141)

第八章　采伐限额和采伐速度 (142)
一、林分和森林	(142)
二、市场规范法及其限制	(143)
三、法正林	(144)
四、向法正林过渡	(145)
五、永续木材产量理论及评判	(148)
六、没有采伐限额情况下的木材生产：市场调控	(151)
七、林业规划的新方法	(152)
八、要点和讨论	(153)
复习题	(153)
参考文献	(153)

第九章　林业长期发展趋势和造（营）林投资经济学 (155)
一、林业的长远发展趋势	(155)
二、造林（营林）投资的理论模型	(162)
三、影响私有林地造林投资的因素	(164)
四、公有林地的造林投资	(165)
五、美国南方人工林的发展	(165)
六、要点和讨论	(168)
注释	(169)
复习题	(169)
参考文献	(169)

第四部分　林业政策的经济学

第十章　产　权 (173)
一、产权、价值和经济效率 (174)
二、森林产权的演化 (176)
三、产权的特性和它们的经济意义 (178)
四、森林产权的常见形式 (182)
五、森林产权制度的经济问题 (184)
六、私有权和公有权 (186)
七、要点与讨论 (187)
复习题 (188)
参考文献 (188)

第十一章　森林税费 (190)
一、森林收费的特点 (190)
二、森林税费类型 (192)
三、直接税收 (200)
四、税收负担和无谓损失 (201)
五、风险成本 (203)
六、其他经济方面的考虑 (203)
七、要点与讨论 (205)
复习题 (205)
参考文献 (206)

第五部分　全球视野下的林业经济学

第十二章　林产品贸易 (209)
一、国际林产品贸易趋势 (209)
二、比较优势和专业化原则 (211)
三、双边贸易的可能性和价格 (212)
四、影响国际林产品贸易的因素 (215)
五、贸易管制的政治经济学 (218)
六、林业产业的国外直接投资 (219)
七、要点与讨论 (221)
复习题 (221)
参考文献 (222)

第十三章　全球森林资源与环境 (223)
一、全球森林资源 (223)
二、人口、经济增长和环境 (225)
三、以森林为基础的工业化和热带毁林 (227)
四、森林在减缓全球气候变化中的作用 (229)

五、林业经济学新出现的议题 …………………………………………………（232）
六、要点与讨论 ……………………………………………………………（236）
注释 …………………………………………………………………………（236）
复习题 ………………………………………………………………………（237）
参考文献 ……………………………………………………………………（237）

第一部分

市场、政府和林业投资分析

第一章 绪 论

　　林业工作者需要各种各样的技能和专业培训。林业工作者必须把生物学和其他自然科学、应用科学及社会科学（如经济学）的知识结合起来。每个学科所论述的管理林业的技术和方法是不同的。本书从经济学的角度来讨论管理林业的技术和方法。

　　本章将从森林资源的经济学属性开始并概述林业经济学的一些主要内容。那些就如何管理和利用森林作出决策的人必须考虑他们所处的经济和社会环境。因此，我们将在本章讨论市场经济的基本结构，介绍社会基本经济目标的有关论点，并简述政府和私人生产者的职能。我们还要解释林业经济学的范畴和实质，并阐明林业经济学是如何帮助我们理解和实现其社会价值的。最后，我们将给出政策制定和决策的全过程，并指出经济分析在其中的作用。

一、从经济学角度探讨林业问题

　　因为森林能够提供人们所需要的实物产品和服务，所以森林是经济资源。经济资源（在经济学教科书中又称为生产要素）的定义是：供给有限，可与其他物质相结合来生产消费者所需要的产品和服务的东西。我们可以把一块森林和一些劳动力以及其他投入相结合来生产人们所需要的产品和服务，如住房、报纸、薪材、野外游憩和环境服务。

　　正是森林的这种有用性，使之成为一种有价值的经济资源。从一块森林中所能生产的最终产品和提供的服务价值越高，这块森林本身的价值就越大。

　　对森林的利用有多种方式，而人们必须从中加以选择。立木可在采伐后用于生产板材、纸张或燃料；也可以被保留下来用于游憩或美化环境；甚至还可以留给后代做工业原料。森林经常能同时或相继产生两种或多种效益，如工业用材、游憩、饲料、野生动物栖息地、防洪和固碳。在这种情况下，人们必须选择最优的组合和使用方式。总之，人们必须对如何经营森林，生产何种产品和服务，以及为促进林木生产需要投资多少等问题作出决策。

　　经济学就是研究如何决策的科学。更具体地说，它是关于如何把短缺生产要素分配于多种可能的用途，以生产出有用的商品和服务的科学。换句话说，它是一门决策科学，或者说让个人、公司和社会知道如何使用稀缺资源的科学。我们以大学生为例来看一下经济学是如何帮助人们进行决策的。大学生为了一个或几个目标，如受到好的教育和找到一份好的工作，来到大学学习。从每天的角度来看，所有的学生具有有限的或稀缺的资源——时间。大学生们该如何分配他们每天的时间以实现他们的目标则是一个关键的问题。他们每天必须要做的事有：学习、体育运动、休息（如看电视）和社会活动。经济学原理告诉他们在时间的分配上要遵循在各种活动中的边际效益相等的原则。因为，只有这样，他们利用时间的效率才能达到最大。坚持这样做下去才可能使他们在大学的学习和生活中取得成功。这里所讲的效率原则将在本书的后面进行讨论。

林业经济学则仅限于讨论如何经营和使用森林；如何将其他生产要素，如劳动力和资本应用于林业生产、森林保护和森林采伐和利用；如何决策生产什么样的林产品、生产多少各种林产品以及林产品的市场和非市场交易的问题。林业经济学是一门应用经济学的原理在林业领域进行决策的科学。

林业经济学可以从不同的角度进行研究。因此，我们在本书的开端就指出我们的出发点和以后讨论问题时所使用的一些基本假设。这很重要。

第一，本书着重讨论林地、木材（立木）和其他直接从森林中生产的商品和服务——即森林资源管理经济学。由于森林的价值直接依赖于林产品，如锯材、人造板和纸的价值，我们还要简要地讨论林产品的生产与交易的问题。

第二，我们是从社会的角度而不是从个别林主或生产者的角度对经济现象进行判断。我们评价一种活动相对于另一种活动的经济有利性时所采用的标准，是它们对整个社会的净效益，即社会收益减去社会成本后的剩余。从社会整体角度来讲还要考虑与其有关的收益和费用的分配。这一点很重要，因为个别企业家、地主、工人或森林使用者的经济利益常有别于整个社会的经济利益。从这方面讲，本书将不同于用那些属于商业管理，或从单个生产者或林主的角度分析问题的书籍。

第三，我们将假定林业管理和林产品生产的首要目的是为了生产最大的净效益或社会效益。这个假设是很重要的，因为许多关于森林管理的文献采取或至少隐含有不同的目标，如生产最大量的木材、实现生产者利润最大化或采伐量均衡。这些目标在传统林业中颇有市场。并且我们将看到，它们对世界各国的林业政策有着深刻的影响。然而，这些较狭窄的目标或多或少地与实现森林对社会经济总体贡献最大化的目标有所冲突。

森林对社会所产生的价值可能有各种形式。其中一些，如工业用材，通常被出售，而它们的价值也就反映在市场价格上。另外一些，如美化环境和一些形式的野外游憩通常是免费提供的，因此也就没有反映它们价值的市场指标。此外，虽然像木材这一类具有市场价格的产品对私人企业具有重要作用，但许多没有市场价格的森林效益也对私有林主和公众具有重要作用。例如，对于北美洲和欧洲的许多私有小林主来讲，他们林地所提供的森林游憩的价值是他们拥有林地的首要动机，木材价值则经常是第二位。事实上，林业所具有的复杂的市场价值和非市场价值的体系存在于世界的各个角落。在某些地区如加拿大的不列颠哥伦比亚、美国的俄勒冈州和华盛顿州，对大多数的林主来说森林最重要的价值可能还是木材和游憩。在发展中国家像印度和尼泊尔森林的主要价值可能是建筑用材、电杆、果实和薪材。前两个产品通常可以通过市场进行销售，后两种产品经常是在原产地消费而不通过市场进行交易。

需要强调的是，从整个社会的观点来看，我们必须公正地考虑所有的社会价值，不管这些价值是否有市场价格。即使是对大多数的私有林主，我们也必须要考虑森林的具有市场价格和没有市场价格的各种效益。因此，在这本书中我们将更多的关注如何评价森林的环境和其他非市场价值的效益，以及各种效益之间的权衡、取舍和多种利用问题。

按图1-1所示，森林的价值可以被划分为两大类。第一类是采掘性的实物产品价值。实物产品价值是从森林中获取并可以送到森林以外进行消费的林产品价值，它们不仅包括常见的原木、电杆和薪材等产品的价值，还包括如蘑菇、水果、坚果、饲料和猎物等价值。另外

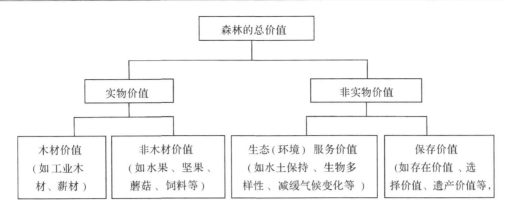

图 1-1 森林的经济价值

一类是非采掘性的实物产品和服务的价值。非采掘性的实物产品和服务价值是可以不通过从森林中获取实物产品而实现的价值。非实物产品和服务的价值可以进一步细分为生态服务价值(如水土保持、生物多样性、应对气候变化)和保存价值。保存价值是人们通过保持森林的现有状态而体现的价值。森林游憩和文化利用可以是实物产品价值的利用(如狩猎和垂钓),也可以是非实物产品价值的利用(如观鸟和为了休闲和精神恢复的徒步旅行),也可以是两者都有。

图 1-1 中没有详细解释三种保存价值,即存在价值、选择价值和遗产价值,我们在这里对它们进行区分。存在价值是指人们通过保护森林使其不受干扰而让我们的后代能够继续享受森林的效益所体现的价值。这种价值经常是通过保护环境敏感地区的森林,使其处于原始状态如建立森林公园或其他安全的保护方式来实现的。选择价值是森林所有者通过延迟采伐而将森林保持为现有状态所产生的价值。遗产价值是人们将森林按现有的状态保持并遗赠给下一代所产生的价值。这三种保存价值的边界是不清晰的且相互之间有重叠。

有些学者和官员在使用"生态服务"和"保存价值"时的含义也有所不同。生态服务最流行的定义也许是 2005 年联合国的千年生态评估中的定义。在千年生态评估报告中生态服务被定义为人们从自然界生态体系中所获得全部效益,也就是图 1-1 中所列出的全部价值。然而,我们在这些价值中进行区分的目的是,引起人们关注对它们的计量和在森林管理的决策中在它们之间进行权衡和比较,并作出最有效的选择。

在讨论森林价值的最后,我们需要指出的是,有些生物学家和哲学家认为森林具有独立其工具价值(即供人们使用森林的使用价值)以外的内在价值。他们认为,仅考虑森林的经济价值就太过以人类自己为中心了;这样做,不能够获得森林的全部价值。因此,从伦理学或哲学某些方面上讲,要考虑包括森林内在价值的所有价值。

不可否认,人类的价值观受到伦理和道德的影响。然而,人们还没有找到包括森林在内的自然界内在价值的有效计量方法。所以,本书关注的重点是森林的经济价值。更宏观地讲是那些可以观察到,具有价格和没有价格的森林价值。这些价值指导着人们进行森林管理的决策。

二、经济学的基本问题

经济是由大量各种不停的交换而联结起来的生产、消费、投资和其他活动所组成的。经济中令人迷惑的细节和复杂性可用几个直接的过程来表达。一方面，经济活动所服务的社会有一定的需求。人们需要商品（如食品、房舍、电视机）和服务（如医疗保险和野外游憩）。他们的福利或生活水平可由这些需求所得到的满足程度来衡量。人们的需求被满足的越多，其生活水平就越高。因为任何社会的需求都不能全部得到满足，所以福利的好坏总是一种程度的概念。值得注意的是人们对经济安全性、平等和自由的需求超过了严格的个人需求的界限，达到了集体性或共同关心的程度。

另一方面，任何社会都只有有限的能力去生产满足于这些需求的商品和服务。所用于生产的东西有自然资源（或称自然资本）、人工资源（如机器、道路和其他基础设施）、劳动力和技术知识。这些资源都随时间变化而变化，但在任何时间段，它们都是有限的。

经济过程的功能是决定如何利用这些有限的资源去满足一些人类无限的需求。因此，经济学是研究在各种相互竞争用途中如何分配短缺资源的科学。

每个社会都必须处理好三个基本经济问题。在有限的生产要素供给和人类无限需求的情况下，对下列问题作出决策：

- 在技术可行的、种类几乎是无限多的商品和服务中，生产哪些及生产多少；
- 在一定的条件下，选择哪种技术上可行的生产方式去生产某种商品和提供服务；
- 生产出来的商品和服务如何在社会成员之间进行分配。

每个经济社会都以不同的形式对这些基本问题作出了回答。简单的自给自足社会用传统和习惯的方法来决定生产什么，如何生产。社会主义模式是依靠中央计划和政府指令。完全竞争性的资本主义模式是依靠未加协调的生产者、消费者和生产资源所有者的相互作用所产生出来的市场力量。"混合型资本主义"既依靠市场力量，也有政府干预。在今天，纯粹的社会主义和纯粹的资本主义经济已经很少见。常见的是社会主义和资本主义的混合经济。各国的混合经济不同之处在于政府参与和干预市场的程度有所差别。

任何关于林业经济学的研究，都必须考虑到要研究的林业所处的整个国民经济体系的特征。一本社会主义的或自给自足经济的林业经济学肯定和资本主义体系下的林业经济学所研究的问题不同。这本书中除了特别标明的之外，我们是讨论在混合型资本主义经济体系内的林业经济问题。

典型的"混合型资本主义"特征是多数生产活动是由受到市场机制影响的私人企业组织进行的。但政府在调控经济活动、提供各种服务、控制物价、促进经济发展、重新分配国民收入和财富以及管理日常性的经济活动等方面具有重要作用。

有许多基础经济学教材介绍了混合型资本主义经济运行的基本原理。因此，本书将不重复这些经济原理，而是应用这些原理去研究林业问题。但是，我们在下一章将简要地回顾经济学的基本原则，并重点讨论森林在国民经济体系中的作用和森林管理者所面临的经济选择问题。

三、混合型资本主义和政府的作用

在市场经济中，企业家负责生产商品并居于生产资料的供给者和最终产品和服务的购买者之间。企业家需要购买为生产消费者所需要的产品和服务的资源，其所付价格决定了资源提供者的收入。所以，三个基本经济问题中的首要问题——应该生产什么——首先是由消费者需求决定的，因此出现了"消费者主权"一词。第二个问题——如何生产——是由为获得高额利润而寻找成本最小的生产方法的生产者相互竞争所决定的。第三个问题——产品的分配——是由收入的分配决定的。收入是由私人提供给生产者所需要的劳动力、资本和其他生产资料的市场价格所决定的。

但是，在当今世界上大多数实行"混合型资本主义"制度的国家中典型的做法是，政府干预这些过程并对生产的形式具有重要影响。政府不仅提供了传统意义上私人企业不愿提供的"公共物品"（如道路、航标塔和国防），而且还提供着越来越多的那些不太适合私人企业生产的商品和服务。这些包括被称为"优质商品"的卫生保健、教育和艺术等社会价值超过私人消费者价值的商品和服务。有些政府还生产工业用木材等看起来是纯私人部门的产品。更重要的是，国家政府用税收、政府补贴和法律规则来直接或间接地影响私人生产和消费。其范围涉及从销售到工人的安全保障等各个方面，从而深刻地影响着工业的结构、产量和价格。所有这些对生产资料分配和使用形式的干预，构成了政府的资源配置的职能。

政府还很大程度上影响着国民财富和收入的再分配。税收、政府支出项目、政府间资金转移都在社会经济团体、地区和代际间进行收入再分配。有时这种重新分配的效果是有意的、明显的，例如付给老年人的养老金。但多数情况下，它们是微妙的、间接的，所以需要深入的分析才能发现其全部效果。这是政府的分配职能。

最后，现代政府还承担着维持经济活动稳定的职能。这就是政府的财政政策（政府支出或税收项目）和货币政策（调整利率、汇率和货币供给）以消除通货膨胀或降低失业率。与这种稳定功能相关的还有促进经济增长和地区发展的政策。所有这些构成了政府的稳定职能或可持续发展职能。

通过各种干预办法，政府试图克服市场体系中的一些弱点和不足。换句话说，政府的资源配置、收入分配和稳定经济的干预措施，反映了政府为改善经济，以取得社会通过政治程序而确立的经济目标所做的努力。

在研究森林管理经济学时，我们经常遇到政府关于森林资源发展、管理和利用方式的有关政策。一些政策的主要目标，是通过影响资源利用的速度和方式来提高效率。另一些政策主要出于收入分配，或促进乡镇和地区发展的考虑。但无论它们的主要目标是什么，各种形式的政府干预都不可避免地对资源配置、财富和收入分配、经济稳定和增长产生重大影响。

四、经济目标：效率和公平

政府的资源配置、收入分配和稳定经济的职能包含着社会的两个基本经济目标：效率和公平。这些目标为我们提供了评价经济现象的标准。

在任何一个社会都有一个在一定程度上合理的假设，即经济活动的主要目标是最大限度地满足消费者需求。利用可利用的资源去满足这种需求的程度，是一个衡量经济体系效率的指标。

从宏观经济学角度看，如果被某个部门使用的某种资源在被另一个部门使用时能创造出更大的价值，那么就可以通过资源重新配置来提高总产出的价值和整个经济系统的效率。在这种情况下，国内生产总值（一年内整个国民经济所生产的所有商品和服务的价值总和，常被用做衡量整个经济体系效率的重要指标）就会增加。与此相类似，从微观经济学角度看，如某个生产者没有使用某种可以用同样投入生产出更多产出的技术，低效率就不可避免。

因此，经济效率是指通过资源的分配使可利用的资源生产出最大的经济价值。经济效率的水平涉及投入和产出的关系。产出相对于投入的比值越高，效率就越高。在经济分析中，效率常被表示为用相同的货币价值衡量的产出（收益）和投入（成本）的比率。当然，从整个社会的角度看，一个完整的经济分析应该包括无市场价格的效益及成本和有市场价格的效益及成本。

所以，在经济活动中提高效率就变成了一个合乎逻辑的经济目标。如果没有其他特殊原因，从某种资源的利用中所产生的价值低于其潜在的价值，就意味着浪费，就是一种降低社会从这种资源获取价值的行为。

首先，如何从对森林各种各样需求中找出最佳利用的方法，是林业经济效率的一个中心问题。其次，人们所关心的是林业的集约程度：即有多少劳动力和资金可以被投入到森林经营和利用中去，以便增加产量。再次，林业经济效率还有一个重要的时间属性，即不同时期对森林资源的投资和利用方式。因为森林生长周期长，森林采伐可在一个相当长的时间范围内进行。所以，在林业经济学中经济效率的时间性就显得特别重要。

市场经济要求生产者进行有效的生产以便在竞争中立于不败之地。然而，各种各样的失调和市场失灵使得政府有可能通过资源配置、稳定经济和刺激经济增长的措施来提高经济效率。

公平是收入、财富或生产成果在人们中间公平分配的概念。正如前面所指出的，收入的分配首先取决于主产要素的收入。但收入分配也可以通过税收、补贴、资金转移和其他政府干预的办法加以改变。

像效率一样，公平是指在对收入与财富的所有可能分配方式中能够最好地反映社会的取项，最好地促进社会运行的那种分配方式。公平也有多种含义。人们之间分配公平是指在某个时间内个人之间收入分配公平。生活在不同地区的人们之间的分配公平称为跨地区分配公平。而代际分配公平是指生活在不同时间的人们的分配公平。所有这些公平都与林业政策有关。对林业来讲，公平的问题经常是涉及贫穷的人们或贫穷的地区的需求，以及为了子孙后代对森林资源进行保护的问题。

效率和公平都难于计量。效率通常用货币计量，即产出的价值和投入的成本之比，两者都常常反映在市场价格上。

但市场价格常使人产生误解：某些效益没有通过市场进行交换；某些成本超过了补偿价格；这些和其他失调、市场失灵要求人们在评估效率时用估计的社会价格作为市场价格的补充。公平则依赖于对收入和财富分配公平性的主观判断——除了通过政治程序和伦理判定之外，基本上无法进行实际计量。例如，一项政策使某一地区的弱势群体每况愈下则会被认为是不公平的。但如果这项政策的制定是为了其他的社会目标，如改善跨地区间收入分配不均，或为了下一代的福利，则可能要另当别论。而所有这些都是难于计量和比较的。

值得注意的是效率和公平经常有冲突，有时需要牺牲一个以换取另一个。例如，增加产出（即提高效率）的措施可能会带来不必要的收入分配的变化（即降低公平）；或与此相反，提高公平性可能降低效率。这表明人们在公平和总体效率的提高之间必须权衡利弊，作出选择。目标的相对次序和如何协调它们之间的关系不是经济分析所能解决的问题。必须依靠政治和选举程序才能给政府提供一种适当的资源配置、收入分配和稳定经济的组合指南，并使其能够协调和解决有关公平和效率的纷争。然而，经济分析可以为这些决策提供依据。

本书着重强调资源分配的效率，特别是森林资源发展和利用的效率。这并不意味着公平和稳定在林业中就不重要。相反，促使政府对林业经营进行干预的一些重要问题都与团体和地区之间收入分配和不同时间内经济的稳定有关。我们强调资源配置的效率有两个原因。一是它提供了一个检验为改变收入分配或促进经济增长，或是以某种方式影响市场产出的干预政策与措施的起点。二是从经济分析者的观点来看，许多林业中独特的问题都是以效率问题为核心。

五、作为经济资源的森林

在经济学中，"资源"通常不仅指土地和自然资源，也指资本、劳动力、人工技能等在生产商品和提供服务时有价值的东西。经济资源的基本特点是"稀缺性"，即不能满足人们的各种需求。正是这种稀缺性或供给的有限性产生了资源配置的问题。即使经济资源的某些用途没有市场价格，稀缺性仍使它们具有价值。

从这种意义上讲并非所有的森林都属于经济资源。一些森林即便是可以提供环境效益但由于处在边远地区，难以利用或质量太差而无任何经济利用价值。这种没有经济价值或其他用途的森林不存在经济资源所具有的那种，在相互竞争的用途中必须对其进行选择和分配的问题。但多数森林能够被用于生产一种或多种产品及服务。因而森林是经济社会的所有生产资源的一个组成部分，这部分具有经济价值的森林是林业经济学所要研究的对象。

经济社会所拥有的生产资源通常被分为四类：土地、劳动力、资本和企业家的能力。它们各有不同的经济特征，并分别产生出不同种类的收益，即地租、工资、利息和利润。

森林资源占有土地和资本两类。林地是一种基本资源，有着许多与农用地和其他土地相同的经济特征。在任何地方，它的供给是有限的；其生产力各异；所产生的地租也就相应有所变化。由林地上生长着的树木所组成的森林本身则属于资本的范畴。人们可以经过一定时间的营林投入，逐渐培育森林；也可以通过采伐活动消耗森林。森林从它所能生产的最终产品和所提供的服务中获取价值；它所产生的收益可以用利息进行衡量。从经济意义上讲，不管是天然林还是人工林均是资本。

林地和立木属于经济资源，因为它们在用于生产其他的最终产品和提供多种效益时是有价值的。对林地和立木的需求是由消费者对最终产品的需求派生而来。从这种意义上说，这是一种"派生"需求。

林地和资本化的立木，都属于某个社会的可以被用来以某种方式生产有用商品和服务的生产资源的一个组成部分。像其他资源一样，它们对社会福利贡献的大小是由人们对其分配和利用的效率来决定的。

传统上，林业经济学讨论为制造林产品，如建筑材料、纸浆、纸和纸制品等而生产木材的森林进行管理的问题。但森林也能提供其他商品和服务，并常被用于生产薪材、发展畜牧业、渔业、野生动物、野外游憩和水源涵养等。这些收益常与工业用材生产结合在一起。其中某些价值，特别是野外游憩和环境效益，近年来变得越来越重要。对森林资源日益增长的、相互重叠的需求，使在各种用途中寻求对森林资源进行分配的问题变得复杂化。

还有，由于一些森林的效益是没有市场价格的，与木材价值相比而言，这些效益就难以评价。但不管是否具有市场价格，这些森林效益的价值是客观存在的；没有市场价格只能使经济分析变得更复杂。我们将在后面几章详细讨论这些问题。

六、为什么要有林业经济学

经济学讨论各种生产资源有效配置，而林业经济学专门讨论在林业上使用的生产资源的有效配置。显然，后者包括林地和组成森林本身的立木。但在森林生产中还要考虑劳动力、资本和其他投入。林业经济学的大部分内容是讨论在林产品生产和森林多种效益的提供过程中，如何将这些资源有效地与林地和木材进行配置的问题。这是微观经济学研究的内容。微观经济学是经济学的一个分支，主要讨论价格和收入是如何决定的，生产者如何找到最有效的生产规模和方式，以及消费者如何决定他们的购买行为等。林业经济学是建立在这些理论基础之上，并将其应用于林业的一门科学。因此，林业经济学在很大程度上是一种应用微观经济学。

像其他领域的应用经济学一样，林业经济学着重引申和使用与林业领域内的独特或特别重要问题相关的经济原理。对于林业经济学来说，生产原理，特别是资本和地租原理是基本的原理。作为一种相对狭隘的应用经济学，林业经济学吸收了大量的其他应用学科的原理，如建立时间较长的土地经济学和农业经济学原理，并成为自然资源和环境经济学的新分支。

使林业经济学成为一门独立学科的森林资源的特征，可概括如下：

- 森林可以生产多种产品和服务及其各种组合，其中一些产品和服务无市场价格。这引起了在各种用途中进行资源分配的特殊问题。
- 除了某些热带和温带树种以外，森林生长缓慢，经常需要数十年的投资期。这产生了投资分析，采伐时间安排，长期占有活立木的风险和市场不确定性等特殊问题。也意味着森林对经济和自然条件改变的反应是缓慢的。
- 因为森林生长慢，维持适度的采伐量需要保持大量的森林蓄积，所以林业通常占有大量的资本及与生产规模相关的大量经营成本。因此，森林生产的成本主要是由长时间占有林地和资本的数量所决定的。
- 工业用材林既是资本又是产品。这一事实使森林有别于其他形式的资本，从而产生了选择最佳采伐年龄和确定税收及采伐规划等问题。
- 政府经常干预森林的经营和利用。一部分原因是森林的经营是一个长期过程；另一部分原因是森林能够提供许多没有市场价格的产品和服务；还有部分原因是木材的采伐和森林的集约经营可以带来一些附带的效应。因此，各个国家的政府通常通过公共森林和林地的所有权、木材采伐和林业活动法规、税收和补贴等手段对林业的生财之道和消费活动进行干预。而且，干预的范围和程度比对国民经济中其他部门的干预要多。

这些特征并非森林独有，但在林业上的表现达到了独特的程度。这些特征均呈现在本书的问题分析之中。

森林管理中的经济选择受到资源的生物能力的限制。这些限制和其应用的范围是林业自然科学——营林学研究的范畴。营林学是一门专业性的生物学，正如林业经济学是专业性的应用经济学一样。营林学讨论所有能用来促进森林生长和改善森林结构的方法，林业经济学讨论在这种可能范围内的决策和选择，重点在于森林的社会经济效益。

林业经济学不仅考虑营林，还涉及林业经营和林产品市场的各个方面，如森林保护、消费、发展、采伐以及与森林有关的所有产品和效益的利用。林业自然科学确定了自然系统的界限和可供林业管理者选择的范围。这个范围也是经济分析的自然限制；在这个自然限制的结构内进行经济分析，可以确定选择和执行某种措施或程序的社会经济效果。

七、经济决策

森林资源管理涉及从制定和执行大的方针和政策到进行日常野外作业之间的一系列活动。大的方针和政策由政府和公司的董事会决定；具体到如何利用某片森林的决策常由私人所有者或公有林管理者决定；还有一些作业的细节则由受雇于所有者或管理者的监工和领班决定。

无论在哪个层次，决策的过程至少要有如下几个步骤：①确定目标；②找出可能实现这些目标的途径；③评价这些途径；④选择最佳途径；⑤实施决策。在实践中，决策很少按这个顺序一步步地进行。目标常是不清晰的或相互冲突的；其动机可从利己主义到利他主义；其时间可能从瞬时到很久的将来。调查和评价的过程常带来新的信息；而新信息会使有关的人修正自己的立场和观点，甚至变换同盟者。这种过程不断进行的结果使决策常表现出混乱和无秩序，尤其是公共政策。然而，确定这些决策过程的组成部分有助于理解决策。

1. 确定目标

要作出适当的决策，决策者需要有一个明确的目的，以便把它作为判断不同行动的合适程度的参照系。森林管理者需要对如何安排采伐计划，为野生动物生存提供多大面积的森林栖息地，或在哪里进行育林作出决策。在作出决策的过程中，森林管理者必须根据他所确定的目标来选择最佳的途径。这里存在两个基本的经济目标，也就是前面所讨论过的效率与公平。两者之间的相对重要性也必须在决策过程中给予关注。其他的社会目标（像公共安全、文化价值和社会和谐等通常不是经济目标）也会对经济活动产生影响。

谈到目标，有几点需要注意。

第一，即使同一水平的决策，目标也随制定人所处位置的不同而不同。例如，政府对公有林管理的目标很可能与一个企业对私有林管理的目标不同。工业公司进行林业生产的一个主要目标是为股东生产利润，公司的决策主要是为了增加利润。但这些决策也受到公司的其他目标，如公司发展、市场或资源供应的保障、保护相关的制造活动或某些社会责任的影响。为了实现这些目标，公司可能牺牲某些利润。相似地，私人小林主也许不仅受到利润，还有财务保障、娱乐或其他从森林中获得特殊效益的影响。一个民主国家的公共森林管理反映了人们的集体愿望。在当今，人们特别注重森林的非市场效益、环境效益、收入分配和地区发展。简而言之，对管理森林负有责任的决策者有各种各样的目标和参照系；而不同的目标导致不同的决策。

第二，决策者的目标取决于他们在组织等级结构中所处的位置。在政府或公司里，自上而下，决策者的目标相应变得越来越具体。例如，政府最高层决策的目标可能是维护地区经济稳定发展。为了实现这一目标，政府林业职能部门可能在规范各地区木材采伐量时采取永续利用原则。这个目标给地区林业行政管理者提供了生产目标，给营林官员提供了造林指标，给造林队领班提出了日常植树指标。这个例子说明，不同决策层目标不同。决策层越低，目标越具体。但低层次目标是由高层次目标派生而来，而且最终都要和实现地区经济稳定发展的总目标相一致。

第三，对目的和途径加以区别很重要，因为两者常被混淆。例如，永续利用原则（详见第八章）在某些地区林业的行政管理中已变得极为神圣，以致这一原则本身被当做目标。但实际上它仅是实现高一级目标如地区林产品工业稳定的途径。只有在被清晰的认识到它只是实现某个目标的一个途径以后，才能正确地评价它的局限性，比较它和其他可选择途径的优劣。

将目的和途径进行混淆的例子很多。目前，资源保护和可持续发展的概念作为自然资源管理的目的已得到广泛的认可。但是对两者进一步的研究发现它们是实现更高一级的目的，特别是代际公平的途径。后者（可持续发展）是由世界环境发展委员会定义的。它是指满足当代人的发展情况下，不会影响满足下一代发展的能力。

第四，森林管理者经常被要求同时去追求几个目标。如前所述，一个公司可能同时考虑利润最大化、原材料安全供应或避免风险；政府可能寻求稳定的地区就业率或环境效益以及从公有林中获取现金收益。这些目标很少是纯互补性的，同时追求它们就需要权衡和选择。经济分析可以帮助确定和评价可能的妥协方式，但要作出最终选择，需要对这些相互竞争价值进行权衡。然而，我们将会看到，某些价值的权数常是难以定量的。

同理，私人或政府的短期目标和长期目标经常不一样。短期目标有可能与长期目标有冲突。因此，需要权衡利弊。回到我们前面的一个例子，大学生从动态或长期来讲都有多重目标。不管是否说出来，每个大学生都有自己的长期目标。他们在学校的中期目标可能是接受好的教育、增长知识才干、找到好的工作、找到生活中的另一半、参加体育和社会活动等。在每个学期，他们可能想要在各门课程中取得好成绩、学到特定的技能。在日常生活中，他们必须在当前的目标（或需求）间进行平衡，例如去上课、阅读参考材料、进行体育活动和休息娱乐等。

第五，尽管正确的决策需要首先确定明确的目标，但森林管理者的目标有时是模糊的。政府林业管理机构经常面临这样的困境，如公共森林的经营目标不清楚，或某些林业问题在立法、司法和行政执行三个过程中相互冲突。这时，森林管理者将被迫对有关目标进行推断和猜测。这可能导致目标和行动上的不一致和低效率。

最后，值得强调的是，确定目标不是经济学家的责任。经济学家的专长不在于描绘公司或政府的目标，而在于分析和评价实现这些目标的途径。但是，经济学有其规范经济活动的一面。经济学家会给出他们关于经济体系应该是什么样，或为了实现既定的目标应该采取什么样的具体政策措施作出评价或判断。从这个意义上来讲，经济学家常与其他决策者一道制定目标和实现目标的途径。

2. 确定可选择的途径

许多公司或公共的目标可以通过多种途径实现。一个宏观的经济政策，例如增加地区就业的目标可以通过促进工业发展来实现。而促进工业发展可以有许多途径，如减免税收、增加补贴、改善基础设施或政府直接设立企业。林业只是多种选择之一。一个森林经营计划的目标——增加产量，可以通过改善森林保护、造林、间伐和施肥，或对木材进行综合利用等途径实现。因此，一旦决策者的目标确定之后，接着就应该确定能够实现这些目标的各种可供选择的途径。

这一步需要评估各种技术和实现某一特定产出水平所需要的投入。这一过程在经济学上被称为确定生产函数。有时，对确定生产函数过程中所遇到的风险和不确定性进行评价也很重要。

确定一个目标的可行途径及其生产函数通常是工程师、林务员和其他技术专家的责任。对需要大量投资的项目，这一任务在某些时候被规范成为有经济学家和工程技术人员参加的可行性研究。在日常作业时，这些通常依赖于领班和工人们的经验和主观判断。

3. 对可选择途径的评估

评估这些技术途径可以提供从中选择的依据。正是在这一阶段，经济分析出现在决策的过程之中。经济分析就是评估某一特定行动能实现决策者目标的程度及其代价。

某一经济活动产出价值和投入成本之间的关系提供了测量这一活动可带来的净收益方法。经济效率要求实现效益和使用资源的成本之比最大化。所以，产出价值与投入成本之比越高，这项经济活动的效益越好。第三章将讨论如何根据效率标准去评价经济活动的好坏。

确定不同经济活动相对优劣的工作，经常因为信息不足、不准确、成本和效益无价格、将来环境和产出不确定性的存在而变得复杂化。尽管有这些困难（将在随后的章节进行讨论），经济评价仍然是根据一定的标准，对所有途径进行排序最好的方法。它给决策者在选择可供利用的策略时提供一个依据。

当然，经济决策没有绝对的把握。关于资源和市场、可能行动的范围及其产出的信息在一定程度上总是不确定的。许多决策者都力争在决策过程中尽可能避免风险，所以不同行动的不确定性大小对他们作出选择有重要影响。但决策者对风险的态度则可能千变万化。

不确定程度是决策过程中需要考虑的一个重要方面。后面几章将讨论如何在经济分析中考虑不确定程度的问题。这一点对林业特别重要，因为人们对森林的生物特征和它们潜在的、对各种营林措施的反应知识是有限的。另外，森林的长周期性使得对其将来所提供的林产品、服务的价值和总成本的预测十分困难。在林业决策中，火灾和其他损失的风险也是一个不确定因素。

传统上经济学家用两种方法研究他们的课题。"实证"经济学描述并解释经济行为，而对其合乎需要的程度不做判断。相反，"规范"经济学根据给定的标准或目标对经济行为作出评价，因而更多地讨论如何组织和规划经济活动。本书不单纯地追随其中任何一个方法。我们尽量不去规范或指出决策者应该关心的目标或理想的收入分配，而将重点放到利用经济分析去帮助决策者，从而使他们能够选择出实现既定目标的最佳途径。

4. 选择、实施和评估

如上所述，在对可供选择途径进行评价的过程中，经济学家的责任是提供决策的依据，而不是做最后选择。决策者可以出于种种考虑，如公司战略、政治敏感性、其他经济分析没有考虑到的因素，而拒绝从经济上看是最有优势的途径。然而，经济分析将帮助决策者更好地理解作出某项选择在经济上的后果。

一旦决策者作出了决策，最后的步骤就是执行决策。有时还需要加上另一个步骤：即回顾和评价所实施的决策。由于决策常是动态和连续的，这一步涉及评估以前决策的效果。

本章提到决策程序是管理科学的中心问题。这方面的文献现在越来越多，并提出了各种各样的决策模型和策略行为模型。这些文献可以帮助理解决策者之间的关系，解决多边的和相互冲突的目标问题，及掌握缩小和妥善处理不确定性的方法。

我们将在下一章复习市场经济中影响决策的因素。下一章将给出现今大多数国家调控企业、个人和市场活动的理由；指出混合型资本主义的特征；解释为什么政府对市场的调控可能失败。随后的章节将讨论林业管理中遇到的特殊问题，以及如何使用经济分析方法解决这些问题。

八、要点与讨论

本章从森林和树木的经济价值和用途开始，阐述了林业经济学的基本概念和范畴。由于林业经济是国民经济的一部分，经济体制和社会环境对林业经济运行的作用是不言而喻的。现在，世界上大多数国家采取了市场经济和政府干预相兼的"混合型经济"，所不同的只是市场化和政府干预的程度不同。这就是"度"的概念：中国特色的社会主义和美国、加拿大、及欧洲各国的资本主义在经济运行和政府干预的方式、方法上没有很大的差别，所不同的只是程度上的区别。

经济活动是把资源转化为商品和服务的过程。由于人们对商品和服务的需求常常大于能用于各种生产的资源供给，任何社会都需要决定：①生产哪些商品和服务？②采取何种生产方式？③如何对生产出来的产品和服务进行分配？在市场经济中，上述第一个问题，即生产什么，是由消费者决定的。上述第二个问题是由企业家们为实现利润最大化的不断竞争而决定的；这是由于企业家承担着生产的责任，他们是资源供给者和商品需求者的中介。上述第三个问题主要是由个人收入所得决定的。当然，收入所得取决于劳动力、资本和其他生产资源（要素）的市场价值。

在混合经济中，政府对这些经济活动进行不同程度的干预。政府不仅仅生产公共物品，还通过税收、补贴、行政干预等手段对于私人产品的生产进行调节。政府这些对生产资源配置的作用称为政府资源配置功能。同时，政府还承担调节收入分配和使经济平稳运行（或经济可持续性发展）作用。总之，政府通过这些方式对市场经济进行干预，希望弥补市场经济的缺失，并达到由政治程序所确定的经济目标。政府的这些作用体现了人类社会所追求的两个基本经济目标：效率和公平。

经济资源或生产要素是指用于生产产品或提供服务的资源。它通常分为劳动力、资本、土地和企业家才能。森林资源由林地和林木组成。林地和其他土地具有同样属性：如在某地区它的数量有限，它的生产能力各异，它的收益（即剩余值）也被称为地租。林木则属于资本的范畴。林木作为资本可由投资随时间的增长而增长，并由采伐而下降；林木的价值主要由其所能生产的产品和提供的服务衍生而来；它的收益反映在利息的多少。

林业经济学研究如何有效地使用或配置与林业生产有关的各种生产要素和有效地利用各种林产品与服务。林业经济作为一门独立的学科是由于：森林所生产的产品和服务相当一部分是不通过市场交换；林业生产周期长；林业生产所占有的资本量巨大；用材林既是工厂又是产品；特别是，政府对林业生产的干预比对于其他经济活动的干预要强。这些特征非林业所独有，但在林业上反映的程度较为集中。林业经济包括了营林、造林、森林管理、森林保护、森林采伐、各种林产品供给和需求、林产品和服务的利用、以森林为基础的经济发展等各方面。它是林业可持续发展的关键科目之一。

复习题

1. 请解释为什么经济学只考虑稀缺资源的配置问题。从哪个角度来看森林资源是稀缺资源？从哪个角度来看它不是稀缺资源？

2. 请比较下面几种情况的管理决策是如何作出的：(a)资本主义经济体系中的私有林；(b)社会主义计划经济体系中的政府所拥有的森林；(c)原始社会的部落森林。

3. 什么是私有产品？什么是公共物品？什么是优点商品？

4. 请解释在机械化林业中创新是如何对如下几方面产生影响的：(a)木材生产的经济效率；(b)收入分配。

5. 请描述目标在评价森林经营决策中的重要性。

6. 如果社会的基本目标是经济效率或公平，你将对如下现象如何分类？换句话说，哪些目标是遵从公平原则的？哪些目标是遵从经济效率原则的？

a)林业企业的目前利润；

b)林业企业的长远利润；

c)林区的就业；

d)本地人口的再就业；

e)森林公园的游憩；

f)纸浆企业的长期木材安全供应；

g)在公共林地上长期保持生物多样性。

7. 请比较林学家和经济学家有关如何最好的管理森林的方法。他们各自主要关注点是什么？他们能达成一致吗？

参考文献

[1] Clawson, Marion. 1975. *Forests for Whom and for What*? Baltimore: The Johns Hopkins University Press, for Resources for the Future. Chapters 3 and 7.

[2] Duerr, William A. 1988. *Forestry Economics as Problem Solving*. Blacksburg, VA: Author. Part 1.

[3] Gregory, G. Robinson. 1987. *Resource Economics for Foresters*. New York: John Wiley and Sons. Chapter 1.

[4] Klemperer, W. David. 2003. *Forest Economics and Finance*. New York: McGraw-Hill. Chapter 1.

[5] Quade, Edward S. 1989. *Analysis for Public Decisions*. 3rd ed. New York: North-Holland. Chapters 4–7.

Samuelson, Paul A., and William D. Nordhaus. 2004. *Economics*. 17th ed. New York: McGraw-Hill/Irwin. Chapters 1–3 and 32.

第二章 市场经济与政府管理

　　森林管理者所做的决策,可以被看做广义上资源配置的经济决策。他们的兴趣通常集中于林地和木材,但这些决策还往往涉及其他资源,如劳动力、资本和企业家技能的使用。森林经营的决策确定如何利用各种各样的经济资源,进行林业生产。因而林业决策是经济体系中不断进行着的大量资源配置活动的一部分。

　　本章将讨论经济决策的效率和林业中常见的与高效率不一致现象。我们将从生产原理开始,接着考察使各种资源达到最有效利用的市场经济条件。通过考察可以了解到影响许多林业决策的市场为何常常不能满足提高经济效率的纯竞争性条件。这些所谓"市场不完全"或"市场失调"导致许多独特的林业问题产生。正是由于市场失调才需要政府调控。最后,我们看一下市场失调的各种形式、修正市场失调的方法,和政府在修正市场失调时可能发生的政策失调问题。

　　本章汇集了有关经济的原理,以便为我们后面的讨论打下基础。但需要事先说明的是,这是一件相当抽象的机械性工作。已经掌握了微观经济理论的读者可以跳过本章。那些对微观经济学不太了解的读者,可能需要在手头备有一本经济学教科书以便随时查用。

一、经济效率和机会成本

　　经济分析是建立在假定所有经济活动都是为了满足人们需要的基础上的。如前面所述,利用有限的资源使人们需要满足的程度越大,经济体系的效率就越高。为衡量生产资源是否得到有效利用,我们必须把实际使用资源时所产生的生产力和在其他利用资源途径所产生的生产力相比较。例如一块土地,一个单位的劳动力或资本,用于木材生产时比用做农业生产能生产出更高的产品价值。而它们被用于农业生产所创造的产品价值仅仅低于被用于木材生产时所创造的产品价值,这时社会利用这些资源从事林业生产的成本就是因此而失去的农业产品的价值。这就是生产要素的机会成本(opportunity cost),即未把这些资源放在其他最佳用途时所牺牲的产出价值。

　　生产要素最有效的利用就是将它用在能产生最大产品价值的地方。这意味着它所生产出的产品价值要大于或等于它的机会成本。如果所有的生产要素都得到了最有效的利用,整个经济体系就达到了它的最有效状态。因此,也就使得总的生产价值达到了最大或最大程度地满足了人们的需求。在一个竞争的经济体系中生产要素趋向于最有效利用,因为生产者能够从利用这些要素中得到最大的收益,也就能出最高的价格去购买这些要素。这是市场经济效率的基础。

　　因此,在一个竞争的市场经济体系中生产要素的机会成本准确地反映它们的价格。例如,卡车司机的工资趋于反映他们受雇于各种工业的边际生产力。但价格有时并不完全反映机会成本。例如，如果某个工人不是受雇于林业就要成为失业者，那么尽管价格（工资）是正数，雇用这个工人就没有其他损失。其机会成本是零。

追求利润的私人生产者，总是反应于他们要购买投入的货币成本或市场价格。相应地，当投入的市场价格与他们的机会成本不一致时，私人公司对经济过程效率的评价将与考虑整个社会的分析者（像本书）的评价不同。两者都对效率和成本进行比较。但私人生产者往往仅局限于评价盈利程度的货币成本和收益。对于站在全社会角度的分析者来说，这些货币成本和收益必须被加以补充或修正，以便更精确地估计全社会的净收益。

机会成本是经济学中一个最重要的概念。在我们的日常生活中到处可见。不论我们做什么都有机会成本。我们做某件事情所得到的利益或满足应该大于，或至少等于我们没有选择去做的另一件、次好的事情而放弃的利益或满足。后者是我们做前者的机会成本。例如，为什么年轻人要上大学？为了回答这个问题，我们要知道年轻人花四年时间去上大学并取的学士学位的机会成本和有学士学位后所多获得的收益。如果不去上大学，他们中的大多数在高中毕业后将会去劳动力市场找工作。如果去找工作是高中毕业后不上大学的最好选择，那么这些大学生的机会成本就是上大学期间所放弃的收入和经历。有了大学学历后多获得的收益（用收入来表示）是大学毕业后一生中所获得收入减去没有大学文凭所获得收入（两者都经过贴现后）的差额。研究结果表明，在美国和加拿大，由于工作和上学的生活消费差不多，这个差额远超过了上大学的机会成本和四年学费的总和。所以，尽管近来学费不断上升，大多数的高中毕业生还是选择要去上大学。

二、生产理论

生产某种产品往往有多种方法。生产者的任务是找到一种最有效的方法使每种资源都能得到充分利用。例如，采伐木材可用不同的机器设备和人力组合，各种组合有不同的机会成本，其中能使成本最低的组合是最有效的组合。而且，如果各种投入的价格准确地反映了使用它们的机会成本，那么私人生产者所需要的最佳组合将与从整个社会角度来说所要选择的最佳组合相一致。经济效率的概念因而集中在产品的生产和生产过程中所使用资源的成本之间的关系——投入和产出的关系。

这节我们简要地介绍生产经济学原理和一些基本概念，并将有助于理解在后面章节中森林生产问题最关键的经济关系汇集与此。我们在这里不可能涉及所有相关理论。这些生产理论在微观经济学教科书上都有详细论述。

我们先从生产中的技术关系开始，即通过对投入（或生产要素）不同组合使产品的生产得以实现的技术。结合有关投入的成本，我们分析技术关系是如何用于确定投入的最佳组合以生产特定的产品，并达到产出最优。然后，我们将谈到规模经济、产品供给和投入需求。下一节将转入资源的有效分配问题。

1. 生产函数

生产原理以投入和产出的技术关系（经济学上称为生产函数）为起点。例如，木材的生产函数给出了木材的产量与投入的土地和劳动力的关系。生产函数的一般表达式中一定时期内的产量（Q）是由在生产过程中投入要素（$X_1, \cdots, X_n$）的数量及其组合形式来决定的。它的代数表达式为：

$$Q = f(X_1, X_2, \cdots, X_n) \tag{2-1}$$

如果考虑各种投入之间的相互代替和多种产出的情况，生产函数可能被表达为复杂的数学公式。这里，我们只讨论投入和产出之间的一般关系和投入之间的替代问题。尽管我们在下面的生产函数中只有两种投入要素，但我们所得到的原则也适用于生产函数中多种投入的情况。例如，在实证研究中，林产品（如锯材和纸张）的生产函数至少有四种投入，即木材（或原木）、资本、劳动力和能源。

2. 投入的相互替代

用某种投入代替另一种投入进行生产是可能的。各种投入之间可替换的程度取决于生产技术。因为技术随着时间推移而得到改进，生产中各种投入之间的替换程度也相应地有所变化。例如，在某一块面积和质量一定的土地上生产木材，可以用少量的资本和大量劳动力，或是大量的资本和少量的劳动力。在这个例子中由于土地是固定的，所以在生产函数中不包括土地。这样，木材的生产函数式可以写成：

$$Q = f(L, K) \tag{2-2}$$

式中，Q 是木材产量，L 是劳动力，K 是资本。

图 2-1 的上部解释了投入要素之间的替代关系。其中 ab 曲线被称为是等产量曲线，代表了生产一定产量（如 100 立方米）的木材所需要的资本和劳动力的所有可能的组合。就是说，ab 线上的每一点都代表在这块土地上为生产出 100 立方米的木材，所投入的资本和劳动力的不同组合。其中的一个组合是资本的投入是 OK，劳动力的投入是 OL。从这一点沿着曲线向右表示资本投入减少而劳动力投入增加，向左则表示资本投入增加而劳动力投入减少。

等产量曲线反映了两个投入要素的相互替代性，准确地说是一种投入对另一种投入技术替代的边际效率（即边际技术替代率）。如果投入要素之间具有高度替代性，等产量线趋近于一条直斜线。相反，如果投入要素之间没有任何替代性，等产量线就变成 90°相交的直线，即一条垂直线和一条水平线。对于大多数的生产活动来讲，相应的等产量曲线处于上述两个极端点之间（如图 2-1 上部曲线所示）。技术的进步趋向于增加生产过程中投入要素之间的替代性。例如，在营林、采伐和其他林业生产上的设备技术进步可以明显的增加资本对劳动力的替代性。

一般来说，一种投入对另一种投入替代的边际效益不是固定的。当需要更多的劳动力来替代资本才能维持同一产量时，等产量曲线的斜率就会变小。这种现象称为边际替换率递减规律（law of diminishing marginal substitutability）。这个规律解释了用某种投入替换另一种投入并维持同一产量水平时为什么会越来越困难。

图 2-1 中位于 ab 曲线上面的曲线代表更高的产量，位于 ab 曲线下面的曲线代表较低的产量。

为了检验改变一种投入而保持其他投入不变对总产出的效果时，我们假定图 2-1 中连续的等产量线中的每一条等产量线与位于该等产量线下面的等产量线之间的增长量均相同。如果在 OK 时资本的投入是固定的，要想在连续等产量线中从某一等产量线上升到上一个等产量线（或产出水平），只能是靠增加劳动力来实现。图 2-1 的中部给出了当保持除劳动力以外的其他投入（即资本）不变，而增加劳动力投入时的总产出增长情况。垂直的虚线（贯穿于图 2-1 上、中、下部）表示产出的相同增长；反映在图 2-1 的中部就是，两条虚线之间总产出曲

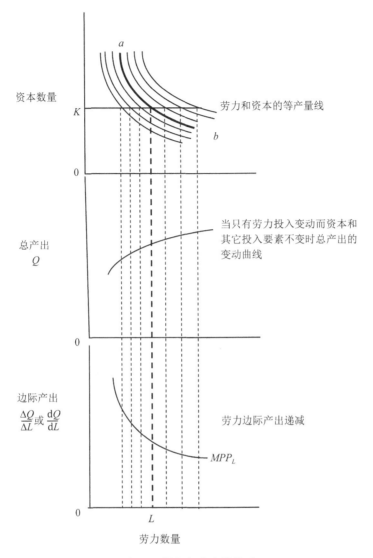

图 2-1 投入与产出的关系

线的垂直上升量是相等的。因为要保持连续等量的产出增长就必须要不断增大劳动力的投入量,所以曲线向右延伸的斜率逐步变小,而虚线间的距离逐步变大。

这就是如图 2-1 下部所表示的,收益率递减规律(law of diminishing returns);或更确切地说,边际生产量递减规律(law of diminishing marginal products,一种投入在其他投入保持不变的情况下,它的边际生产量递减的规律)。该规律指出,当在生产过程中一种投入连续等量的增加而同时保持其他投入不变,产出也会相应的增长,但增长的幅度会越来越小。在上面例子中当资本投入保持不变时,劳动力的边际产出(MPP_L, marginal physical product of labor 或 $\triangle Q/\triangle L$, dQ/dL,即产出对劳动力投入的偏微分)下降。

例如,在进行木材采伐作业时,可以使用大量的劳动力和少量的机械设备。如果增加一个劳动力投入,其产出也会有一定量的增长。如果再增加一个劳动力的投入,产出也会进一步增长,但增长的幅度会减少,以此类推。

3. 投入的有效组合(成本最小投入组合)

等产量线和生产函数解释了有多种投入的组合都可以生产出同一产量的产品。但它们并没有指出哪一种组合是经济上最有效,或最花算的组合。要回答这一问题,需要知道投入的成本。

在总成本一定时,资本和劳动力各自的投入量是可以变化的。在图 2-2 中资本投入的成本是 OA。相同的成本可以雇佣的劳动力数量为 OB。在直线 AB 上的任意一点代表了一种资本和劳动力的组合,例如 OK 量的资本和 OL 量的劳动力,但每一点的成本相同。这条线称为等成本曲线。

OA 与 OB 的比率(也就是等成本线的斜率)等于资本价格与劳动力价格之比。只要投入要素的价格是固定的并且不受投入量大小影响,等成本线就是一条直线。

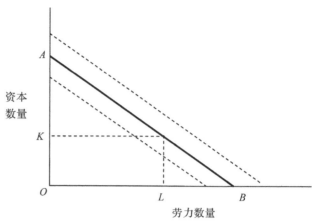

图 2-2 资本和劳动力的等成本曲线

在图 2-2 中,等成本线 AB 右边的直线代表更高的总成本,而等成本线 AB 左边的直线代表较低的总成本。这样的一组等成本线可以用如下的总成本表达式表示:

$$TC = P_L \cdot L + P_K \cdot K \tag{2-3}$$

因此,生产过程的总成本(TC)是由所投入的劳动力(L)和资本(K)数量以及它们相应的价格 P_L 和 P_K 决定的。

投入的最小成本组合可以由在等产量线上叠加等成本线来确定,如图 2-3。

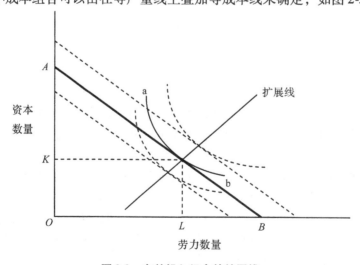

图 2-3 有效投入组合的扩展线

对于任何一个产出水平(例如图 2-3 中的等产量线 ab)都有一个资本和劳动力的最小成本组合。而这样的一点在图 2-3 中就是等产量线与等成本线相切的那一点。这一点表示 OK

的资本与 OL 的劳动力的组合是生产 ab 量产出的最有效组合。等产量线与等成本线相切的参数表示两种投入间的替代率，或是它们的边际产出的比率（$\mathrm{MPP_L/MPP_K}$，即等产量线的斜率）等于它们投入要素的价格比率（P_L/P_K，即等成本线的斜率），即：

$$\frac{\mathrm{MPP_L}}{\mathrm{MPP_K}} = \frac{P_L}{P_K} \tag{2-4}$$

这里 $\mathrm{MPP_L}$ 和 $\mathrm{MPP_K}$ 是劳动力和资本的边际产出，P_L 和 P_K 是劳动力和资本的价格。换种说法，在生产某一产出水平投入的成本最小的组合，发生在这一产出水平上投入间替代率等于两种投入相应价格的比率的地方。

公式 2-4 给出了有效的（或效率最高的）生产过程。现在让我们看下管理人员对公式 2-4 两边不等情况的反应。例如，公式的左边大于右边的情况。我们将 2-4 式变换下形式得到：

$$\frac{\mathrm{MPP_L}}{P_L} > \frac{\mathrm{MPP_K}}{P_K}$$

这表明在劳动力上的每花费 1 元的实物边际产出要大于在资本上花费 1 元的实物边际产出。那么，管理人员将用劳动力替代资本以获得投入的最小成本组合，直到公式 2-4 两边相等为止。

这种投入成本最小组合对于任何产出水平都存在。一条通过这些最佳点的直线称为扩展线，如图 2-3。扩展线给出了不同产出水平的最有效投入组合。

4. 成本最小、利润最大和二重性

等产量线与等成本线相切的点解释了生产者在追求利润的过程中，是如何为了生产某一水平的产出而选择投入成本最小组合的。我们现在要看下他们是如何选择使利润最大时的产量的。

正如我们将要看到的，利润最大化的条件与在一定产出水平下的成本最小化是一回事。因此，生产理论既可以看成是利润最大化也可以看成是成本最小化的理论。这种二重性使经济学家在实证研究中，能够在利润函数不易被观察到时，可以使用成本函数和产出水平推导出生产函数，并加以分析。

为了获得他们的最大利润（π）或净收入，生产者必须要找到能够使总收入与总成本差额最大时的产出水平。这一产出水平是由边际成本和边际收入所界定。

边际成本是指生产额外的一个单位产出时所需要投入的额外成本。在完全竞争的市场中，销售产品的价格反映了它的边际收入。为了利润最大化，只要产品的边际收入大于边际成本，生产者就必须要扩大产品生产。然而，边际成本也随着产出水平的提高而上升。这里存在一个边际成本等于边际收益的平衡点，超过这点的边际生产将产生损失。因此，利润最大化时的产出水平就发生在边际成本（MC）正好等于边际收入（MR）时。即：

$$\mathrm{MC} = \mathrm{MR} \tag{2-5}$$

在完全竞争市场中，一个企业的利润最大化问题用数学公式可以表示为：

$$\mathrm{Max}\ \pi = P \cdot Q - C(Q) \tag{2-6}$$

这里 π 是利润，P 是产品的价格；Q 是企业生产的产品数量；$C(Q)$ 是企业总成本函数，依赖于生产的产品数量。

对公式 2-6 中的 π 取 Q 的导数并使其等于零（这是取极值的条件），得到下式：

$$\frac{\mathrm{d}C(Q)}{\mathrm{d}Q} = P$$

该式表示在完全竞争市场中企业的边际成本等于边际收益。

利润最大化的规则还可以用当增加一个单位的生产要素投入时的边际成本等于其边际收益来计算。要解释其原理,我们将在竞争市场中只有一种产出和两种投入(劳动力 L 和资本 K)的某一个企业的利润最大化问题写成如下表达式:

$$\text{Max } \pi = PQ - (P_L L + P_K K) \tag{2-7}$$

这里 P 是产品的价格,$Q = f(L, K)$ 是企业的生产函数,括号内的项目是企业的成本函数。

对公式 2-7 中的 π 分别取 L 和 K 的偏导,并令其等于零(前面讲过,这是取极值的条件),我们得到下式:

$$P \frac{df(L, K)}{dL} = P_L \tag{2-8}$$

$$P \frac{df(L, K)}{dK} = P_K \tag{2-9}$$

公式 2-8 中的左边是劳动力(L)的边际收益,右边是劳动力(L)的边际成本。企业一直增加劳动力(L)的投入直到边际收益等于边际成本这一条件满足时为止。同理,企业也一直增加资本(K)的投入直到公式 2-9 得到满足时为止。

将公式 2-8 除以公式 2-9,得到下式:

$$\frac{\dfrac{df(L, K)}{dL}}{\dfrac{df(L, K)}{dK}} = \frac{dK}{dL} = \frac{P_L}{P_K} \tag{2-10}$$

这个公式与公式 2-4 相同。公式 2-10 的左边部分(和中间部分)是边际实物产出的比率(MPP_L/MPP_K),和前面一样,它被称为边际技术替代率;右边是投入要素价格的比率。从图 2-3 来看,等产量线与等成本线的切点正好满足这一条件。

我们可以从另一个角度来看这个企业所面临的资源分配问题。这时企业在产出(假定 $Q = f(L, K) = q$,q 是一个固定值)给定的情况下,寻求成本(C)最小。我们将会看到,使成本最小会产生与利润最大同样的结果。我们现在的目标函数是:

$$\text{Min } C = P_L L + P_K K; \quad s.t. \ f(L, K) = q$$

这里 $s.t.$ 的意思是"约束条件"。

这是一个具有约束条件的求极小值问题。为了求极小值,我们需要将这两个式子合并为如下的目标函数:

$$\begin{aligned} M &= C - \lambda [f(L, K) - q] \\ &= P_L L + P_K K - \lambda [f(L, K) - q] \end{aligned} \tag{2-11}$$

这里的 M 是新的目标函数,λ 是拉格朗日系数。

对 M 分别取 L 和 K 的偏导,得到:

$$\frac{dM}{dL} = P_L - \lambda \frac{df(L, K)}{dL} \tag{2-12}$$

$$\frac{dM}{dK} = P_K - \lambda \frac{df(L, K)}{dK} \tag{2-13}$$

令这两个等式等于零并使它们相除,得到:

$$\frac{P_L}{P_K} = \frac{\mathrm{d}K}{\mathrm{d}L} = \frac{\frac{\mathrm{d}f(L, K)}{\mathrm{d}L}}{\frac{\mathrm{d}f(L, K)}{\mathrm{d}K}} \tag{2-14}$$

请注意等式 2-10（等同于 2-4）和等式 2-14 一样。因此，在给定产出量的情况下，求取成本最小的结果和求取利润最大化的结果和是完全一样的。这种二重性使得我们研究生产者行为时，既可以从成本最小入手也可以从利润最大开始。

5. 规模报酬（规模经济）

在作出生产决策时，生产者必须要认真考虑产出的水平或是生产规模是如何影响他们的成本的。有时产出是与投入成比例的变化，称为规模报酬不变。连续等量的增加所有投入将带来连续等量的产出增长。这样，这些等产量曲线间的间隔相等的。

而在另外一些情况下，增加所有生产要素带来的结果是随着规模的逐步变大其所增加的产出不断减少。这就是规模报酬递减。这时产出的增长量小于投入增长的比例，连续等量产出（从低产出向高产出来看）增长的等产量线间的间隔不断变大。相反情况是规模报酬递增。只有在规模报酬不变的情况下产出的扩展途径才是一条直线。在林业生产中规模报酬递减、不变和增加的现象都会发生。

投入与产出之间的关系在生产者决定生产规模时具有关键作用。因为，这个关系决定了它们的边际成本，也就是为了增加产出而额外增加的投入量与它价格的乘积之和。许多生产过程（包括大部分的林产品的生产）都证明了，规模报酬递增发生在产量较低时，规模报酬递减则发生在产量较高时。当生产处于规模报酬递增阶段，生产者有很强的动力去扩大生产规模。超过了规模报酬递增阶段后，规模报酬递减和边际成本的上升会限制生产规模进一步扩大。从所有的或整个工业的产出水平来看，规模报酬不变和递增的情况是不多的。因为，它们意味着生产的有效规模是无限的和最终导致所有的生产量会落入一个生产者的手中。

注意，当除了一种投入以外的其他投入要素都固定不变时，收益率递减的规律（或边际生产量递减规律）就会出现。另外一方面，不论是规模报酬递减、不变或是递增，规模经济是产出与所有投入之间的关系。

在市场需求不变和有其他生产者存在的情况下，即使是对于某一工业领域来讲，是处于规模报酬递增阶段，在这一工业领域的企业也不能无限地扩大生产规模。也就是说，它们只能生产一定量的产品。否则，产品价格就会下跌，并将带来企业利润的下降。那么企业是如何确定它们的生产规模和生产量的呢？

6. 产品供给和投入需求

企业家追求利润最大化使他们边际收益等于边际成本（MR = MC）。这一原则也解释了生产者为什么总是愿意在产品价格上升时生产和销售更多的产品，正如向上倾斜的市场供给曲线所表示的那样。追求利润最大化的生产者只要他的边际收益大于其边际成本或投入要素的价格（即等式 2-8 和 2-9 中左边大于右边），他就会增加生产要素的投入。因为这样做可以增加利润。

如果一个处于最大利润生产水平点的企业产品价格上升，它的边际收益将被提升到大于边际成本的水平，等式 2-8 和 2-9 中左边就会大于右边。在新的价格下为了实现利润最大，企业将扩大生产规模，提高生产量。这样，它的边际成本逐渐上升，直到两个边际变量恢复到均等状态。因此，企业的产品供给曲线犹如它的边际成本曲线一样是向上倾斜的。

市场的供给曲线就是所有生产企业供给曲线的集合。汇集了所有企业向上倾斜供给曲线的市场供给曲线，实际上就是所有企业在各个不同价格水平上供给数量的总和。因此，一般的规律是，当林产品的价格上升时，市场上林产品的供给会增多；在价格下降时就会减少。

由于在这里谈的是产品供给曲线，我们假定任何价格的上升都是由需求的增加引起。同样，在下一段所要讨论的需求价格变化也假定都是由供给引起的。我们将在第四章对需求与供给进行更深入的讨论。

这些关系解释了为什么当投入的生产要素价格降低时，生产者会购买更多的投入要素。生产要素价格的降低带来企业的边际成本相应降低，也使它的边际成本与边际收益的均衡点发生了变化，企业必定要扩大生产，购买更多的投入。因此，对生产要素的需求曲线通常是向下倾斜的。与人们看到的一致，当劳动力、资本和其他生产要素的价格下降时生产者增加对它们的购买。也就是说，他们对这些生产要素的需求量增加了。

7. 林业生产中时间作为投入要素

上述关系解释了追求利润最大化的生产者如何在某个时点选择他们的产出和投入水平。林业企业也可用这一理论模型去加以分析。但在进行森林生产时，生产者除了必须注意制造业和其他行业所通常考虑的各种投入之外，还必须特别注意时间因素。一旦森林营造起来之后，森林生长所需要的时间经常是影响其产出水平的最主要的决定因素。

由于时间对营林生产中所投入的资本具有影响，因而时间是林业生产中的一个生产要素。它具有其他投入所共有的特征。通常，一个林分生长的时间越长，产出就越多；但林分生长表现出时间收益递减；而时间带来成本（通常用推迟采伐的森林所占用的资本和土地的机会成本计量）增加。还有，由于用较少的时间和较多的劳动力和其他投入进行集约经营可以达到同样的产出，投入的最佳组合必须考虑时间和其他生产要素的这种可代替性。第三章和第七章将把时间作为林业生产经济学的一个特殊变量来讨论。

三、生产要素分配

许多生产要素有多种用途。生产过程中使用一个额外单位投入所能增加的产量称为边际产量，更准确地称是边际实物产量（Marginal Physical Product，MPP，或在等式 2-4，2-10 和 2-14 中的 $df(L, K)/dL$ 和 $df(L, K)/dK$）。增加一个单位投入所得到的额外产品的价值称为这种投入的边际产品收益（Marginal Revenue Product，MRP，或在等式 2-8 和 2-9 中的 $Pdf(L, K)/dL$ 和 $Pdf(L, K)/dK$）。边际产品收益等于这种投入的边际实物产量与这些产量的边际收益（即单位产品价格）的乘积。在越来越多地使用某种投入时，它的边际产品收益随之下降，因为边际报酬递减引起边际实物产量下降。而且在非纯竞争产品市场上，边际收益也要下降。

只要某种投入的边际产品收益大于其成本，一个追求利润最大化的生产者就会更多地使用这种投入，因为这样做将增加他所获得的利润。同样，利用同一种投入生产其他产品的生产者也会这样做。其结果是，在一个竞争性市场上购买这种投入的所有生产者，会把这种生产要素的价格抬高到能反映它在各种用途的边际产品收益的同一水平上。在某一经济体系中，当一个生产要素的边际产品收益在各种用途中都相等时，这种生产要素就可以称为被有效地利用了。这是因为这种要素至少能生产出与各种用途机会成本相等的边际收益。没有其他可能的再分配途径能够提高这种生产要素的利用价值了。

这一原则也适于一个生产数种产品的厂商,在决定如何对某种投入在不同的产品间进行分配的情况。例如,木材制造商经常遇到如何将原木在板材、纸浆和纸的生产间进行分配的问题。用各种用途的边际产品收益都相等的方法来分配原木就可以获得最大收益。这被称为等边际原则(equi-marginal principle)。该原则指出当一种投入要素的边际产品收益在它所有用途上都相等时,这种投入要素就达到了它的最大效益。同样的原理也应用在前面提到的大学生如何分配时间的例子中。其实不单是大学生,许多人都有意无意地据此来分配他们每天的时间。

这个结论可以应用于描述整个经济中如何分配可利用的各种资源,以实现最大经济效率或最大可能的社会利益。如果生产者使用每种生产要素的边际收益准确地反映出这种产品的社会价值,那么边际产品收益就表明了这种要素的边际社会效益(marginal social benefit 或 MSB)。当所有的生产者都按边际产品收益等于其价格使用每个生产要素时,这个价格将反映出它真正的机会成本,或它的边际社会成本(marginal social cost 或 MSC)。如果在各种生产形式中,边际社会效益(MSB)等于边际社会成本(MSC),这样资源分配就达到了最大社会效率。从总体上讲,没有其他再分配方式能产生更高的社会价值。

这个经济有效性的原则适用于整个经济体系和所有生产活动,包括那些没有市场价格、也不通过市场进行交易的产品的生产和服务(如森林的游憩服务)提供。因此,为追求提供野外游憩服务时经济效率的最大化,就要求所投入的土地、劳动力和资本的边际社会成本等于社会从中所获取的边际社会收益。当然,没有市场价格的游憩效益使得人们很难准确地估计它的边际社会效益。这一问题将在第五章中进行讨论。

四、市场失灵和林业的外部性

私人生产者和市场过程仅能在严格的"完全竞争"市场经济条件下来实现这种社会最佳效果。当然,这些条件从来都没有被全部满足。事实上,市场过程常常或多或少地是属于非完全竞争的。然而,完全竞争市场体系的理论模型可以帮助我们分析现实市场不完全的原因和后果,以及寻找改善市场环境的机会。在市场经济中,为了实现上面所说的资源社会最优配置,有些条件必须要得到满足。本章的附录中汇总了这些条件,同时也指出了林业中不能满足这些条件的各种表现形式。

在林产品工业和其他林业生产活动中,投入和产出都不能满足完全竞争市场的各种现象到处可见。在某些情况下,生产者的数量太少以至于缺乏有效的竞争;或者供应者市场的占有和影响力扭曲了市场价格。其他有碍于完全竞争的因素还有产权界定不清、缺乏市场信息和知识及市场利率与时间的社会优先率不一致等。在后面的章节中,我们将详细讨论有碍于有效市场的因素和政府是如何修正或减少它们的不利影响。经济学家用"市场失灵"来描述市场不能有效配置资源(即:不能通过资源的有效配置实现社会最优)的状态。在这里,我们重点关注那些对林业非常重要的市场失灵现象,也就是外部性问题。

外部性是经济活动的某些成本或效益与生产企业或个人无关,而由其他人来承担或获取。例如,用材林的经营活动可能改善猎鸟的生境并使其数量增加,这使得自由进入该地区的狩猎者获益。这种没有付费就可以得到的效益被称为木材生产的外部收益或正外部性(an external benefit or positive externality of timber production)。相应的,对其他人带来损失或成本而没有进行补偿(例如林业企业使得一条河流的渔业生产力下降,这种损失由渔民承担)的现象,称为林业的外部成本或负的外部性(an external cost or negative externality of forestry)。

区分不同类型的外部性是有益的。上面例子中的外部性有时被称为不同所有者外部性或技术不足外部性。它是指外部效益(或外部成本)的生产者没有通过市场就与外部效益的受益者(或外部成本承担者)发生了联系。如果"外部"效益(或"外部"成本)的生产者和消费者是同一个人或企业(即同一所有者),这些外部性就会被内部化。所以才有不同所有者外部性这一名称。同理,技术的不足使得人们无法将这些"外部"效益(或"外部"成本)的生产者和消费者直接联系在一起。所以才有技术不足外部性这一名称。

这些外部性是在生产者没有因为生产正外部性而获利,或产生负外部性而产生支出情况下的市场失灵。因而,生产者没有积极性在他们进行生产决策时将这些正或负的作用考虑在内。其结果,生产者将以低于经济有效性的水平来生产正外部效益(如上例中增加野生动物的数量),或以超过经济有效性的水平来生产负外部效益(如河流污染)。这种情况对森林的经营变得越来越重要,人们对没有市场价格的森林效益如环境、生物多样性、气候变化、美学和游憩价值的关注程度越来越高。

这些外部性的存在使得政府经常用制定法律规则的办法来减轻它们在林业生产实践中的不良影响。这些规则包括严格限制那些带来负外部性的生产活动(如禁止在影响流域内渔业生产的地方采伐木材),和要求加强那些能够带来正外部性(如改善鸟的栖息地)的经营管理活动。但是,正如我们在下一节将会讨论的,政府对经济活动制定的法律规则是有成本的,而且并不总能取得预期的效果。

另外一种外部性是公共物品(又称公共产品或公共商品)。公共物品具有被一部分人消费但不会影响其他人消费的属性。典型的例子是灯塔和国防。它们只要被建立起来以后,就服务于所有人。不会因为使某些人受益就影响了其他人的受益。这一类产品和服务是没有市场价格的,因为没有人能够做到不让其他人受益。此外,因为没有任何人对它们的消费会对经济社会带来边际成本,公共物品的有效价格是零。而价格为零限制了私人生产者对此类产品和服务的供给。因此,如有可能政府必须为人们直接提供公共物品,而且不能对消费者直接收费。

林业所提供的公共物品有美化环境、清洁空气和保护濒危物种等。许多不是真正和完全意义上的公共产品,因为它们具有某些私人的属性。例如,国家公园不仅仅提供优良的景观环境、科学价值和清新的空气等公共物品,还提供诸如宿营和休闲娱乐这类私人产品。后者完全可以通过收取门票的方式形成市场价格。

有些经济学家指出了另外一些外部性,如技术外部性和货币外部性等。技术外部性是由于有妨碍竞争的因素,如自然垄断、寡头买主垄断和进入障碍的存在而引起的。货币外部性是一个企业相对于另外一个企业的那些有利或不利的影响;这些影响是通过它在投入或是产出市场上来获取的(如市场上新的竞争对手的出现会对已有企业形成不利影响)。然而,这些外部性虽然对其他人有影响,但不属于我们考虑的那些,因为没有市场价格的收益或成本而影响到他人的外部性。本书中所说到的外部性仅指技术不足外部性(不同所有者外部性)和公共物品外部性。

五、政府干预与政策失灵

由于市场经济在有效利用资源和进行生产过程中存在着缺陷和失灵，政府经常要对其进行干预。政府的干预还可能源于收入分配的不均、过高的交易成本和不合适的产权界定。

对经济活动进行干预使其更有效率地运行或使其更接近公众利益是现代国家政府的主要经济职责。但是对市场失灵的修正不是一件容易和不花成本的事，干预本身从来就不是没有成本的。干预不仅需要公共管理支出，也为私人带来调整和服从的成本。正因为如此，即使从效率的观点来看，市场失调的存在并不是干预的充分依据。只有在收益超过所有干预支出时才能有经济效率的提高。当政府的干预没有起到修正或是没有实现在资源配置上所制定的目标和所设定的收入分配水平的情况，就出现了政府失灵或是政策失灵。

此外，修正市场失灵的干预措施有时也会导致其他方面的效率降低，这时最好的解决途径可能是接受市场失灵。在一个市场失灵现象共存的经济体系中，人们为了修正某一市场失灵而采取的干预措施可能会带来总体经济效率降低的实际结果。至少在理论上，较好的选择是让两种市场缺陷互相抵消，而不是去修正其中的某一个。这被称为"次好选择理论"（theory of a second – best solution）。

例如，一个矿业垄断者（也是一个污染者）将矿渣倾倒到河里并使致命的灰尘被吸进工人的肺中。这里存在两个市场失灵的现象，即垄断和外部性。如果政府想要竞争，就必须打破垄断。然而，竞争会使产量提高，而产量的提高也伴随着污染的提升。这时政府的干预措施不但增加了产量也加重了污染。

同样重要的是要认识到，不管目标是什么，政府干预也并不是都经过很好的选择或都有效。正如许多私人企业一样，政府有时也受知识不足的限制，会作出错误的决策或难以干预变化了的经济环境。因此，我们可以发现不少没有实现政府目标，或选择了一条低效益途径的、带来许多负作用的公共政策。当政府的干预措施制定的不好和执行中的不力，政策失灵可能导致比市场更低效的资源配置。例如，人们在争论政府对农业进行补贴的政策。这种政府补贴政策在美国和其他地区阻碍了边际农地向具有更高生产率部门——林业的转移，其结果可能是加重了边远地区的贫困程度。

另外，政府可能不会总是从公共利益来考虑问题。一个国家管理的理论是公共利益理论。它是建立在假定政府决策的目标总是为了改善公共利益，任何的政策失误都是可以原谅的错误。相反的观点是利益集团理论。该理论假定所有参与政策制定的人们（包括选出的官员、官僚、游说者、私人企业和个人）都是为了他们自身的利益而工作，这些利益包括选票、影响力和权力、商业利益、个人利益和爱好。所以，宏观上的公共利益经常会让位于特定集团的利益。政治拨款（pork barreling）就是一个例证。它是指立法者经常将政府的资金和项目引导到自己的选区，而不是那些对资金和项目有更迫切需求的地区。在第十二章，我们将讨论利益集团理论是如何影响林产品贸易的。但该理论还适用于许多林业和非林业的事例，如税赋的征收和减免、补贴和其他政府资助的项目。

最后，必须注意到在经济运行中的许多缺陷，通常来讲不是市场不完善造成的而是制度缺陷引起的。制度缺陷有产权界定不清、低效的法律制度和管理不善。制度是一个社会的规则和约束，用来组织和指导人们的行动。它包括正式的法律规则、非正式的约束以及二者的强制性和约束力。不好的制度安排或没有约束力的制度扭曲了生产者和消费者的经济激励和行为，并降低经济效率。

在森林资源管理中政府所具有的重要作用，在很大程度上是对市场缺失的反应。在后面的章节中，我们将解释经济分析是如何帮助人们理解政府行动的真正意义和效果。

六、要点与讨论

本章前半部分对微观经济学进行了一个回顾。我们指出，有效的资源配置可以在利润最大化或在产量一定时成本最小化的条件下求得。尽管本章仅使用了两个生产要素，但上述方法及其所得出的结论在林产品生产的理论和实证分析中同样适用，只不过研究者常将林产品的生产要素分为四种（木材、劳动力、资本和能源）或四种以上。通过研究由利润最大化或成本最小化推导出的各种林产品的生产函数，人们可以了解这些林产品工业生产的生产力发展，规模经济，科技进步和各种投入的替代率等特征。本章前半部分还解释了为什么产出的供给曲线是向上的，为什么投入的需求曲线是向下的。且与林产品和其他制造业产品的生产不同，在林业生产中，时间是一个生产要素。更重要的是当某种生产要素有多种用途时，对该要素的分配要采用边际效用相等的原则（等边际原则）。

本章后半部分是对政府在林业和其他各活动生产干预作用的解释：即完全竞争性的市场经济不存在。经济学家称之为市场失灵。市场失灵的原因很多，其中主要的有外部性、公共物品、垄断、信息不对称、产权不确定等。但是，政府的干预是有成本的。因此，市场失灵并不是政府干预的充分条件。当政府干预不能起到应有的作用时，就出现政府干预失败的现象。有时，政府干预失败比市场失灵所造成的后果更严重。更有甚者，政府干预的出发点有时并不是为了公共利益，而是由利益集团引起，被政府立法机关、行政部门和执法机关主动或被动地实施，以牺牲公共利益为目的和代价的。也就是说，在现实生活中市场失灵甚至也不是政府干预的必要条件。

世界各国政府对林业干预的例子很多。对这些干预的目的、措施和效果进行理论和实证研究是林业经济学的重要课题。我们还要指出，本章（特别是本章附录最后）强调的边际条件很重要。因为，林业经济活动中遇到的问题常常是要对投入、生产或利用进行边际上的调整。

附录：实现资源有效配置的边际条件

在本附录中概要介绍在市场经济条件下，要取得最有效的资源配置所必须满足的条件和林业中不能满足这些条件的形式。

1. 利润最大化

市场体系的一个基本规则是生产者追求实现利润最大化，而这个体系的效率取决于生产者如何去追求利润最大化。正如前面所说，追求利润的激励驱使生产者选择最有效的或成本最小的生产方法，和边际收益与边际成本相等（$MR = MC$）时的产量水平。

利润最大化原则既可以用生产一个额外单位产出的边际成本和它所带来的边际收益相等来描述，也可以用使用一个额外单位的某种生产要素的边际成本和边际收益相等来描述。后者就是这种要素的边际产品收益(MRP,即前面所定义的生产要素的边际实物产量和生产者的边际收益的乘积)与生产者使用额外要素的成本——边际要素成本(MFC, marginal factor cost)相等,即:

(企业的)边际产品收益(MRP) = (企业的)边际要素成本(MFC)

如果一个厂商没能用这种方法去实现利润最大化,他就没有将资源配置好,因为这些资源可以通过重新配置而得到更有效利用。例如,一个生产木材的厂商生产的产量超过了边际收益和边际成本相等时所决定的产量,那么,生产最后 1 立方米木材的成本将大于它所带来的收入。这不仅降低了厂商的利润,还意味着用于生产木材的资源,在边际上用于其他用途时能够产生更大的价值。

在许多情况下,森林生产和利用不能受利润最大化的支配。一些森林不属于私人而属于追求其他目标的政府所有。私人所有者追求利润最大化的行为也受到政府各种规章制度的约束。一些森林产品和多种效益,如野外游憩、娱乐和其他环境价值并不经过市场而实现,这些价值不能被私人林业企业获得。这些情况使森林生产不能一惯地受到私人企业的边际成本和边际收益的支配。这妨碍了通过市场进行有效地资源分配的过程。

2. 完全竞争产品市场

如果要刺激生产者在社会最有利的水平上进行生产的话,他们所生产的产品和提供服务的市场必须是完全竞争性的。完全竞争的特征包括大量生产同种产品的厂商同时存在;每个厂商相对于整个市场供给都是微小的,不足以影响产品市场价格。

这样的市场条件意味着单位产品的额外收入必须和产品的价格相等。如果厂商改变其销售量,他的收入变化就等于市场价格与销售量变化的乘积。其数额应该与市场对产量变化的评估价相等。用另一句话来说,边际产品的市场价值(value of marginal product 或 VMP)必定与厂商的边际产品收益(MRP)相等,即:

(市场上或社会的)边际产品价值(VMP) = (企业的)边际产品收益(MRP)

如果竞争是不完全的(像通常林产品市场那样),这个条件将不能成立。例如,某个垄断了整个市场的厂商或起主导作用的卖主,能够通过改变销售数量的办法影响产品市场价格,他的边际收益将比产品的售价要低。这就是独断、寡头垄断或其他在市场上占有统治地位的企业,只要他们降低价格就可以销售更多的产品。然而,这样的话,他们所销售的所有产品——而不只是多销售的部分——都是低价销售的。如果垄断性的企业降低了一个数量单位的某个同质产品的价格,那么所有其他数量单位的产品都必须按新价格销售。因此,在市场上占有统治地位的企业就会发现,他们销售最后一个单位的产品所获得的边际收益(MRP)是小于他们销售产品的价格(VMP,即边际产品的市场价值)。所以,他们不会这样做。然而,当一个这样的厂商用边际成本和边际收益相等来实现利润最大化时,他的成本比产品价格要低。这就导致了另一种低效率。

3. 完全竞争性要素市场

相应地,市场体系的有效运行要求所有生产要素市场也是完全竞争性的,以至没有哪个生产者或生产要素拥有者能够影响生产要素价格。这样,每个生产者必须按市场现行价格购买所需要的生产要素。生产者是市场价格的接受者,他所面临的是水平的生产要素供给曲线。相应地,生产要素供给者面临与市场价格相等的水平需求曲线。这种情况在林业生产中经常碰到。林业生产中有许多小林主。这些小林主由于规模太小以至于不能对现行市场上营林和采伐工人的工资、运输卡车和其他设备的价格产生影响。

在这些情况下,生产者生产一个额外单位产品的边际成本等于生产这一单位产品所用要素的价值。换句话来说,他所使用另一单位生产要素的成本——边际要素成本(MFC)必定和他为之支付的价格——边际要素价值(value of marginal factor 或 VMF)相等;即:

$$边际要素成本(MFC) = 边际要素价值(VMF)$$

如果要素的供给者拥有卖方垄断性,或那些生产要素购买者拥有买方垄断性,足以影响市场价格的能力,这个条件不能成立。地方土地和木材市场上存在的买方垄断,有组织的劳动力市场上不断讨价还价的双边垄断,以及对小地主接近资本市场的限制是妨碍生产要素市场竞争的几个例子。

最优配置资源和有效市场体系的其他必备条件,包括:

- 投入和产出的可分割性

资源的最佳配置,要求在生产决策中很好地运用边际调节。这意味着所有投入量和产出量是可以高度分割的。可是,在自然资源的经营活动中,投入的规模经常受到自然环境的限制。一个"自然的"森林工业管理单位可能是整个流域盆地或不易分割的森林类型。一个自然景区通常需要大量土地才能维持其自然的特点。所以,尽管市场经济原理依赖于分散的、可分割的、同质的和可移动的投入,森林生产中所使用的自然资源则经常是异质的、非移动的、多用途的、有时甚至是不可分割的。这些限制了生产者对它们进行边际调整的灵活性。

- 投入的可控制

一个有效的市场体系必须能使每个生产者完全有效地控制他的投入和产出。他必须能够获得他所需要的投入,并用最有效的方法使用它们。他还要用最实惠的方式处理他所生产的商品和服务,即他要承担所有代价并获取全部利益。

使用土地和自然资源的企业很少能对这些资源的有益使用有完全的控制权。一个明显的、在渔业和水资源管理中比林业管理中更常见的例子是公有财产制度。在这种制度下生产者从来不能够对其他同种资源利用者进行干扰。在这种情况下,生产者缺乏应有的管理和保护资源的积极性,因为这样做所获得的收益大部分将被别人拿去。这就是"大锅饭"的经济模式弊病。即使生产者获得了对资源的专有权,政府税收、费用和其他摊派使得利用这些资源的私人和社会效益有了区别。正如将要在第十一章所讨论的那样,这些税费能促使生产者用降低资源所能产生的社会效益的方法来利用资源。

第十章将讨论各种各样的租赁、许可证和协议。它们使林业企业仅拥有土地和木材的有限财产权。这些产权常把企业的权力限制于使用某种特定的资源如木材,而将其他权力,如同一土地上的水资源或野生动物,给予其他使用者。这些产权还要求生产者交纳一定费用。这些费用可能影响他们管理和利用这些资源的积极性。产权期限的有限性使产权持有者忽视他的行为带来的长期后果。

简而言之,尽管市场体系理论依赖于确定、完整和安全的私人对生产要素的所有权,涉及森林资源的私人产权经常受到限制。对私人所有权的限制和控制可能着眼于重要的社会目标,这些将在后面几章中讨论。在这里我们仅指出,这些限制和控制会干扰产权所有者的积极性和市场经济的有效运行。

- 最佳时间偏好

和其他经济活动一样,森林经营必须包括选择时机,如:何时采伐森林,何时进行营林,何时修路等。森林计划还需要评价经过长时间才有收益的投资的方式。我们将在第三章提到，比较不同时间的价值关键是利息率的选择。利息率计量现在价值优于将来价值的程度。

在市场经济中，对一元现金的现在价值和某一时期后的价值的决策，是由私人货币的需求者和供给者参考市场利率作出的。因此，为使市场按整个社会的利益对资源在不同时间内进行分配，私人生产者在作出决策时所使用的利率必须反映整个社会的现值优于将来值的程度。用另一句话来说，市场利率必须反映社会时间偏好率。

由于种种原因，实际情况并不是这样。生产者很难有同等接近资本市场的机会。即使某一些市场利率反映了社会时间偏好率，其他一些则没有。例如，对于相似的森林，如果小林主在贷款时必须支付高于大公司森林所有者支付的利率，这些小林主就可能不大愿意对林业进行投资。而更可能出现的是，许多林主对将来值的贴现率比整个社会的利率要高。还有，多种社会利率的存在，可能意味着市场利率不是社会时间偏好率的一个可靠指标。

- 没有外部性

要使市场体系顺利地进行，对生产作出决策的人必须考虑他们的行动所带来的所有收益和成本，也就是没有外部性存在。可是，许多森林经营活动涉及外部经济或外部不经济。外部经济或不经济是由于没有进行市场交换，从而未被私人生产者在做经济决策时考虑的有益的或有害的效果。

- 完全的知识

要使市场体系能有效地分配各种资源，消费者必须具备他们可利用的有关商品、服务、价格和能够从中获得满意程度的全部知识。生产者一方则必须拥有生产要素市场和生产技术的所有信息。当然，现实生活中这些知识并非完全正确。忽略了这一点就会导致资源分配的错误。

更严格的是在不同时间内有效地利用资源和进行生产，不仅要求对产品和生产要素市场的现实情况有完全的了解，还要掌握它们在将来各个时期的情况。这就是说，生产者或消费者要对市场或技术有确切的了解。

可是，由于林业决策必须建立在长期计划和预测之上，不确定性就是一个非常重要的影响因素。有关将来资源供应、生长率、自然损失和技术变化等不确定性均对决策产生影响。某些未知因素可以通过更多地收集数据和科研来克服，但这些提高认识的努力需要一定成本。而且这些努力不能消除所有的不确定性。

- 收入公平分配

我们已经强调过，经济效率和公平的收入和财富分配是两个不同问题，尽管一个方面的变化将影响到另一个方面。公平是一个主观概念，依赖于对分配公平的社会和政治态度。公平不能通过经济分析来确定，必须通过政治程序集中地加以解决。

然而，要使市场机制有效地分配资源，收入的分配从公平意义上说必须是最佳的。这是因为收入分配确定了对商品和服务需求的格局，因而确定了生产资源的有效分配。所以，资源的最有效的分配取决于收入分配。一个市场经济只能在收入的分配被社会认为是公平的情况下，才能可靠地反映社会价值。

从这种意义上讲，如果社会的某些成员，如农民或退休工人占有整个国民收入的比重太小，他们将对所要购买的商品和服务的需求就会减少。对这些产品和服务的生产量也会比他们收入高时的生产量为低。相应地，对其他商品的生产就会增多。同样的道理，如果他们的收入增加了，对商品需求格局的变化会导致资源的重新分配。所以，如果收入分配存在着不完善的地方，资源的配置就会失当。只有在收入和财富得到公平分配时，个体消费者所愿意购买的商品和服务的数量才能成为生产和消费这些产品的社会价值的一个准确指标。

当收入分配最佳时，消费者愿意支付的边际产品的市场价格将与边际社会收益相等，即：

$$\text{边际产品收益(VMP)} = \text{边际社会收益(MSB)}$$

如果收入分配不是最佳的，消费者购买不同产品愿意支付的价格与社会优先次序不一致，这个等式就不能成立。

4. 效率的边际条件汇总

现在，我们把市场经济中实现社会效率最大化的条件列为一系列等式：

$$\text{MSB} = \text{VMP} = \text{MRP} = \text{MFC} = \text{VMF} = \text{MSC}$$

这里，MSB = 边际社会收益，

VMP = (社会的或消费者的)边际产品价值，

MRP = (企业的)边际产品收益，

MFC = (企业的)边际要素成本，

VMF = (社会的)边际要素价值，

MSC = 边际社会成本。

所有变量都属于生产边际产品时，使用一个有代表性生产要素的一个单位。第一个等式(MSB = VMP)意味着最佳收入分配。这时，用消费者愿意支付的价值所表示的、使用一个单位生产要素所产生的边际产品的价值(VMP)，准确地计量了它的边际社会收益(MSB)。

第二个等式(VMP = MRP)只有在完全竞争的商品市场情况下，消费者的边际产品价值等于生产者额外使用一个单位生产要素的边际产品收益时才成立。下一个等式(MRP = MFC)是利润最大化的条件，表示生产者的额外收益等于他生产这一额外产品所需要的边际生产要素成本。在完全竞争的生产要素市场中，这个边际生产要素成本，等于生产者所购买一个额外单位生产要素的价格，或边际要素价值(MFC = VMF)。最后，如果所有其他等式都成立，使生产要素在各种用途中都能获得其机会成本，边际生产要素的价值将等于其边际社会成本(VMF = MSC)。

要使资源在市场经济中得到最佳配置，所有这些等式都必须成立。我们在本章前面注意到，实现社会福利最佳的最终标准，是边际社会效益等于边际社会成本，即这一系列等式的第一项和最后一项。这意味着所有生产要素都可以获得其机会成本。并且，因为对生产要素的成本和它们所产生的收益已经相等，生产要素的任何重新配置都不能增加社会收入。符合上述条件的完善的市场机制将保证其他各项均相等。

上述效率条件公式效仿了经济学家阿巴·莱那(Abba Lerner)的结论。他在60多年前就试图总结出要实现社会福利最大化，市场经济必须满足的严格条件。如前面所提到的，只有在一些先决条件，包括生产者和消费者拥有完全的知识、制度上的安排，使生产者完全掌握其投入和产出、没有外部性、市场利率和社会时间偏好率相等，以及收入分配公平等得到满足时，经济体系才能实现这种结果。这种结果还依赖于本章所讨论的生产过程中的技术规律，如投入和产出的可分割性、所有生产要素边际收益递减等。

我们注重的是边际条件。应该注意到效率的标准并没有从总体上指出多少生产要素应该用于某种而不是另一种用途，也没有指出哪种用途能产生最大价值。在经济分析中，所强调的是边际上的调整（如等边际原理所证实的一样）。问题常常不在于是否生产某种或另一种产品，而是是否多生产一些某种产品，少生产一些另一种产品。相似地，对于投入来说，问题不是从总量上找到土地、或劳动力、或其他投入最有利可图的用途，而是应该分配给每种用途多少。因此，当可以从森林中生产多种产品和效益时，或像土地、劳动力和资本能够被用于多种林业或其他生产活动时，注意力必须集中于各种生产形式的边际成本和边际效益。

复习题

1. 在木材生产中什么是土地和劳动力的机会成本？竞争是如何保证这些投入的价格，反映它们的机会成本的？

2. 举例说明在木材生产过程中，土地、劳动力和资本是如何相互替代的？这些投入要素遵从收入递减规律吗？

3. 描述一种投入对另一种投入的可替代性，是如何必须要与它们的相对价格进行比较，以便找到实现某一特定产出的最小成本途径的？

4. 在一块林地上施肥所增加的林地产量与施肥量的多少有关，它们的关系如下：

施肥量（千克/公顷）	增加的木材产量（立方米/公顷）
50	7.5
100	12.0
150	15.0
200	16.0

施肥的成本是每公顷固定支出25美元和每公斤的肥料费0.5美元。木材的价格是每立方米10美元（这是已贴现到施肥那年的价格）。

请计算并用简单曲线图画出使用上述不同施肥量的总收入与总成本，且在另一张曲线图上画出相应的边际收入与边际成本。最有效的施肥量是多少？这是一个肥料收入递减的例子吗？（本题可从投入或产出入手，得出的结果一样。）

5. 如果对一块林地进行施肥会带来河流的污染，那么森林所有者的利润最大化决策是如何影响实现全社会的收益最大的？

6. 请定义和给出市场失灵、外部性、政策失灵的例子。

参考文献

［1］Baumol, William J., and Wallace E. Oates. 1988. *The Theory of Environmental Policy*. Cambridge：Cambridge University Press. Chapter 3.

［2］Boyd, Roy G., and William F. Hyde. 1989. *Forestry Sector Intervention：The Impacts of Public Regulation on Social Welfare*. Ames：Iowa State University Press. Chapter 1.

［3］Browing, Edgar, and Mark A. Zupan. 2004. *Microeconomics：Theory and Applications*. 8th ed. New York：John Wiley and Sons.

［4］Gregory, G. Robinson. 1987. *Resource Economics for Foresters*. New York：John Wiley and Sons. Chapters 5 and 6.

［5］Nautiyal, J. C. 1988. *Forest Economics：Principles and Applications*. Toronto：Canadian Scholars' Press. Chapter 3, 5, 6 and 18.

[6] Randall, Alan. 1987. *Resource Economics: An Economic Approach to Natural Resource and Environmental Policy*. 2nd ed. New York: John Wiley and Sons. Part 2.

[7] van Kooten, G. Cornelis, and Henk Folmer. 2004. *Land and Forest Economics*. Northampton, MA: Edward Elgar. Chapter 5.

第三章 林业投资分析

如第二章所述，森林经营涉及许多与时间有关的重要决策。应该在什么时间对林分间伐或施肥？应该以多快的速度采伐森林？森林的生长时间应该多长？在时间尺度上，森林提供了无数个对营林、保护、生产和其他经营活动进行选择的机会。为了权衡这些活动的成本与收益，制定净收益最大化的经营方案，需要一个统一的方法来评估不同时点的成本和收益的价值。本章介绍有关评估方法，并给出选择最为经济有效的方法的规则框架。

一、时间和利息的作用

经济行为的一个基本点是人们认为今天1美元的价值比未来1美元的价值更大。因此，利率就成了今天1美元与一年、两年、甚至10年后1美元价值之间的重要联系纽带。利率是比较不同时点价值的关键。

认为现值高于未来价值有两种解释。第一种解释，资本具有机会成本。像大多数其他生产性资源一样，资本能在不同的用途中产生回报。当资本被用于某种用途时，必须考虑在其他生产用途中放弃的收益。资本的时间机会成本可用利息来衡量。因此，假如把价值为100万美元的木材延期到第二年采伐，其机会成本就是森林所有者采伐这些木材并把所得100万美元投资于能产生最高回报地方的所得收入。第二种解释是时间偏好。时间偏好反映人们相对于未来而偏向当前的程度。人们通常偏好现在的事物而不是明天或者明年。储蓄行为表明了储蓄者因为延迟消费而要求获得一些补偿。利息，或者说是储蓄的收益，就是对这种延迟消费的补偿。

利息除了衡量时间对价值的影响，还有另外两项功能。一个是衡量风险和失败的可能。投资者必须得到承担风险的补偿，而不同的市场利率反映了经济投资中不同的风险程度。投资风险越大，失败的可能性就越大，投资者要求的利率就越高；如果能够成功，其收益就越大。另一项用途是修正由于通货膨胀和通货紧缩引起的货币价值变化。例如，如果通货膨胀使货币的价值每年下降4%，一个需要实际收益率为8%的投资者将不得不寻求名义收益率至少为12%的投资机会。因此，实际收益率就是用名义收益率减去通货膨胀率而得到的余额。

我们将在第四章正式介绍市场如何确定价格。在此，我们先指出，市场利率是为了借入投资资金而必须支付的价格。资本的供给是由那些时间偏好程度低于储蓄利息的储户提供的；资本的需求则来源于需要资金的投资者，他们在投资项目中获得的回报高于借入资本的成本。因此，利率同时反映了投资的收益和对储蓄的补偿。资本的供给和需求采取通常的形式：当价格升高时供给量增多（需求量下降），当价格降低时需求量增多（供给量下降），而均衡价格就是当供给和需求相等时的利率。利率可起到在资本需求者之间分配可获得的资本供给量的作用。

如果资本市场有效地运行,所有产生收益超过市场利率的项目将被投资。而收益低于市场利率的项目将不被启动。因此,利息保证了资本被最有效的利用。另外,只要供给与投资资本的需求平衡,利息将使资源在不同时间上有效地分配,因为它反映了储蓄者与投资者在当前和将来收益之间的自愿交易。

例如,如果某人要求8%的利率表明他或她愿意放弃今天的1美元以获取一年后的1.08美元。换句话说,一年后的1.08美元的现值是1美元。因此在利率或贴现率为8%时,今天1元钱与一年后的1.08元是等值的。通过这种方式,利息可以消除价值比较的时间差异。

适当利率的选择和使用问题将在本章后面讨论。首先让我们详细地讨论现在和将来价值之间的联系。

二、复利、贴现和现值

利率使我们能够比较现在价值和将来预期获得的价值。现在价值可用适当的利率进行复利计算,以反映其在将来某时间的同等价值。相应地,将来价值可用同样利率进行贴现以获得相应的现值。用这两种方法的任何一种可以把两个价值在同一时点进行比较。复利需要把现值增加到将来某一时点的相应价值,而贴现则刚好与之相反。

1. 复利

我们经常想知道今天的一笔投资在将来某个时期会创造多少价值。举个简单的例子,投资1美元,年利率为8%,之前投资的1美元一年后就增至1.08美元。如果投资期限是两年,第一年末的1.08美元将在第二年年末再增长8%,即$1.08(1+0.08) = 1 \times (1.08)^2 = 1.17$美元。一个为期三年的投资将使前两年的累计价值再增长8%:1.17美元$(1+0.08) = 1$美元$\times (1.08)^3 = 1.26$美元。这种过程叫复利,因为在第一年之后所得(复利)的利息不仅与开始投资的数量(本金)有关,也与在前期所得的利息有关。

上述计算过程的一般公式是:

$$V_n = V_0(1+i)^n \tag{3-1}$$

这里,V_n是初期投资V_0在利率为i时,投资n年以后的价值。例如,以8%的利率将100美元投资10年,其将来值$V_n = 100$美元$\times (1.08)^{10} = 215.90$美元。因此,复利是一个简单的数学计算过程,可用计算器或者电子制表软件比如 *Excel* 进行计算得到。

复利能够比较不同时期的价值。我们已经比较了今天的1美元和一年之后1.08美元。另一个例子是,假设有人今天给你100美元,或者10年之后给你200美元,你会选择哪一个?如果你知道可以用8%的利率投资,你应该选择今天的100美元。因为,正如我们所了解的,100美元如果以8%的利率计算10年以后将增长至215.9美元。

2. 贴现

相反的问题是确定将来收益的现值。为此,我们可以将式3-1变换成:

$$V_0 = \frac{V_n}{(1+i)^n} \tag{3-2}$$

使用式3-2可以将n年后取得的收入V_n折合成现在的价值V_0。$1/(1+i)^n$通常被称为贴现因子。用这一公式,我们可以计算出一年之后获得的1.00美元的现值。以8%的贴现率,

$V_0 = 1.00$ 美元$/(1.08)^1 = 0.93$ 美元。如果是两年以后获得的 1.00 美元,其现值是 0.86 美元;如果是 10 年以后获得的 1.00 美元,其现值仅为 0.46 美元。

这一贴现未来价值的过程是比较现值与未来价值的另一种方法。在之前的例子中,我们以复利计算 100 美元并与 10 年以后的 200 美元相比较,或者我们可以通过对未来能够获得的价值贴现得到它的现值。10 年之后可以获得的 200 美元的现值是 200 美元$/(1.08)^{10}$ = 92.64 美元,小于今天能够得到的 100 美元。

复利和贴现能使我们用一致的标准衡量和比较不同时点的价值。这两种方法不仅使我们能够用相同的单位——美元——而且可以在相同时点计量价值。例如,为评价经营某块林分的计划,我们必须考虑马上要发生的造林成本,同时还要考虑周期性的管理成本,以及在生长周期内某一时期所发生的间伐收益和最后采伐的收益。为了将收益与成本比较,以衡量计划是否有利或是否比其他计划更好,我们必须把所有的价值换算为用统一单位计量的某一时点的价值。

复利和贴现允许我们在选择任何时点评价这样的计划。有时,在采伐时评价所有的收益或成本也许更方便;但也可以将所有价值换算为营造这片森林时的相应价值。然而,在评价森林经营方案时,通常把时点选在现在。

计算现值通常分为计算项目收益的现值和成本的现值两个步骤。收益(B)超过成本(C)的部分是该项目的净现值 V_0:

$$V_0 = B - C \tag{3-3}$$

以下几个小部分将回顾林业最常见的现值形式及其计算方法。

3. 未来成本和收入的现值

一个常见的问题是在一片空地上造林是否有收益。如果开始需要花费 C_p 成本造林,而在 n 年之后采伐预计获得收益为 V_n,计算投资净现值的公式可从式 3-2 和 3-3 中推出:

$$V = \frac{V_n}{(1+i)^n} - C_p \tag{3-4}$$

所以,如果造林成本 C_p 是 1000 美元,生长周期(n)是 40 年,采伐净收入 V_n 是 100000 美元,贴折率(i)是 6%,那么这种投资的净现值就是:

$$V_0 = \frac{100000}{1.06^{40}} - 1000 = 8718 \text{ 美元}$$

这表明用 1000 美元成本得到 8718 美元净收益,即几乎每 1 美元带来近 9 美元的净收益。所有这些价值均以相应的现值表示。

4. 永续年金的现值

有时,像农场或者森林这类资产会产生一种永久的和规则性的年收益,而管理的成本也是一个重复性的年值。因此,我们需要计算今后每年重复发生的价值的相应现值。例如,某用材林地预计每年采伐收入价值是 1000 美元,利率为 8%,则永续年收入的现值是 1000 美元$/0.08 = 12500$ 美元。

在利率为百分之 i,投资量为 V_0 时,年收益 a 的计算公式为:

$$a = i(V_0) \tag{3-5}$$

移项并解出 V_0,上式变为:

$$V_0 = \frac{a}{i} \tag{3-6}$$

这个公式给出了既定贴现率情况下永续年金收入的现值。这个公式也能够从等式 3-2 中推导出来，把永续年金 a 现值的等比级数相加可得到：

$$V_0 = \frac{a}{1+i} + \frac{a}{(1+i)^2} + \cdots + \frac{a}{(1+i)^\infty}$$

这个公式可以简化为式 3-6.①

5. 有限年金的现值

如果年收益的系列是由有限的年份构成，比如 n 年，我们就需要一个仅有 n 项的几何级数公式：

$$V_0 = \frac{a}{1+i} + \frac{a}{(1+i)^2} + \cdots + \frac{a}{(1+i)^n}$$

上式可以简化为：②

$$V = \frac{a[(1+i)^n - 1]}{i(1+i)^n} \tag{3-7}$$

式 3-7 可用于计算在将来的一定年限内，每年所发生的相同成本或收入的净现值。例如，一块能在 6 年内每年产生 1000 美元收入的森林，用 8% 的利率计算，其净现值就是：

$$V_0 = \frac{1000[(1.08)^6 - 1]}{0.08(1.08)^6} = 4622 \text{ 美元}$$

式 3-7 也可用于计算等额还贷的还款额。例如，贷款期限（n）为 10 年，贷款利率为 12%，贷款额为 50000 美元，每年还款额为：

$$a = \frac{iV_0(1+i)^n}{(1+i)^n - 1} = \frac{0.12 \times 50000(1.12)^{10}}{(1.12)^{10} - 1} = 8849 \text{ 美元}$$

如果贷款按月偿还，公式 3-7 就是典型的按揭还款公式。假定已知月利率（i_m，如下所示）、按揭期数（n）和贷款数额（V_0），按揭月供金额即可用公式 3-7 计算。因为银行常以年利率发放贷款，但我们可以根据下式计算出月利率：

$$i_m = \sqrt[12]{(1+i)} - 1 \tag{3-8}$$

该式中 i_m 是月利率，i 是年利率。式 3-8 从以下恒等式得来：

$$(1+i_m)^{12} = 1 + i$$

该式中 12 是一年中月份的数量。

6. 周期性收益的现值

在可考虑到的各种各样处理特殊问题的公式中，林业上最常用的是计算一系列经过若干年规则性间隔后（比如在每一个轮伐期之后）发生的周期性收益和成本的现值公式。如果间隔期是 t 年，并且每 t 年获得的净收入是 V_t，那么

$$V_0 = \frac{V_t}{(1+i)^t} + \frac{V_t}{(1+i)^{2t}} + \cdots + \frac{V_t}{(1+i)^\infty}$$

经简化后为：③

$$V_0 = \frac{V_t}{(1+i)^t - 1} \tag{3-9}$$

这个公式可用来计算在一个无限的时间序列中，轮伐期为 t，采伐收入为 V_t 的森林的现值 V_0。这个公式既是确定同龄林的立地价值或无林地的土地期望价值的理论基础，也是第

七章将要介绍的弗斯曼最优轮伐期的理论基础。

式 3-9 与式 3-2 之间显著区别是式 3-9 分母中多了 -1 这一项。此外，尽管式 3-2 中的 n 和式 3-9 中的 t 都意味着从现在开始的年份数，但前者针对的是第 n 年一次性收入的问题，后者针对以 t 年为固定间隔期周期性发生的一系列收入的问题。因此，式 3-2 用做计算一次性的未来收入的现值，式 3-9 用于计算一个无限的周期性收入系列的现值。

例如，某林地可在 40 年后生产一批价值 100000 美元的木材，并且每 40 年可以再次收获同等价值，利率是 8%，那么现值是

$$V_0 = \frac{100000}{(1.08)^{40} - 1} = 4826 \text{ 美元}$$

需要解释的是，该林地的现值较低是由于采用 8% 的利率进行 40 年和更长的时间贴现造成的。对比本结果和用式 3-2 的结果可以发现，当保持 8% 的高利率时，第二个及以后的周期森林收获对现值的贡献非常小。

为了应用前面的公式(式 3-3，3-6 和 3-9)，让我们通过两个更接近实际的假设来讨论这个例子。第一，管理森林需要每年花费的数额为 m；第二，必须在开始时和采伐后用 C_p 的成本才能将森林恢复起来。那么计算公式就具有如下形式：

$$V_0 = \frac{V_t - C_p}{(1+i)^t - 1} - \frac{m}{i} - C_p \tag{3-10}$$

公式右边第一项，是将来的森林在扣除重新造林费用之后的收入系列的现值；第二项是表示每年重复发生的管理成本的现值；第三项是第一次营造森林时的初始种植成本。例如，采伐的预期收入(V_t)为 100000 美元，造林成本(C_p)为 1000 美元，年管理费用(a)是 100 美元，贴现率为 8%，采伐周期(t)为 40 年，那么这个项目的净现值就是：

$$V_0 = \frac{100000 - 1000}{(1.08)^{40} - 1} = \frac{100}{0.08} - 1000 = 2528 \text{ 美元}$$

许多其他中间成本和收入可以被合并到这个公式中。

这些复利和贴现的公式以及其他林业常用的公式均收录在本章附录中。

为简化起见，本书中所用各种公式和对不同时间价值的计算均使用年度复利和贴现率。但应该注意到，价值可以在任何周期内进行复利或贴现。实际中常是半年或更短的时间间隔。例如，你个人银行账户中的利息可能就是按月计算，并且随即转为本金。按揭就是典型的月间隔周期。采用下面的公式，所有周期性的利率(日、月、或季)都可以转换成一致的年利率：

$$(1 + i_p)^p = 1 + i \tag{3-11}$$

其中 i_p 是某周期利率，p 是一年中的周期数，i 是年利率。月利率公式(公式 3-8)是这个公式的一种特殊情形。

7. 连续复利

在任何给定的利率下，复利计算越频繁，对累积价值的影响就越大。在极端情况下，复利可以是连续性的。表 3-1 显示了采用年利率 i，1 美元在一年内以不同频率进行计算复利的各种结果。

表 3-1 连续复利的推导

期限/年	终值	
1	$(1+i)$	(3.12a)
2	$(1+i/2)(1+i/2) = 1+i+i^2/4$	(3.12b)
3	$(1+i/3)^3 = 1+i+i^2/3+i^3/27$	(3.12c)
...	...	
n	$(1+i/n)^n = 1+i+i^2/2!+i^3/3!+\cdots+i^n/n!$	(3.12d)

最后一步不是显而易见的，但很多相关的高等数学教科书都已给出了证明。当 n 变大时，$(1+i/n)^n$ 接近 e^i，其中 $e = 2.7183\cdots$，是自然对数的底。事实上这是 e 的一种定义方式。

本书接下来部分(特别是在第七章和第九章)内容显示，由于多种原因，连续复利是比年复利更为简单的一个分析框架。如今大多数经济类文献使用连续复利和贴现，但会计和金融领域更为常见的是使用离散利率。林业经济专业的学生应该对这两种方法都能熟练运用。

使用相同的利率，连续复利比年复利的终值更高。但是，通过应用等值年利率(equivalent annual rate，EAR，或者 i)的概念，两者能够进行转换。EAR 是指复利计算中，对应某一连续复利利率可以获得同一终值的年利率。为了找到连续利率 r 的 EAR，构建如下 t 年连续复利与年复利终值的恒等式(当 $t=1$，公式 3-13a 和 3-13b 中不再出现 t)：

$$(1+\text{EAR})^t = e^{rt} \tag{3-13a}$$

$$t\ln(1+\text{EAR}) = rt \quad \text{因为} \ln(e) = 1 \tag{3-13b}$$

$$\ln(1+\text{EAR}) = r \tag{3-13c}$$

$$\text{EAR} = e^r - 1 \tag{3-13d}$$

这表明任何贴现、复利或者增长分析均能够以离散型的年利率或者连续利率形式进行。如果给定年利率 EAR(或 i)，等值的连续利率 r 可以用公式 3-13c 求出；如果给定连续利率 r，也可用公式 3-13d 求出等值年利率 EAR(或者 i)。

例如，运用公式 3-13d，可以得出连续利率 12% 的等值年利率是 12.75%。12% 的连续复利将会使 100 美元一年后增至 112.75 美元，而采用 12% 的年利率计算复利将得到 112.00 美元。因此，我们需要对离散和连续利率进行仔细区分。

本书中用字母 i 代表离散的年利率，r 代表等于 i 的连续利率。

三、投资决策的标准

为了评估林业投资的机会，我们再次强调效率的标准——收益与成本之比。收益和成本发生在不同时间。投资活动一般都会发生初始成本，之后还可能产生附加投入；未来的收益也发生在不同的时点。为了评估成本与收益的相对效率，在权衡收益与成本时必须考虑它们发生的时间。当对收益与成本在同一时点进行衡量时，最有效的投资选择就是既定成本时产生最大收益的方案。

权衡收益与成本的方法叫做收益/成本分析。它的内容很广，经常被作为经济学专业的一门课程。投资决策的标准有多个,每一个适合于不同目的。

1. 识别有利的投资机会

在考虑一系列可能的林业投资时,首要任务是把那些有利的项目找出来。有利的投资项目是那些收益超过其成本或能产生净收益的项目。更确切地说,当相应的价值发生在不同时点的时候,净收益是收益现值和成本现值之差。一个项目的净收益大于零,表明该项目在经济上是可行的。这意味着它将产生比包括所使用资本的机会成本在内的全部成本还高的效益。当一个项目的期望收益小于成本时,该项目在经济上是不可行的,因为项目的净收益是负的,意味着该项目的投入用来生产其他产品能产生更大的价值。

因此,识别投资机会的基本准则是当两项都以现值表达时,收益必须超过成本。根据公式3-3,该条件为:

$$V_0 = B - C > 0$$

正的净收益是值得投资的必要条件,但它不是充分条件,特别是当其他机会也满足这个情况时。接下来我们将讨论在投资者面临预算约束时如何确定众多具有正净收益投资项目的优先顺序。

2. 确定优先顺序

所有经济上可行的林业项目中哪一个应该付诸实施呢?答案取决于不同情况。如果所有的项目彼此独立,并且没有资本和其他资源的限制,那么它们都可以被实施,因为所有项目都将产生净收益。但可利用资源常常是有限的,或项目之间具有替代关系,或它们属于利用同一地点的不同方案。这时,我们需要一个对所有经济可行的项目进一步优选的标准。

(1)净现值(净收益)

净收益经常被称为净现值,因为未来收益和成本均被贴现到当前时点。收益超过成本的剩余越大,从一个项目中获得收益就越多。对于像土地这类具有多种使用方法的固定资产,任务就是找到能产生最高收益的用途。例如,一个林主可能面临在三个相互排斥的林地用途——木材生产、农用和荒野地保存——中选择一个最佳用途的情况。林主可以对不同用途的净收益进行比较,从而选择那个能产生最大净现值的用途。

下面是另一个典型的例子。一块40公顷的森林被采伐之后,林主所面临着两种选择:重新造林或自然更新。如果不花任何成本任其自然更新,55年后这片土地仅能生产375立方米低等木材,每立方米价值15美元。如果立刻造林,每公顷需投资400美元,55年后采伐每公顷可生产475立方米木材,每立方米木材的价值为25美元。问题是确定采用哪种方式更新:人工更新造林会是一种有利的选择吗?

造林投资的净收益 V_0 是造林的净现值 V_p 和自然更新的净现值 V_g 之差,即 $V_0 = V_p - V_g$。

如果贴现率是3%,净收益计算过程如下:

$$V_p = \frac{40 \times 475 \times 25}{(1.03)^{55}} - (40 \times 400) = 93464 - 16000 = 77464$$

$$V_g = \frac{40 \times 375 \times 15}{(1.03)^{55}} = 44272$$

$$V_0 = 77464 - 44272 = \$33192$$

按照例子中假设的产出、价格、成本和贴现率,人工更新造林显然是更有利的选择。人工更新造林将产生超过天然更新33192美元的净收益。这种计算方法可以鉴别出经济上最有利的营林方案,以决定应该如何经营土地以产生最大的回报。注意,如果天然林的最优轮伐期是 55 年,人工林的最优轮伐期可能更短,这就使得人工造林更加有利。在第七章将谈到不同营林措施对最优森林轮伐期的影响。

(2) 收益/成本率

森林经营者经常发现他们的活动面临着固定预算的资金约束。这种情况下,他们面临的挑战是如何运用既定的资金获取最大的收益。换句话说就是怎样使投资的每 1 美元产生最大的收益。由此引出了确定可替代性投资项目优先顺序的第二个标准——收益/成本率。该比率衡量了每 1 美元成本的收益,或者资金使用的效率。与第一章描述的效率标准一致,收益/成本比衡量了资源使用的经济效率。

在前面提到的造林的例子中,成本为 16000 美元,预期区间内的收益为 (93464 - 44272) 49192 美元,明显超出自然更新的预期收益,其收益/成本率为 49192/16000 或者 3.07。

假设投资者还可以将资金投入其他地方,例如以每公顷 550 美元间伐 60 公顷幼林,间伐后该林地 50 年后每公顷木材产出将从 425 立方米增加到 550 立方米,木材价格也将从 $15/立方米增加到 $25/立方米。采用 3% 的贴现率,该间伐投资的净收益为:

$$V_0 = \frac{60 \times 550 \times 25}{(1.03)^{50}} - \frac{60 \times 425 \times 15}{(1.03)^{50}} - (60 \times 550)$$
$$= 100937 - 33000$$
$$= 67937 \text{ 美元}$$

这个项目也是经济可行的,并且产出比造林项目更大的净收益。但其收益/成本率为 100937/33000 或者 3.06,比造林项目的收益/成本率低一些。相较于造林项目,间伐投资的每 1 美元带来的回报略低。

收益/成本率是从众多相互独立项目中选择最佳投资回报项目的标准。如果所有项目都可达到最优规模,优先选择有着更高收益/成本率的项目将会使有限的投资资金产生最大的净收益。值得注意的是,根据收益/成本率对项目进行排队的结果很少与根据净收益排队的结果一致。

(3) 投资的内部收益率

投资者经常只对投资资金的回报感兴趣,因此更倾向于根据内部收益率来评估项目并决定项目优先顺序。不同于比较以事先确定的利率进行贴现后收益和成本的现值,内部收益率方法要找到能使收益的现值和成本的现值相等的利息率(或贴现率)。项目投资本身表现出来的收益率越高,项目就越有吸引力。

内部收益率是指能使项目初始投资在投资期内可增长至期望收益价值的利率。与前面说过的把整个项目的收益和成本,包括资本的成本,联系起来进行考虑的方法不同,这种技术在扣除所有其他成本后,把资本的收益当做剩余来处理。

再一次考虑之前人工造林以增加木材收获价值的例子。该项目的净现值可改写为:

$$V_0 = \frac{40 \times 475 \times 25 - (40 \times 375 \times 15)}{(1+i)^{55}} - (40 \times 400)$$

要使用内部收益率标准,必须找到能使成本等于收益(或者 $V_0 = 0$)时的贴现率 i:

$$(1+i)^{55} = \frac{250000}{16000}$$

第三章 林业投资分析

$$i = 5.12\%$$

此内部收益率（5.12%）就是能使 16000 美元在 55 年后增长至 250000 美元的利率。

在之前关于间伐的例子中，初始成本 33000 美元在 50 年后产生的预期收入为 442500 美元 $[(60 \times 550 \times 25) - (60 \times 425 \times 15)]$，其内部收益率为：

$$(1+i)^{50} = \frac{442500}{33000}$$

$$i = 5.36\%$$

内部收益率标准多用于投资人追求资本收益最大化的情况。虽然有时候投资人只考虑某些投资机会的收益率与可接受的最小收益率的比较关系，但这种技术的优点在于不需要事先选择利率，并且使用起来非常简单。多数人都能理解高收益率的投资比低收益率的投资更好。

但是，这一标准在应用于多个项目时会产生严重的问题，甚至可能产生误导性的结果。它仅适用于那些只有初始投资和后来收益的项目。一些项目收益出现较早，而某些成本出现较迟，该标准使得此类项目更为可取。另外，当一个项目的正和负收益在不同时点交替出现时，内部收益率的计算变得格外复杂，有时甚至是不确定的。

3. 标准的比较

为了进一步说明这些投资标准之间的关系，我们来看第三个例子。一块 100 公顷的森林 15 年后可收获 350 立方米的木材，每立方米木材价值 15 美元。但是除非立即采取控制措施，一种虫害威胁可能会造成 25% 的木材损失。喷洒药物的成本大约每公顷 350 美元。

虫害控制的收益是 15 年后才能实现免遭损失的 25% 林分现值。采用 3% 贴现率，虫害控制的净收益是：

$$V_0 = \frac{100 \times 350 \times 15 \times 0.25}{(1+0.03)^{15}} - (100 \times 350)$$
$$= 131250/1.03^{15} - 35000$$
$$= 84244 - 35000$$
$$= \$49244 \text{ 美元}$$

该项目的收益/成本率是 84244/35000 或者说是 2.41。内部收益率可通过等式 $[(1+i)^{15} = 131250/35000]$ 计算得出，即 i 等于 9.21%。

表 3-2 总结了使用三种标准对上面三个例子评价的结果。

表 3-2　采用不同标准的投资项目比较

标准	造林项目	间伐项目	虫害控制项目
净收益（B−C）	$33194	$67937	$49244
收益/成本率（B÷C）	3.07	3.06	2.41
内部收益率（i）	5.12%	5.36%	9.21%

三个项目的收益均超过其成本，因而均是经济可行的。但三个标准对这些项目给出的投资排序确实不同，间伐项目的净收益最大，造林项目的收益/成本率最高，但净收益最小且内部收益率最低；虫害控制项目的内部收益率最高，但收益/成本率最低。

显然，这些结果取决于每个例子一些具体的经济和自然条件。不同的价格、成本、贴现率和技术关系将会导致不同的结果，进而造林、间伐和虫害控制项目的优先顺序也会发生改变。

不同的标准在判定一个项目是否有利可图虽最终可以取得一致，但却经常给出不同的优先排序。之前讨论的例子和表 3-2 的结果表明，对任何既定价格、成本、贴现率和技术关系而言，使用不同的标准对项目相对吸引力的评价不同。因为不同的标准经常给出不同的投资优先顺序，所以理解每一项标准的含义并恰当选用是极其重要的。

投资标准的选择会因为项目规模的不可分割性变得更为困难。不可分割是指某些项目的技术特点将其限制在特定的不连续的规模上。水利项目提供了很好的例子，例如，地理和地形条件使得建造 20m 或 50m 高的大坝是可行的，但是 20~50m 中间的高度是不可行的。

当然林业中也有一些典型的案例。以之前讨论过的三个林业项目为例。造林或者间伐项目可以按照每公顷株数密度的任意要求实施，因而具有规模可分割性。然而仅仅保护半面山坡的森林不受虫害就不切实际。

净收益标准多用于追求固定生产要素（如一块土地）最大化收益的相互排斥的投资项目。净收益偏向于选大型项目。如果上述例子中造林项目的规模扩大三倍，其净收益也将扩大三倍，按净收益标准其优先排序将从第三上升至第一，但此时其内部收益率或者收益/成本率并没有发生变化。

当投资者面临预算约束时，他们无法按照边际收益等于边际成本的法则扩大投资规模，或直到在某个项目增加最后 1 美元投资的边际收益等于其他可接受项目最后 1 美元投资的边际收益为止。他们此时必须选用其他替代标准，例如收益/成本率。

此外，净现值和收益/成本率都对利率较为敏感。高利率使得收益早而成本支出晚的项目更可取。当利率改变时，按净现值或者收益/成本率标准判断的项目相对吸引力也会发生变化。希望从固定预算中获得最大回报的投资人因而应该选择内部收益率标准对项目进行排序。

我们还需要考虑这些标准中隐含的关于时间周期和长短的假设。特别需要指出的是，当时间周期不同，净收益和收益/成本率标准假设收益将按某一贴现率被再次投资，而内部收益率则假设收益按照项目利率（或者内部收益率）被再次投资。这对林业来说很重要，因为林业项目的时间周期可能是无限的（即连续无限次轮伐）。

当某类项目存在多个规模时，净收益标准假设未投向小规模项目的资金在其他投资项目中可以赚得与贴现率同样的回报水平，而收益/成本率和内部收益率标准（这两个标准无规模而言，可以适用任何规模的项目）则假设项目可以被复制，这样未投向较小规模项目的资金在其他项目中可以获得同样项目回报率。

最后，投资人还可能面临两类限制：同一点的多个互斥性项目和有限的预算。这种情况下，合理的经验法则是选择每个地点净收益最高的项目，并按递减的成本收益率对项目进行排序，直到投资预算耗尽为止。

四、利率、通货膨胀、风险和不确定性

投资评价中采用的利率对评价结果至关重要。但是，经常采用的所谓适当利率并非完美无瑕。原则上，合适的利率是投资者资本的机会成本，即投资者必须支付的借款利率，或者

将资本投资于别处所能获得的边际收益率。该法则普适于公共和个人投资者。

但金融市场上存在着一系列利率，反映了不同的风险折扣、预期的通货膨胀率、税务制度的干扰、其他市场的不完善性和资本的实际（真实）收益。市场利率还存在波动性，因此很难确定某些投资所使用资本的机会成本，更难确定社会的整体贴现率。

1. 市场利率和时间偏好率

没有受到风险、短期因素干扰和通货膨胀影响的资本的机会成本，其可靠的近似值通常采用政府长期债券历史平均收益值进行估计。这些大量交易并与私人证券相竞争的政府债券，因其意味着贷款给政府，一般被认为实际上是没有风险的。由于控制着税收和货币供应，稳定的大国政府几乎不会发生债务违约。同时，这些债券交易范围极其广泛，因而其回报水平可以代表无风险的资本机会成本。

在加拿大和美国，扣除通货膨胀之后，政府长期债券的历史平均收益率（见下文）大约是1%~2%。私人证券资本的实际收益率要高达大约6%。私人证券收益率必须高于长期政府债券，因为不像政府项目，私人收入需要纳税，并且私人证券的风险也比政府债券高。

根据第二章讨论过的经济效率的一般规则，资源的有效配置要求在剔除风险和税收折扣之后，公共和私人投资应该实现相同的边际收益水平。然而，仍然存在一个基本的问题，就是对将来价值采用什么样的贴现率能更好反映社会整体、或者说国家和政府的利益。换句话说，就是由相互独立的储蓄与投资者相互作用形成的市场利率，是否与社会时间偏好率存在一致的关系。尽管有广泛的经济学和哲学上的讨论，但是社会时间偏好率仍然难以捉摸。总之，在社会时间偏好率与市场利率有差别的情况下，两者的差别程度甚至必须（或明或暗地）通过集体性的政治程序决定。一致的看法是，社会时间偏好率一般要低于市场利率，其主要适用于类似林业等长期的、甚至跨代际的投资项目。还有很多不同的意见认为在长期公共投资项目评价时应采用零利率或者时间递减利率。

所以，市场利率在确定恰当的社会利率上的作用是有限的。为了实际任务的需要，多数政府资源管理机构和私有林主经常简单借助于那些能直接反映他们资本机会成本的指标，如他们可以获得借款的利率或者在投资中能够赚取的利率。在此基础上，政府和私人决策者就可以确定一个评价自己投资机会的回报率。

由于林业投资的长期性，投资项目对选用的利率非常敏感。美国政府采用4%的实际（或真实）利率评价林业投资项目。这个利率适当合理，因为相关项目风险较低并具有突出的社会收益。私人投资者和林主一般采用更高的利率，其中部分原因在于他们对风险折扣的要求更高。然而，林业投资的风险性变化很大，需要结合每个案例的具体情况加以分析。

2. 扣除通货膨胀的影响

通货膨胀是总体价格水平持续上涨或货币贬值。通货膨胀扭曲了货币的时间价值。因此，在不同时间点发生的收益或者成本必须修正通货膨胀后才能在一致的基础上比较。

由于林业经营周期普遍较长，即使适中的通货膨胀率对价格和成本也有很大影响。例如，年通货膨胀率为3%时，像资本计息那样进行复利计算，25年不到就可以使价格水平翻番。在这种情况下，要把25年后可收到的、并采用那时的现价表示的价值与今天的价值比较时，必须折价一半才能按不变价格进行比较。

"不变价格"是指把不同时间点发生的、以当时的现价计算的成本和收益均转换成某个特定时点货币价格衡量的价值。例如，假设年通货膨胀率为3%，要采用第一年的货币价格去评估一个采用当年价格计算的 25 年后收益项目的现值,就至少需要削减,或者说平减一半以上的价值,才能与采用第一年货币价格衡量的价值量相一致。

用各自现价计算的发生在不同年份的价值,可通过衡量价格不同年份价格水平变动的指数进行修正。例如,当通货膨胀率为 3% 时,一个以当年价值为 100 的物价指数,第二年就是 103,25 年后就是 209。把不同年份产生的价值除以相应年份物价指数,所有价值都可以被换算为按不变价格计算的价值。

最常见的通货膨胀指数是消费者物价指数,它是采用一篮子商品和劳务的价格变化计算得来的。该指数在表 3-3 中被用来计算通货膨胀率。消费价格指数比较适用于修正最终消费品(比如食品,服装,娱乐的)价格中的通货膨胀水平,以及一定时期中货币总体贬值的幅度。而其他指数,比如批发价格指数或者生产者价格指数更适用于修正工业生产中的特定商品,如木材价格中的通胀水平。

另一种消除通货膨胀的方法是采用现期价格,同时根据通货膨胀的具体水平相应上调项目评估中使用的利率。名义利率是货币市场中我们能观察到的利率。它包括两个部分:通货膨胀率和实际(真实)利率。通货膨胀率是对通货膨胀的折扣,它是当前货币价值如果以不变价计量,其价值仍能保持不变而必须保持的增长率。实际(真实)利率反映了扣除通货膨胀率后,即名义利率减去通货膨胀率后的资本收益率。真实利率,即扣除通胀后的资金回报,是名义利率和通货膨胀率之差。

如果真实回报率是 i_r,通货膨胀率是 f,那么名义回报率(i)可以表示为:

$$i = (1+i_r)(1+f) - 1 = i_r + f + i_r f \tag{3-14}$$

或者,如果我们知道名义回报率和通货膨胀率,那么真实回报率可以表示为:

$$i_r = \frac{(1+i)}{(1+f)} - 1 \tag{3-15}$$

项目可以使用由通过通货膨胀率调整后的预期名义成本和预期名义收益进行评估。通过通货膨胀率调整的预期成本和预期收益使投资者能够使用名义利率计算项目的现值。

然而,未来的通货膨胀率往往无从可知。而且投资期间不同投入和产品的价格、成本的变化率也可能与经济中总体的通货膨胀率有所不同。因此项目评价中更多采用不变价格,即所有成本和收益都采用给定基准年份的价格进行估计。通常以当年或者项目实施的年份作为基准年份。接下来,使用零通胀的真实利率,项目在一段时间内的收益和成本就能够被一一调整为现值。

这两种方法殊途同归。为了保持一致,项目分析时对成本和收益要同时采用不变价格和真实(零通胀率)的贴现率或者同时采用当前(名义)价格。下一部分将再次讨论这一问题。

3. 不确定性与风险

到目前为止,我们讨论了一个投资项目的收益和成本已知或可被精确地预测出来的情况。但未来的收益和成本常是或多或少不确定的,可能发生的这些收益或成本的时间越久,不确定性就越大。

与林业项目有关的将来成本和收益,特别是建立在跨越几十年的预测基础上的收益和成本,常常是极不准确的。有关营林措施效果的知识也常是有限的。对未来收获的期望可能由于不可预测的事件,如火灾或其他自然灾害而破灭。而在作出预测时假定的技术、产品价格和生产成本很可能以难以预测的方式变化。

表3-3 1987~2007年间 NCREIF 林地指数年回报率，标普500指数年回报率，
美国政府债券年回报率和美国年通货膨胀率

年份	NCREIF 林地指数年度回报率(%)[1]	标普500年度回报率(%)[2]	美国政府债券年度回报(%)[3]	通货膨胀率(%)[4]
1987	24.58	5.67	6.77	3.65
1988	27.44	16.61	7.65	4.14
1989	33.43	31.69	8.53	4.82
1990	10.64	-3.10	7.89	5.40
1991	19.06	30.47	5.86	4.21
1992	34.25	7.62	3.89	3.01
1993	21.57	10.08	3.43	2.99
1994	14.74	1.32	5.32	2.56
1995	13.23	37.58	5.94	2.83
1996	10.42	22.96	5.52	2.95
1997	17.86	33.36	5.63	2.29
1998	5.76	28.58	5.05	1.56
1999	10.62	21.04	5.08	2.21
2000	4.36	-9.10	6.11	3.36
2001	-5.16	-11.89	3.49	2.85
2002	1.87	-22.10	2.00	1.58
2003	7.48	28.69	1.24	2.28
2004	10.83	10.88	1.89	2.66
2005	18.44	4.91	3.62	3.39
2006	13.11	15.79	4.94	3.23
2007	17.45	5.49	4.53	2.85
均值	14.86	12.69	4.97	3.09
标准差	9.90	16.28	1.94	0.96
变异系数	0.67	1.28	0.39	

数据来源：

1. National Council of Real Estate Investment Fiduciaries(NCREIF), available at: http://secure.ncreif.org/ncreif.org/timberland-returns.aspx accessed on Nov 24, 2009.

2. Standard & Poor's(S&P) Index Services, available at: http://www2.standardandpoors.com/spf/xls/index/MONTHLY.xls accessed on Nov 24, 2009.

3. Market yield on U.S. Treasury securities at 1-year constant maturity, quoted on investment basis, Federal Reserve Board, available at: http://www.federalreserve.gov/releases/h15/data/Annual/H15_TCMNOM_Y1.txt accessed on Nov 24, 2009.

4. Bureau of Labor Statistics (BLS), U.S. Dept of Labor, Washington, DC. Available at: ftp://ftp.bls.gov/pub/special.requests/cpi/cpiai.txt accessed on Nov 24, 2009.

有时，人们在风险和不确定性之间加以区别。其根据是，前者可以预测，后者不可预测。例如，如果没有可以用于预测的统计学基础的话，某种木材将来的价格可能是不确定

的。相反地，森林火灾的风险可以像保险公司估计房屋火灾一样进行统计性的估计。另外，风险可以通过分散而加以消灭。

例如，如果一块林地是一个小林主的唯一财产，尽管火灾毁灭这种财产的风险很小，但却会给他带来严重的后果。相反地，如果这块林地仅是某个大林主拥有的数百块林地之一，平均火灾损失的统计预测是能够作出的，并可以用类似于一些无风险商业项目中对可预知的定期成本那样进行扣除。

这与房屋保险公司承担成千上万幢个体房屋所有者的损失风险一样，可以通过将其分散到很大的保险数目上而有效地消灭这种风险。这说明，尽管任何投资者都必须考虑到项目内在风险，而他们的敏感程度将受他们的处境影响。通常，能够分散风险的多样化的投资者，特别是政府，抗风险的能力较强。

通常，投资者是规避风险的。假如面临两个具有同等期望收益的项目，但一个比另一个具有较大风险时，许多投资者大都喜欢较低风险的那个项目。相应地，投资者要求从风险较大的项目中获得更大的收益。风险因此成为项目的一个额外成本，即风险溢价。项目产出结果的不确定性越大，投资者对其投资项目要求的风险溢价也越大。

在投资分析中，没有一个普遍被人们接受的扣除不确定性的技术。然而，下面几个标准，可以帮助经理和投资者在遇到不确定性时能够作出一致的决策。如何在这些标准中做出适当的选择，取决于投资者的目标及其对承担风险的态度。

(1) 风险溢价

一种考虑不确定性的方法，是通过风险溢价的方式提高项目评价所用的利率，以便足额补偿投资者所冒的风险。这种应该加到无风险利率上的风险溢价水平的大小，取决于项目本身的内在风险程度和投资者对承担风险的态度。

将风险溢价加在利率上是一个简单的过程。所谓风险调整贴现率(risk-adjusted discount rate，RADR)其实就是无风险率(i_f)加上风险溢价水平(k)。风险溢价水平(k)对于厌恶风险的投资者来说是正值，对风险无所谓者来说是零，对于偏好冒险的投资者来说则是负的。

$$\text{RADR} = i_f + k \tag{3-16}$$

风险溢价过程假设未来收入与成本的不确定性与它们期望的发生时间密切相关。这种情况并不常见。一些将来成本和收益，如保险费和财产税，人们能够相当精确地估计出它们在将来年份的发生额。而其他的项目，如木材价格和防火成本，即使在短时间内也常是难于预测的。在利率中应用风险溢价意味着所有成本和收益用一个仅仅依赖于它们将来何时发生的时间因子进行贴现，从而使它们在不确定性上的差别变得模糊。

为了确定风险投资项目适当的风险溢价水平 k 和风险调整贴现率(RADR)，首先要了解投资人从项目中期望获得收入 $E(R)$。然后把投资人的期望收入与确定性收入金额相比，后者常采用确定性等价(certainty equivalent，CE)，即会给投资人带来相同满意度的其他项目的收益额。确定性等价通常参照零风险利率(i_f)的政府债券投资收益确定。通过分别计算有相同投资期限(n 年)的两类投资项目(一类有风险，另一类零风险)的现值，并让两个项目的现值相等，就可以解出风险调整贴现率 RADR 和风险溢价水平 k。

$$\frac{\text{CE}}{(1+i_f)^n} = \frac{E(R)}{(1+\text{RADR})^n} \tag{3-17}$$

等式 3-17 表明，给定确定性等价、无风险的贴现率，风险调整贴现率 RADR(从中随即可以得出风险溢价水平 k) 取决于投资期限 n 和项目期望收益 $E(R)$ 中的风险大小。

上述讨论说明大量投资机会中，风险和期望收益（含税）之间存在权衡取舍关系。例如股票一般比政府或者企业债券风险更高，相应回报率也更高。金融领域用多种金融资产价格模型来描述风险与回报的上述关系，包括广泛使用的资本资产定价模型和更复杂的多因素模型。感兴趣的读者可在现代金融学教科书中找到这些模型更详实的介绍。

近期的实证研究结果表明，在过去的20年间，美国机构投资者的用材林地比普通股票和由普通股票、小企业股票、企业债券、美国政府债券（短期和长期）以及美国国库券组成的投资组合，具有更高的回报率和更低的风险。虽然过去表现通常不是未来收入的保证，但上述实证结果显示林地仍然是一个相对安全的投资工具。这表明林地投资适用的贴现率应相对较低，特别是可能比之前相信的水平还要低。

表3-3列举了一些机构投资者的林地投资年回报率、可以综合反映股票市场的标准普尔（S&P）500股票指数的年回报率、美国政府长期债券的年回报率 和年通货膨胀率。上述所有指标都是名义值。林地回报率是根据美国不动产投资协会（NCREIF, National Council of Real Estate Investment Fiduciary）编制的林地指数来确定的。读者可以用公式3-15计算表3-3所列三个投资工具的真实回报率。计算结果显示，在某些情况下实际回报率是负值。

注意，投资年回报的标准差（或方差）是一种衡量投资风险的工具。对任何给定的期望收益或者回报率来说，标准差越大，风险越大。如果多个投资机会的期望收益存在差异，投资人需要计算并比较它们的相对风险。由标准差除以期望值得到的变异系数可以用于这个目的：变异系数越大，风险越大。

基于21年的数据，我们采用变异系数计算表3-3中三个投资项目的风险。按照风险由低到高排序，美国政府债券最低，林地投资次之，股票风险最高。

（2）投资回收期

一些投资者所遵循的一个简单规则是项目必须能在一定时期内产生足够的收益去弥补其成本。固定一个最长的投资回收期并不意味着这些投资者认清了将来成本和收益的不确定性。投资回收期只是一个简单决策法则，它表明人们认识到在这一期间内，而不是在这一期间之外，最有可能发生的结果。私人投资者所使用的还款期经常很短，如五年或更短。这也许确保了投资活动是有利可图的，同时也排除了一些更好的（甚至更确定的），但在设定回收期之后才会产生收益的项目。

发展中国家的投资人经常更信赖短回收期法则，这不是因为项目本身的不确定性，而是因为与政治和管制环境有关的风险。

（3）分析可能结果的范围（敏感性分析）

另一种帮助决策者考虑不确定性项目的方法是，不仅使用最可能发生的结果，还使用从最悲观或"最坏情况"到最乐观的所有其他可能的结果。投资者由此获得可接受与不可接受后果范围的整体认知，以及其他各种结果与最可能出现结果的离差情况。

为了对决策者提供更多的指导，分析人员也可以对每一个可能的结果估计一个未来发生的概率。然后把每一种可能的结果用其概率加权，进而用加权概率表示项目产生可接受结果的可能性。由于适用于不同结果估计概率的经验信息通常很缺乏，所以不得不主观地估计概率。然而，该过程可以促使分析人员和决策制定者更明白和更一致地认识不同可能结果的相对概率。

一旦赋予了不同可能结果的概率，决策者可以用很多标准来确定他们对风险的选择。用于解决不确定性问题的决策方法之一，就是所谓"决策树"的方法。这是一个对决策者所面临的选择、事件发生的顺序、事件概率和可能结果的图形表述。

图 3-1 是一个用来说明本章前面所述虫害控制的决策树，以及对问题不确定性的说明。从小方块中引出的短线表示决策者的选择。从小圆圈中引出的短线代表不确定性事件。所以从左侧小方块引出的短线表示决策者可以选择喷药或什么也不做。上面的短线表示如果喷药可能出现的结果。预测到的害虫侵袭可能没有发生，这样就形成了浪费。如果侵袭发生，那么喷药可能成功也可能失败。相应地，下面的短线表示如果决策者选择不喷药时，预测到的侵袭或发生或不发生。

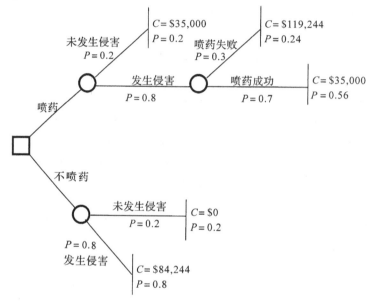

图 3-1 虫害控制项目决策树

决策树的终点表明每一种可能结果 j 的总成本或者总损失 C，以下表示为 C_j。如果对森林喷洒农药，而虫害没有发生，其损失是喷洒的成本 35000 美元。如果虫害发生了并且喷洒农药是成功的，将会发生同样的成本。可是，如果喷洒农药失败，总成本将是喷药成本和木材损失价值之和，即 35000 美元 + 84244 美元 = 119244 美元。如果没有喷洒农药，但虫害发生的成本将是损失的木材价值，84244 美元。

每一件不确定事件 j 发生的概率 P 被标注在图 3-1 中的每一条短线旁边，下文中记为 P_j。每一阶段可能事件的概率之和为 1.0。决策树终点旁边标注了每个最终结果的概率，它是导致该结果事件概率的乘积。期望结果（在本例中是期望成本）是所有可能的结果（C_j）乘以各自发生的概率（P_j）。期望结果一般计算公式如下：

$$\text{Expected cost} = E(C) = \sum_{j=1}^{n} P_j C_j \qquad (3\text{-}18)$$

在我们的例子中，喷洒农药的期望成本：

0.2(35000) + 0.24(119224) + 0.56(35000) = 55219 美元

不喷洒农药的期望成本：

0.2(0) + 0.8(84244) = 67395 美元

潜在投资人有时对期望结果和期望结果方差条形图或概率直方图感兴趣，图中结果的概率位于纵轴上，可能的结果位于横轴上。感兴趣的同学可以为这个喷洒或不喷洒农药的例子画出直方图。

由于不喷洒农药的期望成本超出了喷洒农药的期望成本，所以用最小期望损失（或最大期望价值）标准的话，喷药是更优的选择。

考虑到决策者对风险的不同态度，也可采用其他标准或决策法则。如所谓的"最小最大"标准，即尽量选择避免导致某个最坏可能结果的选项。在我们的例子中，喷洒农药可能导致119224美元的损失，而不喷洒农药的最大损失是84244美元，所以后者是本法则所推举的。该法则仅对极其厌恶风险的投资人适用，而之前的标准（最大期望价值）最适合风险中立的投资人使用。这个最小最大法则仅仅关注最小可能收益，而忽略了事件的概率。因此，假如坏结果的概率很小，则最小最大标准会使决策偏离有吸引力的项目。

其他各种各样的经验法则也能用来帮助面对不确定性时的决策问题。没有万能的正确法则，因为最好的选择是最能反映决策者自身对风险态度的法则。可是，对决策者来说，重要的是选择一个具体的决策规则，以便能够恰当地使用所有的相关信息，并作出前后一致的决策。因为林业投资决策中的不确定性是内在的，所以在决策过程中对不确定性予以明确、一致地考虑尤为重要。

五、森林经营的经济分析

为了确定森林经营的最佳行动方案，林业经济学需要开展有关的经济分析。因此，一个林业经济学家既要掌握经济分析方法，也要理解森林生长动态和如何经营森林。森林经营的经济分析并不总是需要复杂的基于计算机的技术，本章之前的例子已表明了这一点，但他们还是需要对经济分析的基本概念有清晰的理解。

现代森林经理人员高度依赖森林生长与产出模型的指导来编制经营方案。这些模型把各种关系整合成代数式，并写成电脑程序，然后可以模拟森林未来的状况，如生长量、各种营林措施的结果以及前述情况对森林未来收获量有什么样的影响等等。将适当的成本、价格、利率以及其他经济数据和分析结果输入到这些模型中，森林经理人员就可以评估各种经营方法以指导他们的决策。Padita3 和 Forman 等商业软件就提供了多种综合经济、森林生长与产出关系和营林的模型，这些商业软件在森林经营中得到了日益增多的应用。然而，即使森林经理人员能够确定价格、生长量和利率，在森林投资分析中也需要谨慎从事，以避免如利率和价格不匹配的常见错误。

比如，一些森林经理人员在森林投资分析中采用了木材现价和金融市场的历史回报率作为贴现率就属于上述错误。20世纪90年代后期，美国阿拉巴马州南部的一位农民打算将某些边际农业用地转换成林场。他告诉本书作者中的一位说他需要的回报率是9%，因为这是美国股市的历史回报率，代表了他的资本机会成本。但是，这个9%的历史回报率包括大约3%的平均年通货膨胀率，它的真实回报率应该在6%左右。如果投资人在林业投资分析中用当前的木材价格作为未来的木材价格，那么当前的木材价格是不变价格，因为他们没有通货膨胀的因素。如果投资人采用9%的利率和现在价格进行林也投资分析，其结果对于所分析的林业投资项目可能会产生偏差。因为林业投资分析周期一般很长，这类错误匹配利率与价格的情况会导致严重后果。

图 3-2 显示了利率与收入(价格)正确与错误匹配的各种情况。我们必须从根本上在投资分析中使利率与价格保持一致,同时采用真实利率与真实(不变)价格一致或者同时采用名义利率与名义价格。

图 3-2　林业投资分析中正确和错误木材价格和利率情况一览表

	真实(不变)价格	名义价格
实际利率	√	×(虚夸项目回报)
名义利率	×(降低项目回报)	√

√ = 正确匹配, × = 错误匹配

如果我们将未来的名义价值 V_n 用名义利率 i 贴现,那么和我们将真实价值(V_n^r)以真实利率(i_r)贴现得到的结果一样。等式 3-19 说了这个结果:

$$V_0 = \frac{V_n}{(1+i)^n} = \frac{V_n^r(1+f)^n}{(1+i_r+f+i_rf)^n} = \frac{V_n^r(1+f)^n}{(1+i_r)^n(1+f)^n} = \frac{V_n^r}{(1+i_r)^n} \tag{3-19}$$

其中 V_0 代表现值,f 代表通货膨胀率。

在等式 3-19 的第二部分中,分母与分子均为名义形式。在第三部分,分子是包含了真实收入和通货膨胀部分的名义值;名义利率现在有三个部分:即真实利率、通货膨胀率和真实利率与通货膨胀率的共同项(可从等式 3-14 推导得出)。在第四部分,分子与分母中的 $(1+f)^n$ 相互抵消后显示了由使用真实收入和真实或实际利率而得到的现值。

等式 3-19 表明,如果在收入(现金流)和利率中加入相同的通货膨胀率,分析结果与用真实收入和真实利率是一致的。正如等式 3-14 所表明的,i_r+f+i_rf 是名义利率。而且 i_rf 虽然小但却是重要的部分,特别是当通货膨胀率(f)较高时。

因为木材蓄积总是真实形式,木材价格和成本因素决定了收入项是真实形式或者名义形式。如果价格和成本在具体项目中是真实形式或者名义形式,那么利率就应该相应地调整。

用经济数据对森林生长与产出以及营林活动进行经济分析能帮助我们理解森林投资的经济回报从何而来。例如,用材林地回报来自于木材生产、无林地增值和非木质产品价值等多个方面。木材生产的回报则是由立木林价、林木生长(包括自然生长和进界生长;后者是林分生长量的一种类型,指期初调查时未达到起测径级的幼树,期末调查时已长大进入检尺范围之内,这部分林木的材积称为进界生长量)、营林支出决定,也会受到价格与成本随时间变化的影响。无林地的价值受立木价格、营林支出、林木生长率的影响,可能因为发现了如采矿和狩猎租赁等额外用途(经常是非木材用途)而陡增。表 3-3 列举了一些用材林林地机构投资者从此类资源中获得的回报情况。美国各地区小型非工业私有林所有者的回报可能与这些结果有很大不同。

下一部分内容中提供了林业经济分析的典型例子:中幼林评估。

六、中幼林价值评估

中幼林林分是指那些未达到经济成熟而无法采伐并作为加工林产品原料销售的林分。本节将讨论此类林分的价值是如何决定的。我们既可以对中幼林和无林地一并评估,也可以把中幼林和无林地分别进行评估。

在第四章和第十一章,我们将讨论如何评估和确定成熟林分木材的林价。根据有关概念,这是一个简单明确的计算过程,只要从运送到市场的木材价值中减去采伐和运输成本就可以得到需要的结果。换句话说,成熟活立木的价值(立木林价)是买方的一种剩余价格。这种立木价的计算被称为剩余价值方法或倒算法。当然,实际的立木林价往往是由买卖双方议价决定。并且,如果有非木材价值的话,卖家可能设定一个比参照交易案例更高的底价。

中幼林评价更加复杂,部分原因是未成熟林分竞争性市场交易案例相对稀少,至少在北美州许多地区是这样。结果,买卖双方都缺少可参考的市场交易信息,对此类林分的价值只能通过评估计算得出。评价和评估这两个词汇概念上有一定的差别,评价是发现资产对投资人的价值的过程,而评估是发现资产市场价值的过程——即出售时预计可以获得的价格。然而,这些术语有时也交替使用。

评价或者评估不仅在设定销售价格或确定资产的投资价值时有用,也可以服务于抵押、税收、遗赠和其他目的。广义上,评价和评估中幼林分的方法有四种。

1. 参照(立地)价格法

一项资产的市场价值就是该资产在竞争性市场中的销售价格。评估人员经常参照近似交易案例的价格来评估住宅和商业资产的价值。一般情况下,当资产(如住宅)市场是竞争性的,评估人员可以发现较多的参照交易案例,然后可以把资产(住宅)价值按照该项资产的具体指标进行分解(如房龄、卧室间数、建筑面积、院子大小、邻接区域类型、坐落位置)。如果能够获得上述类似信息,大多数评估人员喜欢采用参照交易案例信息评估某项资产的价值。这种参照价格或立地价格法,从经济学角度也被称为"立地特征回归"或者"立地价格模型",是估计价值的一种方法。该方法首先把被研究的商品按构成特征分解,然后估计每个特征对商品价值的贡献。

如果存在可比交易案例,中幼林分就可以采用上述的方式进行评价或者评估。使用这种评价方法,评估人员需要掌握立木林分的一些特征,比如林龄、树种、造林密度、种苗质量、生长状况,也需要掌握立地特征,如地理位置、面积、立地生产力(立地指数),还需要了解其他更好的潜在用途。这种方法最主要的困难在于,很难获得有关区域市场中关于拟售中幼林分与参照交易案例的林分和立地特征参数值。当然,我们也见到过有些评估专家仅用4~5个参照案例对另一个中幼林评估的情况。

如果能够获得林分价格和立地特征的信息,就可以使用回归分析评价中幼林分的价值。下面是使用回归分析对阿拉巴马州西南部评价中幼林的初步研究成果。这一地区有上好的南方松木林分,而且立木市场也是竞争性的。某个林业咨询公司提供了该地区7个县2001~2007年77笔南方松木用材中幼林分交易案例的数据。

表3-4显示有关变量的描述性统计结果。平均销售价格是每英亩1487美元(以2001年不变价格表示),交易中幼林分的平均地块面积大约是260英亩,立地指数大约是88英尺(25年林龄时测量),平均林分年龄大约是五年,大约60%的林分直接邻接公共或者私人道路。该林业咨询公司给出了对这些林分更好潜在用途(狩猎和其他娱乐用途、住宅用地)的估计。无法获得的是树种、林分密度、种苗质量和生长状况等方面的信息。

表 3-4　阿拉巴马州西南部中幼林分立地因子研究的描述统计结果

变量	平均数	标准偏差	最小值	最大值	预期显著性
因变量：每英亩中幼林分价格（2001 美元价格）	1487.38	556.38	619.61	3256.53	
面积（英亩）	259.63	285.46	20.00	1500.00	?
地位指数	88.39	4.16	80.00	95.00	+
林分年龄（年）	5.05	5.16	0	15	+
销售时间（2001＝1，2007＝7）	4.56	1.67	1	7	+
临近道路情况（1，0）	0.60		0	1	+
更优用途（1，0）	0.09		0	1	+

由于观测样本数量有限(77 个)并且一些变量缺失，因此不能过高期望回归模型有非常好的拟合结果。然而，检验表明这个模型没有错误设定。按计量经济学的行话，该半对数形式的模型不存在多重共线性、自相关，或者异方差的问题。

表 3-5 显示了回归的结果。尽管 F 值显示模型总体显著，但模型的拟合优度只有 29%。这意味着模型只能解释阿拉巴马州西南部的一些县中幼林分销售价格 29% 的变动。就单个变量看，如地块面积、潜在更优用途、林分年龄和销售时间在 10% 或者更高统计水平上都是显著的。立地指数和近邻道路距离相关关系为正，但是统计显著性不明显。立地指数变量数据的缺失也许是其显著性不明显的原因。为了提高本研究的拟合度需要更多的数据。

表 3-5　每英亩林分价格的自然对数作为因变量的回归结果

变量	系数	标准误	预测效应
面积	0.0002*	0.0001	0.0002
地位指数	0.0085	0.0086	0.0887
林龄	0.0155**	0.0074	0.0156
销售时间	0.0751**	0.0222	0.0780
道路临近情况	0.0502	0.0772	0.0515
更优用途	0.2974**	0.1260	0.3466
常量	5.9465**	0.7678	381.41
调整的 R^2	0.2908		
F 统计量	4.78***		
观测样本数	77		

*10% 水平显著性；＊＊1% 水平显著性，预测效应 ＝ $\exp(\beta_i) - 1$。

尽管有缺点，但是这个初步的研究表明了立地价格法是如何应用的。同时也表明获取回归所需的充足观测值及所有变量的困难程度。这项研究的数据、方法和结论后来都有所改进，相关的文章是本章参考文献的最后一篇。

与下面要谈到的仅能提供中幼林木材价值的估计值三种方法不同，参照价格法评价结果通常既包括木材也包括土地的价值，因为实际成交交易案例价格经常同时包括两者。因此，评价过程既要有上述林分特征，还需要考虑土地的地块大小、潜在更优用途等立地特征。

2. 重置成本法

该方法给出的结果是某项资产重置成本的估计值。对于中幼用材林分来说，就是重新营造该林分的成本。该方法对中幼林分的各项生产成本，如整地、造林、以及其他林分建设和维护成本，都通过复利公式贴现到林分评价当前时点。

例如，假设美国南方松人工林七年前营造成本是 250 美元每英亩，所有者期待的名义回报率是 8%。该类人工林七年生林分以成本复利计算的投资价值是

$$250 \text{ 美元/英亩} \times 1.08^7 = 428.46 \text{ 美元/英亩}$$

这个用于推导出 428.46 美元的复利公式与银行使用的决定账户余额价值的等式相同。也就是说，如果在一个有息的账户中，250 美元每年获得 8% 的利息，该账户在七年之后将会有 428.46 美元的余额。428.46 美元/英亩的林分评估价值不包括土地现值，土地现值可以参照市场类似交易案例或使用复利公式对七年前林地购买成本进行重置而获得。

总体来说，林分年龄越小，运用复利成本估计的投资价值越准确。然而，用这种方法对林分价值的估计通常偏低，因为这种方法低估了林分给土地所有者回报的潜力。此外，大多数人工林所有者的目标不是销售中幼林而是希望出售价值更高的成熟林木。

我们不应该将这种方法与"沉没成本无关"这句古老格言中隐含的信息相混淆。投资者使用这种方法（以及其他方法）主要是评判其打算购买资产的价值。所有者使用这类方法主要是确定其出售资产时的参考价格。在任一种情况下，卖者或买者可以雇佣一名有经验的评估师（在我们的案例中是林业咨询公司）来提供资产市场价值的估计值。评估价值仅仅是买卖双方决定是否交易或者按什么价格进行交易的参考信息。

另一方面，沉没成本是之前发生的，由目前拥有资源无法弥补的成本，并且被许多经济学家认为与目前决策不相关。我们经常听到警告，不要"为打翻的牛奶而哭泣"。这是因为打翻的牛奶是沉没成本，并且是有先前决策或行动（即不小心打翻牛奶这一个错误）带来的不可逆的结果。

接下来的例子有助于进一步阐明关于沉没成本的关键点。假设两年前德克萨斯州的一个地主花费 250 美元/英亩种植了 100 英亩的南方松人工林，并计划 30 年后采伐。因为树木生长不好，他发现让树木继续生长 28 年不太可能获利。他考虑了三种选择：什么也不做（这意味着 28 年后他不大可能收回成本），出售土地和两年生的松树林分或者将他的资产变为更可能获利的牧场。以他的经验看，把土地转换为牧场是最好的用途，至少有可能会赢利。

如果他决定出售，那么他对该幼林木材的要价是否应该是他在之前营造该林分上花费的 25000 美元？又或，如果他的利率是 8%，他可接受的林分最低价格是否应该是基于重置成本方法计算得到的估计值：$25000(1+0.08)^2$ 美元，也就是 29160 美元？再或，即使知道已经不太可能盈利，但因为之前已经花费了资金，所以也应该继续让树木生长？

所有问题的答案都是否定的。至少他已支出的 25000 美元或者 29160 美元的一部分如今已成为不能被收回的沉没成本。如果将土地转换为林业以外的用途，他之前工作（如造林）的一部分将不再具有价值。事实上如果他将林地转向其他用途时，幼树苗的存在甚至会削减该林地资产的价值。他必须意识到他投资的一些钱已一去不复返了。为了决定如何处理资产以及如何决定目前经济上最有利的用途，他必须只考虑每一项选择的未来期望收益，并且用未来期望成本权衡每一项选择。如果将林地转换成牧场的期望收益大于期望成本，他应该将

林地转换成牧场。另一方面,如果树木生长良好并且他打算继续经营该林分 28 年,而此时有人愿意出价购买该两年生的林分,那么 29160 美元可能是他可接受的最低报价。

3. 收入法

该方法可以估价出某项资产预计收入的现值。使用该方法,中幼林的价值等于贴现至林分当前时点的预计(未来)木材收入。

如果之前例子中的南方松人工林计划在第 30 年时作为锯材原木采伐,对于一个需要 8% 投资回报率的投资者来说 7 年龄的林分价值应该是多少?假设 30 年采伐时的出材量是每英亩 10 千板英尺(简化起见,此处忽略纸浆材和锯材联合削片产量),当前价格是 400 美元/MBF,价格预期会以每年大约 2% 实际增长率上涨,预计的立木价值是

10 千板英尺/英亩×(400 美元/千板英尺)1.02^{30-7} = 6307.60 美元/英亩

对预期收入进行贴现,该七年生林分的投资价值是

6307.60 美元/1.08^{30-7} = 1074.30 美元/英亩

上面的等式以 8% 的利率对 6307.60 美元/英亩的预期收入进行了 23 年的贴现。该方法与银行计算储蓄账户增长余额的方法类似——如果一个投资人将 1074.30 美元以 8% 的利率存入银行,23 年之后该银行账户将有余额 6307.60 美元。

这种方法的数学表达式是

$$\frac{P(t)Q(t)}{(1+i)^{t-x}} \tag{3-20}$$

其中 $P(t)$ 是成熟年龄 t 时的立木林价,$Q(t)$ 是成熟年龄 t 时的立木蓄积,i 是贴现率,x 是中幼林分的当前林龄。

总体来说,林分林龄越高,用收入贴现估计的林分价值就越精确。和重置成本法相比,收入贴现法经常会高估中幼林木材的投资价值。和重置成本法一样,土地价值并没有包含在公式 3-20 贴现收入的计算中。因此,如果要评估林木与土地(而不仅是林木)的价值,就需要加上对"无林地价值"的估计。无林地价值可以参照同一地区类似土地的交易案例定价或者对未来土地价格贴现至当下获得。后者的计算公式为:

$$\frac{L(t)}{(1+i)^{t-x}} \tag{3-21}$$

其中 $L(t)$ 是 t 年出售并采伐林木后出售无林地的价格(未来价值)。这个公式表示了无林地的现值。

如果考虑其他的采伐选择(比如其他轮伐期 t),一块中幼林分可以有多个贴现价值。使用投资人的期望回报率作为利率,则可以得到对于特定投资人最高的中幼林分价值。

比如,可以使用 15 年生林分价值——此时林分恰好达到纸浆材工艺成熟——去评估 5 年生火炬松林分的价值。也可以使用自然成熟的 30 年年龄林分价值评价 5 年年龄的林分。

这两种方法评估的价值差异可能很大。在 15 年(纸浆材)工艺成熟时,林分材积生长会加快,进而单位材积(如每千板尺或者每吨)价值增长的会更快。这是因为,随着林龄增加,林分由纸浆材占主导向由锯材占据主导发展。材积生长和单位价值加速增值的综合效应,使得 15 年年龄美国南方松林分在 15~30 年期间的名义价值可能会增加三倍或者甚至四倍。因此,对同一中幼林分,使用 15 年和 30 年的林分价值进行评估,可以得到两个完全不一样的结果。

图 3-3 显示了这种差异。图中 A 点表示采用 15 年年龄林分价值贴现的 5 年年龄中幼林分价值,第 15 年时林分的预期收益是每英亩 1500 美元。B 点是采用 30 年年龄林分价值贴现同一 5 年年龄林分的估计价值。在 30 年时林分可以进行主伐,单位价值每英亩约 5100 美元。采用 7% 的贴现率,则该 5 年年龄林分价值分别为每英亩 762 美元和 940 美元。

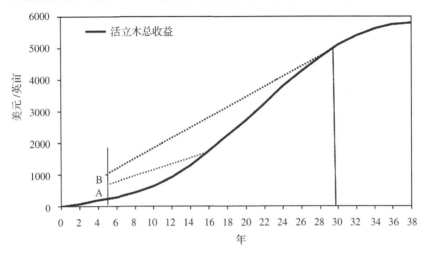

图 3-3　火炬松用材林分价值:采用 30 年林龄自然成熟收益贴现(B 点)和 15 年林龄工艺成熟收益贴现(A 点)的价值差异

对林分未来预期收入采用林主可接受的最低回报率进行贴现并计算其净现值时一般认为林分未来处于最优经营状态。此时,追求利益最大化、理性的林主将不会以低于该净现值的价格出售(或者评估)其中幼林分价值。在我们的例子中,林地主不会以基于 15 年年龄刚好达到纸浆材工艺成熟林分的评估价格出售其中幼林。相反的是,以基于 30 年龄主伐收获的评估价格或更高的价格出售这些林分更为合适。

4. 内部收益率法

在前面几小节中,我们已经注意到七年生美国南方松林分价值的评估结果有明显差异:重置成本法的结果是每英亩 428.46 美元,收入法的结果是每英亩 1074.30 美元。评估价值的差异表明了,即使根据相同的成本、收入,对时间问题也采用同样的处理,但用不同方法对中幼林分价值的评估结果也可能不一致。不论以两个评估价值的哪一个对正在生长中的林木进行交易,结果总是只能令一方满意,而偏离另一方的期望。

如果活立木使得土地价值每英亩增加到 428.46 美元,卖者在其 250 美元的造林投资上将获得年均 8% 的收益,然而买者仅投资 428.46 美元,却在 23 年之后将会获得 6307.60 美元。买者每年回报率为 12.4%,显然更高。

另一方面,如果活立木的价值是 1074.30 美元,买者将会从其活立木投资上获得 8% 的收益,然而卖者将在 250 美元的造林成本上获得年均 23.16% 的收益率(250 美元七年后达到 1074.30 美元)。

现实中的不动产交易往往会有中间人的帮助,买卖双方的谈判所达成的协议可能位于 428.46 美元到 1074.30 美元之间,但是这样的折中只是减少而不能消除偏差。用内部回报率法进行林分评价则可以解决这个问题。如果该例中活立木采用投资活动内部收益率

11.36%进行评价,计算如下:

$$\sqrt[30]{\frac{6307.6}{250}} - 1 = 11.36\%$$

则复利成本价值(重置成本法)和未来收入贴现价值(收入法)将会取得一致的估价值(530.95美元)。此时完全消除了偏差。按照这个价值,买者和卖者都将会获得11.36%的回报率(内部收益率)。

如果采用内部收益率将新建林分的价值(林龄为0,每英亩价值250美元)与成熟林分的价值(林龄为30,每英亩价值6307.60美元)相连,成熟前林分的价值将变成一条平滑的指数增长曲线,随林分林龄增长而增加。

七、税收与社会注意事项

许多评价投资机会的方法已经成为那些关注潜在回报与相关风险私人投资者经常使用的工具。计算回报时一般不包含税收或者假设税收已被扣除。投资人想要明确地识别各类投资机会相关的税收,仅需将税收当做一个成本项并计算他们税前与税后的回报率。森林税赋与其他费用将在第十一章讨论。

政府投资分析也需要考虑这些问题,但其经常会要求更多的考虑。

首先,公共投资者通常从广泛意义上关心资源利用的整体效率,而不像私人投资者可能更关注具体某项资产如土地、资金或者其他类型资产最大化的回报。因为政府目标的广泛性,收益/成本比率在确定公共投资优先顺序问题上比其他标准更为合适。

其次,所考虑的收益必须与决策者的目标一致,对公共投资来说决策者的目标可能更为多样化。就业效果、对区域经济长期稳定性的影响、对其他资源使用者的影响、税收与转移支付的变化等可能不是私人决策者所要考虑的问题,但却可能在公共决策中起着重要作用。

最后,公共投资项目经常要考虑谁收益和谁支出的复杂问题。某块森林的经营活动可能会对相邻土地所有者,也可能会对一些与该块森林有间接利益关系的人们,如下游依赖该森林涵养水源人们的收益和成本造成影响。这些常被私人决策者忽视的外部性影响,必须被包括在从整个社会角度进行的分析之中。

这就是参照系问题,它引起了对明确确定所要考虑的收益和成本社会范围的重要性的注意。这在各级不同政府考虑同一个项目时尤其重要。比如,某一公共林业项目的收益可能由当地居民享有,而大部分成本则由区域之外的纳税人承担。对当地社区收益和成本的评估可能显示出巨大的净收益,而从国家角度的评估则可能表明成本超出收益。因此,每个政府决策者必须确定适当的参照系。

本章概述的,用于分析不同时间内成本与收益关系的原理是林业经济学的基本工具,这些原理将贯穿这本书后面多个章节。

八、要点与讨论

本章介绍了成本效益分析及其在林业上的应用。其中,对现金流量分析时,指出了林业上常用的弗斯曼(Faustmann)公式的基本模型,还导出了间歇性利率和连续性利率的对应换算关系。由于经济学领域常使用连续性利率,这为林业经济学本科生和研究生进一步学习、研究林业经济问题打下了一个基础。

理解和掌握投资可行性分析对于林业经济学者来说是很重要的。本章只指出了基本的投资评估标准及选择方法。然而,在实际操作中,如何在现金流量分析时选择价格和利率并且考虑风险和不确定性非常重要。一般来说,私人投资者只能选择市场价格和自己的资本成本(cost of capital)作为利率。但是,对于公共项目来说价格往往只是影子价格,而利率则多由政府规定。所以,成本效益可以分为以企业为出发点,以市场价格为基础的市场分析(或财务分析);以社会利益为出发点,包括所有有价格和无价格的投入和产出为基础的经济分析等。这些都是建立在现金流量分析基础上的。

本章同时还介绍了林业投资可行性分析的一些误区和对幼林地资产的评估。例如,在进行投资分析时,如果使用不变价格,那么利率也应该是扣除通货膨胀的实际(真实)利率。再者,林业投资并不一定是一个高风险的投资。最后无林地的价值一般由市场比较价格法和由弗斯曼公式推倒而来。成熟林的价值由它的林价和无林地价值两部分组成。中幼林地的价值则由成本法、收益法和内部效益率法算得的立木价值现在价值加上无林地的价值而得。在交易活跃的地区,中幼林和林地的价值也可由市场比较法而得。这些方法也可适应于我国森林资源评估及转让工作。

注释:

① 公式 3-6 可以通过把这个公式各项都乘以 $1/(1+i)$,然后用原式减去新式,再进一步简化得到:

$$V_0 = \frac{a\left[\frac{1}{1+i}\right]}{1-\frac{1}{1+i}} = \frac{a}{i}$$

② 公式 3-7 可以通过把式中各项都乘以 $1/(1+i)$,然后用原式减去新式,再进一步简化得到:

$$V_0 = \frac{a\left[\frac{1}{1+i} - \frac{1}{(1+i)^{n+1}}\right]}{1-\frac{1}{1+i}}$$

$$= \frac{a\left[1 - \frac{1}{(1+i)^n}\right]}{i}$$

$$= \frac{a\left[(1+i)^n - 1\right]}{i(1+i)^n}$$

③ 这个简化需要将各项乘以 $1/(1+i)$,然后用原式减去新式以获得:

$$V_0 = \frac{V_t\left[\frac{1}{(1+i)^t}\right]}{1-\frac{1}{(1+i)^t}}$$

附录:林业中常用的复利与贴现公式

1. 对单一价值进行复利与贴现
- 一个阶段之后的本利和

- 未来值的现值

$$V_n = V_0(1+i)^n \qquad (3\text{-}1)$$

$$V_0 = \frac{V_n}{(1+i)^n} \qquad (3\text{-}2)$$

2. 对年系列价值的贴现
- 第一年开始的永续年金的现值

$$V_0 = \frac{a}{i} \qquad (3\text{-}6)$$

- 第一年开始的有限年金的现值

$$V_0 = \frac{a[(1+i)^n - 1]}{i(1+i)^n} \qquad (3\text{-}7)$$

3. 对周期序列价值的贴现
- 从第一周期开始的永续周期系列的现值

$$V_0 = \frac{V_t}{(1+i)^t - 1} \qquad (3\text{-}9)$$

- 从第一周期开始的有限周期系列的现值

$$V_0 = \frac{V_t[(1+i)^n - 1]}{(1+i)^n[(1+i)^t - 1]}$$

4. 对系列价值进行复利计算
- 从第一年开始的年度系列的终值

$$V_n = \frac{a[(1+i)^n - 1]}{i}$$

- 在一个一周期内的周期性系列的终值

$$V_n = \frac{V_t[(1+i)^n - 1]}{(1+i)^t - 1}$$

术语定义

i——用小数或者分数表示的年利率；
n——复利或者贴现的年限；
a——年金；
t——V_t重现的周期年限；
V_t——间隔期为t的周期性价值；
V_0——现值或初始值(第一年初)；
V_n——未来值或终值(n年末)；
annual——每年；
periodic——两年或者更长时间(t)的周期。

复习题

1. 为什么今天得到的100美元比五年后得到的100美元值钱？给定10%的利率，这两项收入的价值比较结果会怎样？未来收入必须增加至多少才能使其与今天的100美元等价？

2. 给定7%的利率，每年产生250000美元娱乐性收益的森林公园的现值是多少？

3. 一位开发商对一块林地开出了每英亩 1800 美元的购买合同。该地块的林木林龄现为 20 年，如果 10 年后采伐将会产生每英亩 3000 美元的收益，并且之后每隔 30 年都会产生相同的收入和净成本。如果森林所有者的利率为 8%，那么现在向开发商出售土地，或者再等 10 年采伐后再出售，或者永远不出售，哪一种选择是有利的？

4. 一个林学专业毕业生 1995 年的初始工资为 25000 美元。到 2005 年，他的工资增长至 40000 美元。在这 11 年间，消费价格指数从 150 增加到 210。2005 年与 1995 年相比，他的实际收入水平是提高了还是降低了？

5. 假设给定 4% 的利率，木材价值在使用化肥 5 年之后会实现，据此重新计算第二章思考题中第 4 题的最佳施肥量。

6. 如果你的预算有限，并且希望在多个备选造林项目中分配投资，以实现投资收益的最大化，你将会使用什么标准来确定项目的优先顺序？

7. 如果市场或者名义利率是 12%，通货膨胀率是 4%，真实利率是多少？用公式 3-15 计算美国不动产投资协会（NCREIF）的用材林地指数的真实回报率和标准普尔 500 指数的真实回报率。

8. 请说明在资本的期望回报率与风险之间权衡取舍的基本原理。

9. 下表给出了 8 年生火炬松幼龄林的经营成本和预期收益（预期立木价格 x 未来立木蓄积）。如果在接下来的 22 年里立木林价没有上涨，用内部收益率法算出的林分价值是多少？采用 5% 的真实利率，用重置成本法和收入法算出的林分价值分别是多少？

立木林龄	实际成本或预期收入（美元/英亩）
0（造林成本）	200
5（杂草控制）	60
15（初次商业疏伐收入）	160
22（第二次商业疏伐收入）	220
30（最终采伐收入）	3500

参考文献

[1] Bullard, Stephen H., and Thomas J. Straka. 2000. *Basic Concepts in Forest Valuation and Investment Analysis*. 2nd ed. Clemson, SC: Department of Forestry, Clemson University.

[2] Davis, Lawrence S., K. Norman Johnson, Pete Bettinger, and Theodore E. Howard. 2005. *Forest Management: To Sustain Ecological, Economic, and Social Values*. 4th ed. New York: Waveland Press. Chapters 7 – 9.

[3] Foster, B. B. 1986. Evaluating precommercial timber. *Forest Farmer* 46(2): 20 – 21.

[4] Gunter, John E., and Harry L. Haney, Jr. 1984. *Essentials of Forestry Investment Analysis*. Corvallis, OR: Oregon State University Bookstores.

[5] Harou, Patrice A. 1982. Evaluation of forestry programs: The with-without analysis. *Canadian Journal of Forest Research* 14(4): 506 – 11.

[6] Mishan, E. J., and Euston Quah. 2007. *Cost-Benefit Analysis*. 5th ed. New York: Routledge. Part 5.

[7] Pearce, David W. 1983. *Cost-Benefit Analysis*. 2nd ed. London: Macmillan. Chapters 5 – 8.

[8] Zhang, D., L. Meng, and M. Polyakov. 2013. Determinants of the Prices of Bare Forestlands and Premerchantable Timber Stands: A Spatial Hedonic Study. *Forest Science* 59(4): 420 – 27.

第二部分

林业行业：土地、木材和无价格的森林价值

第四章　木材供给、需求和价格

在所有森林可以生产的产品和效益中，木材是一项主要的工业产品。相应地，许多森林经营措施是为了生产更多作为工业原料的木材。本章讨论决定木材价值的经济因素。

对什么决定木材价格这一问题的回答与什么决定其他产品和服务的价值的回答是一样的：供给和需求。木材的市场价格将调整到供给和需求相等的水平。但供给和需求的概念对木材来说不像其他商品那么直观，所以需要特别加以讨论。为此，我们将从供给、需求、价格均衡和弹性等基本概念入手，讨论林产品市场的特点，估计林产品、木材（原木）、立木的供给和需求的方法，最后是区别长期和短期市场的调节，并回顾木材价值在地方市场的决定因素以及木材市场价格扭曲的可能性。

一、供给、需求和价格均衡

1. 供给原理

我们在第二章曾经提到，当产品价格上升时，生产者为了扩大利润，将尽力增加产出，但需以保持边际收益和边际成本相等时的产量为最大产量。因此，竞争性企业的供给曲线沿边际成本曲线的方向上升。由于市场供给曲线是所有的生产企业曲线的横向直接加总，所以，市场供给曲线也如单个企业的供给曲线一样向上倾斜。

供给原理说明，在其他条件不变的情况下，供给量与产品或服务的价格直接相关，即价格上升，供给量增加；价格下降，供给量减少。这个其他条件不变的假设使得在指定时间内任何一种商品和服务的价格与供给量之间的关系能被精确计量。这种关系表现为供给表，或供给曲线。这些"其他条件"包括投入成本和技术等决定供给曲线的形状、斜率和截距的因素。

经济学家经常使用的术语"在其他条件不变"的情况下，意指除了那些正在研究的变量外，其他所有相关变量保持不变。然而，在现实中，很多事情是在同一时间发生变化。基于这个原因，当我们使用"供给"或"需求"术语来分析具体情况或政策时，重要的是要记住哪些变量是固定的，哪些不是。

因为在本小节我们专门讨论供给，所以假设不变的变量都是供给方面的。任何价格变化都是由需求方面的变化，例如消费者收入的变化、新的替代产品的诞生或消费者偏好的变化而引起的。同理，在下一小节将专注于需求，价格的变化将是由供给因素变化，诸如投入的价格、技术进步或新原料的发现等引起的。当然，也包括自然或人为事件（如罢工等）扰乱生产的供给因素。

需要注意的是，一旦价格发生变化，将导致供应量沿着供给曲线变动。而影响生产成本的某个供给因素的变化将使供给发生变化，引起供给曲线向左或向右的移动或偏转。

然而，木材供应中的"其他"因素值得特别关注。我们已经知道，在大多数行业中，产品的价格上升时，生产者可以扩大生产规模增加产出，无需担心这对未来产出的影响。但是对林业企业而言，今天所采伐的森林意味着放弃近期的将来对这片森林的采伐。在一定时期内利用资源的最佳方式，要求对今天收获所得到的价值与将来收获同样资源的价值进行比较。

在第三章曾讨论过解决此问题的办法，即比较不同时期价值的方法。在这里需要注意，只要在现阶段采伐木材的边际净收益超过在将来某一时期采伐这些木材时的价值的情况下，从资源中获得的价值就会增加。但是将来价值必须用森林资源所有者的利率贴现成相应的现值。例如，如果所有者的利率是5%，第二年采伐的每立方米价值为100加元的木材所具有的现在值仅为每立方米95加元。这就是现在采伐的使用者成本——现在采伐所牺牲的将来的收益。只要所有者现在采伐的净收益在边际上低于这一数值，他就应该推迟采伐。通过使现在和将来收益相等的方法，比较现在和将来的收益，实现不同时期内从资源中所获得的收益最大化。

生产者对价格变化的反应并不经常像光滑的供给曲线所示的那样有次序地进行，因为这些反应很大程度上取决于对市场价格持续时间长短的预测。例如，木材价格的暂时升高，使今天多采伐比留下森林以后再采伐更有吸引力。结果，现在的生产量将增加。但由于可采蓄积量的下降，将来某个阶段的生产量就会下降。如果新价格可望持久，将来采伐也会更有利可图，这就会使今天采伐的使用者成本升高，从而使现在采伐的积极性降低。一个可望持久的高价格，将促使更多地进行造林和加强森林经营管理，采伐以前不属于经济采伐界限内的林分以及充分地利用原木，以便获取更高的利润。因此，可望持久的价格升高可以产出各种效应，但其净效益是增加各个时期内的木材生产量。

2. 需求原理

我们在第二章同时提到，如果单位生产成本下降，生产者对投入的需求就会增加，使投入的需求曲线如图 4-1 所示向右边倾斜。这种需求关系也适用于其他商品和服务：当商品和服务的价格较低时，消费者愿意购买的数量就更大。

这种关系揭示了需求的法则：其他因素不变的前提下，任何商品或服务的价格越低，其需求量越大。换句话说，需求量与商品或服务的价格负相关，在供求曲线上表现为向右下方倾斜的需求曲线。

为阐述需求曲线而假定不变的其他因素包括，消费者的收入、替代品的价格、以及消费者的偏好和口味等。市场需求也同时对价格预期的反应。预计价格将上升时，需求者更倾向于现在购买，从而推动目前价格的上涨。与供给的情况类似，价格变化带来需求量的变化。而变化的其他需求因素，包括价格预期，则会导致需求曲线的移动或偏转。

3. 价格均衡

供给和需求的相互作用产生一个需求量等于供给量的价格，称为均衡价格。某个林产品的市场供应和需求的相互作用可以被概括在图 4-1 中。在该图中，供给和需求确定的均衡价格为 $0p$，相应也有一个均衡产量为 $0q$。如果需求增加，使需求曲线向上移动，价格和生产量都会增加。如果生产成本下降，使供给曲线向下移动，生产量将增加而价格将下降。如果变化与上述情况相反，其结果也会相反。

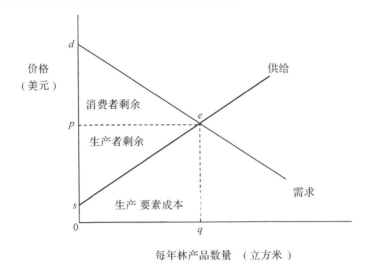

图 4-1　林产品的市场供给、需求和净经济价值

4. 产品的净价值

上述林产品的总价值是所有需求者所愿意支付的总价值。这反映在图 4-1 需求曲线以下，e 点以左的面积 $0deq$ 之中。只要所有产品以均衡价格销售，供给者所得到的收入就是价格和销售量的乘积，由长方形 $0peq$ 表示。供给曲线表明供给者生产该产品所需要的生产要素成本由 $0seq$ 的面积表示。这些生产要素成本只是生产者所得到的总收入的一部分。用三角形 spe 表示的其余部分是生产者剩余。在价格水平线和 e 点以左的需求曲线之间的剩余部分，dpe，称为消费者剩余，即消费者愿意支付的超过市场价格的那部分价值。

从图 4-1 来看，森林生产的净价值等于总价值减去供给成本，或生产者剩余和消费者剩余之和。它通常被称为社会净效益。这是把社会作为一个整体，衡量生产该产品的净效益。

当我们研究的问题涉及到市场所有生产活动或其中大部分时，考虑生产者和消费者剩余的全部就显得非常重要。需要注意的是，当天气事件、政策变化、消费者偏好改变、技术进步、以及新的广告活动发生时，都会导致消费者盈余、生产者盈余和社会净效益发生变化。而具体变化的大小与供给和需求弹性的大小和相对值紧密相关。弹性定义和重要性将在下一小节里讨论。

5. 弹性

需求(供给)量对价格变化的反映程度称为需求(供给)弹性，或需求(供给) 弹性系数，$E_D(E_S)$。在需求(供给)曲线上任何一点的需求(供给)弹性是需求(供给)量变化除以相应的价格变化的百分比：

$$E_d(\text{or } E_s) = \frac{dQ}{Q} \bigg/ \frac{dP}{P} = \frac{dQ}{dP} \cdot \frac{P}{Q} \tag{4-1}$$

如果价格上升 5% 导致需求量下降 5%，那么需求弹性系数就是 1（$Ed = 0.05/0.05 = 1$）。在需求(供给)曲线的不同位置，其需求(供给)弹性是不一样的。在均衡价格位置处的需求(供给)弹性最重要。

需求弹性系数小于 1 的需求称为非弹性需求。需求弹性系数大于 1 的需求称为弹性需求。在极端情况下，需求弹性系数可能为零。这表示需求量对价格变化无反映，相应的需求曲线表现为一条垂直的直线。而当需求弹性系数为无穷大时意味着价格的微小上升会使需求量增加为无穷大,相应的需求曲线表现为一条水平直线。需求弹性常界于这两个极端中间,而且随需求曲线的位置不同而变化。

相应地,我们也可以给出供给弹性的变动范围。完全竞争条件下,供给曲线是水平的,供给弹性无穷大。在另一个极端的情况下,供给对价格完全不敏感,供给曲线是一条垂直的直线。然而,在大多数情况下,供给弹性是在这两个极端之间。

由于弹性以比例的方式来表示供给或需求对价格变化的敏感程度,它是一种流行的、实证经济学者的使用工具。因为它无单位,从而简化了数据分析和有利于在不同的分析结果进行比较。除了常用的供给和需求弹性外,收入弹性(需求量百分比变化与收入的百分比变化的比例),交叉价格弹性(一种商品需求量变化的百分比与另一种商品价格变化的百分比的比例)和替代弹性(具有替代性商品间的弹性,指两种商品的相对需求量变化的比例与它们相对价格的变动比例的比率)。在本章的以后部分,我们将看到木材蓄积量弹性。它在短期木材供给中是一个重要的概念。

弹性的概念,在经济领域被广泛应用。特别是对弹性的理解有助于了解市场供给和需求的动态关系,以达到预期的结果或避免意外的结果。例如,一个企业考虑提价,如果其产品的需求非常有弹性,它的销售额将大幅下降。那么,这样做只会降低其利润。相反,一个企业可能会发现,如果其产品价格无弹性,降价也不会增加其销售收入。这一点对企业产品的定价很重要。

弹性还是投资决策的一个重要参数,并可作为衡量一个行业是否健康的指标。因此,假如某公司的管理者考虑在一个发展中国家建立一个新的工厂。他就有必要知道在该国拟生产产品的收入弹性。一个很好的森林产业的例子是在 20 世纪中期到本世纪初北美新闻纸行业的兴衰。在 20 世纪 50 年代,报纸的需求弹性非常低(约 -0.1)。这种高度非弹性的需求是由于缺乏可替代的新闻来源。今天,报纸的需求弹性则由于许多替代性新闻来源的出现而比原来高了许多。此外,与 60 多年前相比,人们在闲暇时间可选择的事情也比过去多得多。所以,在最近的几十年,北美报纸行业的竞争越来越激烈,行业整合速度加快。并由此导致北美整个新闻纸行业大幅萎缩,新闻纸需求显着下降。投资者也纷纷离开北美新闻纸行业,找寻其他更好的投资机会。

弹性可以为政府官员关于法律法规的经济效果和对分配的影响等公共政策方面提供有价值的信息。税收的调节功能将在第十一章中讨论。现在,只需知道供给或需求弹性对决定分配的影响即可,即谁收益多少、谁失去多少。

假设在价格均衡点的供给弹性($E_s = 0.6$)是需求弹性($E_d = -0.2$)的 3 倍。(这个情景与美国软木锯材市场类似),消费者则承受大部分消费税(这是一个简单的,对每一个特定商品的销售单位征收的税额。例如,每千板英尺的板材收 5 元的税)带来的后果。事实上,消费者将分享 75% ($0.6/0.8$,其中 0.8 是供给和需求弹性的绝对值之和)的税收负担,生产者分享其他 25% 的税收负担。反来过,如果需求弹性比供给弹性大,消费者将分享较少的税收负担。

供给和需求弹性的相对大小,还揭示为什么某些行业缺乏私人企业对研究和开发的投资,例如美国的软木锯材行业。由于供给弹性大于需求弹性,在这些行业中,从更有效的生产中增加的收益会更多地流向消费者,而不是生产者。企业研究和开发往往会导致产量增加,但增加产量却不能给生产者带来更多的利益。因此,该行业不会投入大量资源用于研究和开发。图4-2展示了这一结论。

如图4-2所示,供给弹性相对大于需求弹性时,供给从 S_1 增加到 S_2 时,将导致价格大幅下降,并导致生产者剩余减少(生产者剩余的变化是区域 B 的面积减去区域 A 的面积的净值)。因此,生产商不能从中获益。另一方面,消费者剩余则明显增加(消费者剩余的变化等于面积 A 加 C,前者是从生产者的剩余转移而来)。毫无疑问,总的社会净效益(生产者和消费者盈余)是增加的(这一增加值等于区域 B 加 C)。

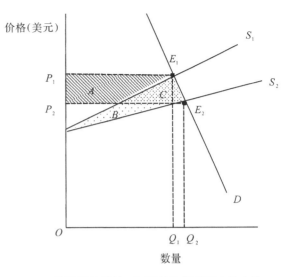

图4-2 供给增长的情况下弹性和福利相应的变化

因此,从社会的观点来看,增加软木锯材供应是可取的。然而,从生产者的角度来看,它们倾向于供应减少。因为增加供应带来的损失(A 区)超过他们的收益(B 区)。

因为需求弹性小于供给弹性,软木锯材生产商会有动力限制软木锯材的生产,从而提高其价格。怎样才能减少供给,又不会触发美国反托拉斯法呢? 早期的一种方法是避免投资于软木锯材生产的研究和开发。另外的办法是限制外国进口,从而减少软木在美国市场的总供给。尽管贸易限制不会使国内的供应曲线整体移动,但这样做导致国内生产商的价格和供给量的增加;两者沿已有的供应曲线向上移动。因此,国内生产商不管供给和需求弹性孰大孰小,都乐意贸易限制。如果国内对产品的需求弹性小于供给弹性,他们更加倾向于限制外国进口,以从国内顾客获得更多的额外的收益。上述两种策略均在美国软木锯材行业得以应用。

我们对上述内容总结为:产品的供给和需求弹性决定了该产品的主要市场特点以及盈余在生产者和消费者之间的分配,以及对相关公共政策变化(如税收,关税和环境保护法规)、森林认证、研究和开发、技术进步、替代品的出现、收入上升等因素对生产者和消费者带来的影响。这些变化、新的均衡价格的形成、供给和需求曲线的移动、盈余对不同主体的影响等可用各种模型,如均衡变动模型(Equilibrium Displacement Model,又称均衡点移动模型)加以研究。尽管我们在此不讨论这些模型的细节,我们要指出的是,这些模型是建立在供给和需求的弹性,以及供应或需求变化幅度的基础上的。要使用这些模型,必须知道供给和需求的弹性,和供应或需求的变化的幅度。

现在就让我们转到林产品行业或林业行业的林产品部分。然后讨论林产品,原木和立木的供给与需求的研究方法。

二、林产品部分

林产品部分包括三类产品:立木,原木木材和林产品,如纸和纸板,锯材,胶合板,定向刨花板,纤维板和实木家具行业等。这些产品分别在三个主要市场:活立木市场、原木市场和林产品市场上交易。按在美国和加拿大分别 1997 年之前采用的标准工业分类法（SIC）系统和之后采用的北美工业分类系统（NAICS），林产品的生产被分为三个行业：木制品行业，纸和关联产业，家具行业（部分）。在北美工业分类系统中，木材生长和采伐属于农业、林业和渔业部门。在标准工业分类法，森林采伐业是木制品行业的一部分。

活立木是指生长着的立木。因此，活立木市场涉及立木的供给和需求。由于立木的价值受树种组成、产品（大径级锯材类立木、小径级纸浆材等）种类、产品质量、交通方便与否、所处地理位置等因素的影响很大，活立木市场具有很强的空间和时间性。

原木木材是中间产品，木材市场汇集木材的供需并传递给林产品加工企业。在美国太平洋西北部和加拿大不列颠哥伦比亚省存在这种活跃的原木木材市场。在美国其他地方，林产品加工企业通常以竞标的方式直接向私有或公有林主购买活立木。赢得竞标后，这些加工企业再雇用伐木公司或木材经销商进行采伐和运输。近年来，加工企业开始向伐木公司或木材经销商招标，并接受将定时定量的木材送到加工企业的最优惠的价格。最后，林产品加工企业还使用长期木材供应合同、私有林地即工业林、林地租赁、短期贮木场等方式来满足它们对木材的需要。在加拿大大部分地区，林产品公司以合同和租赁的形式持有很大一部分来自公有林的采伐权，并支付立木采伐费。这些公司通常雇佣伐木公司进行采伐和运输。所以，在加拿大活立木和原木木材的市场经常是合二为一的。近年来，加拿大通过竞争性投标拍卖活立木的数量有所增加。

图 4-3 展示了北美活立木、原木木材和林产品三个市场的联系。图 4-4 显示了 1955 年至 2001 年美国南部软木锯材类活立木、软木锯材类原木和软木锯材的名义价格之间的关系。需要注意的是，这里活立木、木材和锯材的单位是一致的，都是千板英尺锯材。因此，在任何给定的时间点有三个名义价格直接比较。毫不奇怪，这个图显示这三个价格高度相关，因为这三个市场是紧密关联的。

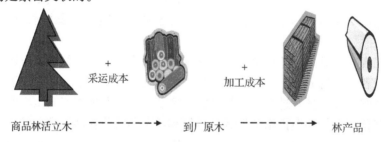

图 4-3　立木、原木和林产品市场的关系

表 4-1 显示了林业行业对美国和加拿大国内生产总值和部分省/州的国内生产总值的贡献。2005 年，林产品工业作为一个整体占美国国内生产总值的 1%，加拿大国内生产总值的 3%。在不同的时间点，林产品行业的重要性在国家和各省/州之间差别很大。在大多数情况下，随着经济增长和多元化，林业产值预计将增加，但林产品行业占国民经济生产总值的份额将逐渐下降。这一点已在美国和加拿大各州/省近年的经济发展史上得以印证。当然，林业的许多产品和服务是没有价格的，不包括在国内生产总值之中。更重要的是，国内生产总值本身也只是衡量国民经济和人民生活水平的一个近似指标。所以，林业产值占国内生产总值份额的下降并不代表林业对人民生活水平的贡献降低。

第四章 木材供给、需求和价格

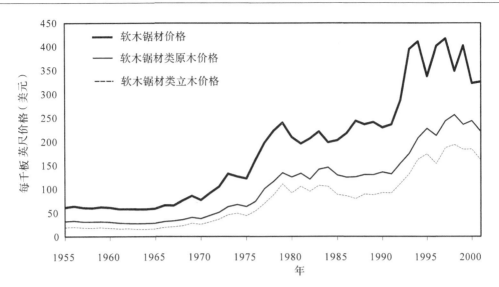

图 4-4 1955~2001 年美国南部软木锯材、软木锯材类原木和软木锯材类活立木的价格

数据来源：Li and Zhang, 2006.

表 4-1 2005 年林产工业在国家(州)总产出中的比重

国家/州	林产工业(百万美元或百万加元)[a]	全州合计($ 百万美元或百万加元)[a]	%
阿拉巴马州	4912	150582	3.3
亚利桑那州	1317	215207	0.6
阿肯色州	2685	86546	3.1
加利福尼亚州	10102	1628599	0.6
科罗拉多州	847	212582	0.4
佛罗里达州	4061	670030	0.6
乔治亚州	5991	359521	1.7
爱达荷州	972	46584	2.1
肯塔基州	2231	138592	1.6
路易斯安那州	2329	183022	1.3
缅因州	1824	44451	4.1
密西根州	4266	372009	1.1
明尼苏达州	3377	232802	1.5
密西西比州	2650	79521	3.3
蒙大拿州	572	29899	1.9
纽约州	2933	956378	0.3
北卡罗莱纳州	5244	348397	1.5
俄勒冈州	4707	138002	3.4
宾夕法尼亚州	6060	481957	1.3

（续）

国家/州	林产工业(百万美元或百万加元)ᵃ	全州合计($ 百万美元或百万加元)ᵃ	%
南卡罗莱纳州	3510	138614	2.5
田纳西州	3652	223784	1.6
德克萨斯州	5627	982058	0.6
弗吉尼亚州	3334	350897	1.0
华盛顿州	4541	272734	1.7
西弗吉尼亚州	772	52932	1.5
威斯康辛州	6659	214821	3.1
美国合计	120658	12339002	1.0
亚伯塔省	2598	212187	1.2
大不列颠哥伦比亚省	8894	155534	5.7
新不伦瑞克省	784	22514	3.5
安大略省	8329	497541	1.7
魁北克省	9571	252710	3.8
加拿大合计	34697	1158680	3.0

美国的数据来自美国经济分析局, http://www.bea.gov/regional/gsp/（2009年12月1日）. 加拿大的数据来自（Statistics Canada. 2009. Table 379-0025-Gross domestic product (GDP) at basic prices, by North American Industry Classification System (NAICS) and province, annual (dollars), CANSIM (database). http://cansim2.statcan.gc.ca/cgi-win/cnsmcgi.exe?Lang=E&CNSM-Fi=CII/CII_1-eng.htm (2009年12月1日).

注：a 美国用美元，加拿大用加元。美国的林产工业包括：林业（营林部分），木制品加工，纸张生产和部分家具制造。由于缺乏全国林业（包括在林业、渔业和相关的活动之中）的总产出（Gross State Products）数据，且家具制造业包括非木质产品，我们假定林产工业占50%。因此，林产工业对总生产的贡献包括了林业、渔业和相关的活动产出的50%，家具制造业的50%，木制品加工和纸张产业的全部。加拿大的林产工业包括林业、木材采伐、木制品加工、纸张生产和50%的家具制造业。这里家具制造业的50%属于林产品也是假定的。

三、林产品的供给和需求

林产品多种多样，他们的供给和需求，取决于整体经济趋势以及产品特定的因素。例如，美国软木锯材的生产、消费和价格除受整体经济增长影响外，还与人口结构的变化、各种生产要素的成本、人均收入、住房建设、木材替代品的价格、净软木锯材进口量的影响。这些因素或为需求变量或为供给变量。

估计需求或供给的函数可以从两方面入手。一是需求或供给的数量是价格和其他变量的函数。另一方面则是价格是数量和其他变量的函数。前者是指估计传统的供给或需求的函数。我们将在"测算林产品供应"和"测算林产品需求"两个小节里介绍。

后者可以指两个不同的概念。一个是逆需求（或逆供给）公式，价格是数量和其他需求（或供给）因素的一个函数。逆需求或逆供应概念上是有用的，但很少凭经验估计。因为估计传统的需求或供给函数更直观。并且把一个传统的需求或供给函数变成一个逆需求或逆供应函数是一件简单的事情。另一种概念是指价格模型方程或价格方程。该方程的右边是需求和供给变量，但没有均衡数量。价格方程详见下面的公式 4-7。

1. 测算林产品供给

要估计一个特定林产品的供给，经济学家往往依赖于霍特林定理（Hotelling's lemma）。该定理的第一部分指出，产品供给量是产品价格和投入的单位成本的一个函数：

$$Q = (P_{output}, C_1, \cdots, C_n) \tag{4-2}$$

其中，Q 是产品供给量，P_{output} 是产品价格，$C_1, \cdots, C_n$ 是各种投入的单位成本。在林业经济学文献中，投入通常包括木材、资本（如机械和设备）、劳动力和能源。

公式 4-2 与其他各种商品和服务供给公式类似。在经验估计中，预计产品价格变量的系数是正的，而那些成本变量的系数是负的。

由于产品的价格也受需求的影响，估计供给函数时往往需要用到两阶段最小二乘法（2SLS）或三阶段最小二乘法（3SLS）技术。在两阶段最小二乘法的第一阶段，产品价格是各需求变量的回归函数；然后根据该回归函数推出预测的产品价格。在第二阶段，供给函数的估计中使用的是在第一阶段预测的产品价格。因为这个预测的价格是由需求因素决定的，需求对产品价格的影响就得到了控制。三阶段最小二乘法是两阶段最小二乘法的延伸，用在几个类似的产品（如新闻纸、印刷纸和书写纸、卫生纸和纸板）的联合测算。由于这些产品可能是受共同的未知因素的影响，三阶段最小二乘法可以提高测算的效率。

2. 测算林产品需求

预测产品需求的方法通常有两种。一种是总量测算法，也就是测出总的消费量（生产量加上进口量减去出口量）方程。这种方程的因变量受产品价格、人均收入和替代品价格影响。当需求预测涉及多个国家（或地区），这就需要用一系列的方程进行估计。

这种方法有两个缺点：一是假设林产品自身的弹性和替代品的价格弹性在所有的终端市场上都是相同的；二是可能很难选择一个合适的替代品，因为替代产品在不同的终端市场上可能是不一样的。而林产品可能同时有几个终端市场。

另外一种方法是利用因子法（use-factor approach）。它为每个终端市场估计出相应的利用因子，该利用因子帮助识别和理解每一个终端市场对产品的平均需求。与此相关联的另一个指标是每个终端市场的活动水平（需求指标）。用每个终端市场的利用因子乘以它的活动水平即可估计出该终端市场的需求方程。

这种方法将某个特定产品的总需求模型建立在所有终端市场的需求方程之上。换句话说，将所有终端市场的需求方程加总就形成了该产品在某个国家或地区的总需求量：

$$D = \sum_{j=1}^{n} UF_j \cdot DI_j \tag{4-3}$$

其中，D 是总需求量（国内消费量），UF_j 是终端市场 j 的利用因子，DI_j 是终端市场 j 的活动水平。这种方法区分了各终端市场的需求曲线和弹性。

我们以新建房屋（j 是新房市场）对软木锯材的需求为例来演示用利用因子法建立需求模型的过程。UF_j 是用于一栋新建房屋的平均软木锯材数量。它是软木价格、替代品的价格、以及新建房子的面积大小的函数。DI_j 是给定年份新建房子的数量。这一数量往往采用来自政府公布的数据，或根据户均年收入、利率、人口结构（如年龄 20 至 60 岁的人口是新房的主要需求者）进行估计。UF_j 和 DI_j 构成新房终端市场对软木锯材产品的需求。各终端市场

(新房、修理和改造、以及工业用途)对软木锯材需求的总和,构成了整个市场对软木需求。

3. 价格(模型)方程

在前面的小节里,我们讨论了怎样分别估计林产品的供给和需求。使用这些方法得到的是在经济学文献中常见的供给函数和需求函数。由于均衡价格(或数量)由供给和需求共同决定,有时使用价格方程(或均衡方程)显得更直观和方便。这样一个方程也被称为简化的供给和需求函数。它可以被用来分析经济和政策的影响情况。

我们用木质颗粒燃料(压缩木颗粒用作燃料)为例来说明价格模型。世界上木颗粒燃料生产量最大的两个地区是美国南部和加拿大东部地区。其中某个地区的供给和需求方程可以简化为:

$$WP_{供给} = f(p, 供给因素) \tag{4-4}$$

$$WP_{需求} = f(p, 需求因素, 政策变量) \tag{4-5}$$

其中,$WP_{需求}$ 和 $WP_{供给}$ 分别是木质颗粒燃料在这一个地区的需求和供给,p 为木质颗粒燃料的市场价格,供给的因素包括劳动力成本、能源成本、生物或木材成本、以及资本成本;需求因素包括国家或人均收入、替代品(如煤炭)的价格。

这里,我们在需求方程中增加了政策变量。这是因为在 2009 年,欧洲消耗了全球 62% 的木质颗粒燃料;余下的大部分则被美国消耗;而欧洲木质颗粒燃料消耗源于政府的高额补贴。这种高额补贴达到每吨 60 至 70 美元,占到约木质颗粒燃料市场价格的 15% 至 20%。

因为均衡价格(p)和均衡数量同时通过互动的供给和需求方程确定,我们可以使用一个简化形式的方程进行计量估计。因为供给量等于需求量,我们便有:

$$WP \text{ 供给}(p, 供给因素) = WP \text{ 需求}(p, 需求因素, 政策变量) \tag{4-6}$$

通过求解方程:

$$P = f(需求因素, 供给因素, 政策变量) \tag{4-7}$$

经验估计表明,供给因素或木质颗粒生产中使用的各种投入成本的系数预计为负。对于需求的因素,预期收入和政策变量的系数是正的。由于替代品的价格上升,将导致对木材颗粒需求的增加,表现为替代变量的价格预期是正的。

价格方程同样可用于其他林产品。在接下来的两节中,我们将分别讨论原木木材和活立木的需求和供给的概念和测算方法。

四、木材需求

1. 派生的原木木材需求

对原木木材的需求是一种派生需求。即它是由对木制最终产品的需求派生而来的。最终产品常指消费者所需要的商品。我们熟悉的那些大量依赖于木材的消费品有住房、报纸、卫生纸、包装纸、家具等等。消费者对这些产品的需求引起了对生产这些产品的原材料的需求。从这种意义上说,对森林中活立木的需求也是由对最终产品的需求派生而来的。

对初级原材料,如木材的派生需求的推导通常需要几个步骤,涉及中间产品的生产。例如,对住房的需求产生了对胶合板的需求;对胶合板的需求反过来产生了对适于生产单板的原木的需求;对原木的需求产生了对相应立木的需求。当有这些中间产品价格和数量的数据时,对这些中间产品的供应和需求的测算需要和最终产品和生产要素的供给和需求相联系。

下面，我们用图 4-5 说明新闻纸生产所需原材料——纸浆材——来说明原木木材的派生需求。图 4-5 上半部分表示对一种以木材为原料的最终产品——新闻纸的需求。其供给曲线表示除了木材以外的生产新闻纸所需要的所有投入的成本，即将木材加工成新闻纸的成本。两条曲线交点以左的三角形为消费者（报纸出版商）愿意支付新闻纸的价格超过所有其他要素的成本的部分。它代表了新闻纸生产者愿意支付纸浆材的最高价格。两条曲线交叉的地方，对纸浆材的需求为零。在交叉点的右边，不再有对对纸浆材的需求。在两条曲线与纵坐标相交的地方，对木材的派生需求为 $B-A$。图 4-5 下半部分是对木材的派生需求。它反映上半部分两条曲线的差异。因此，图 4-5 下半部分中的 OC 等于上部分图中的 AB。

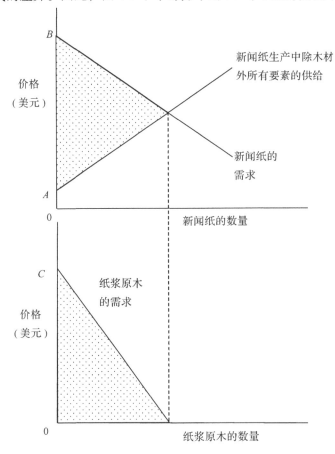

图 4-5　新闻纸生产对纸浆原木的派生需求

我们已经说明了新闻纸生产中的对纸浆材的需求是派生需求。把所有用纸浆材生产的相关林产品，如印刷纸和书写纸、工程木制品、生物能源产品（如木质颗粒燃料）和新闻纸等对纸浆材需求相加，就是一个国家或地区对纸浆材的派生市场需求。

纸浆材原木需求与纸浆材立木（森林立木的一部分）之间又是什么关系呢？对纸浆材立木的需求是来自于体现在图 4-5 的下部分的纸浆材原木需求。显然，纸浆材原木与纸浆材立木的区别体现在采伐和运输成本。因此，从派生的纸浆材原木需求中减去采伐和运输成本所得到的需求曲线就是纸浆材立木的需求曲线。换句话说，可以用与得到纸浆材的派生需求相类似的方法估计对纸浆材立木的派生需求。

在实证研究中，因为少有准入壁垒，伐木业往往是被假设为竞争性市场。因此，原木木材的短期供给曲线中除立木之外的各种因素，即采伐和运输成本时常被认为是一条平行直线或非常有弹性的传统曲线。当然，随着时间的推移，由于劳动力价格、燃油、机械设备和其他投入的变化，采伐和运输成本可大大改变。但是，在任何时间节点，木材和活立木的价格之间的差异反映了采伐和运输的成本。例如，图4-4原木和立木之间价格差异为某一年的采伐和运输成本，体现了除立木之外的原木木材生产要素在该年度的供给。

同样，在图4-4中，锯材的价格和锯材原木价格之间的差异是软木锯材的制造成本，体现了软木锯材生产在某一年的所有其他因素的供给。

除纸浆用材外，锯材、木材、单板、胶合板和电线杆生产都需要立木。因此，对每一种林产品都有与之相对应的原木和活立木的派生需求。所有的派生需求，构成在一个区域内对活立木的总市场需求。木制品行业生产形成的剩余物和锯末，经常被用来作为造纸或能源生产的原料。近年来，有的国家要求回收一定量的剩余物，用于造纸行业。这在一定程度减少了对原木和活立木的需求。

图4-5清楚地表明，对原木木材的派生需求和对其他最终产品的需求一样，符合"需求规律"——价格越低，需求量越大。因此，木材的需求曲线和通常的需求曲线一样是向下倾斜的。

纸浆材的供给曲线以通常的方式表现为向上倾斜，并与市场需求曲线相交产生纸浆材的均衡价格。这一价格加上新闻纸生产过程中所有其他要素的成本（即标记在图4-5上半部的"除纸浆材以外的新闻纸供给"），形成了新闻纸的供给函数。因此，新闻纸的均衡价格在图4-5上半部分所示的交点之左。

对于每一中间产品——如我们所举例子中的胶合板、单板和原木——经常存在着相互区别的有着各种供求关系的工业和市场。然而，在一些情况下，木材工业是一个联合体，以致没有单独的中间产品市场存在。例如：生产胶合板的企业直接从自己购买的森林中采伐木材并制造胶合板，因而使原木和单板的中间市场消失了。

对林产品需求的任何变化都使对木材的派生需求随之变化。但是，这种关系并不是完全成比例的，由于种种原因对某种林产品需求的改变并不产生对立木需求的成对应比例的变化。这里有几个原因。

首先，林分通常能同时生产多种产品，如胶合板用材、锯材类木材、纸浆材。这些产品都随相应的价格的变化而变化。例如，随着锯材和纸浆价格相对的变动，小径级的原木木材可能被用来生产锯材也可以被用来生产纸浆。如果对住房需求增加一倍并不意味着对所有径级的木材的需求也增加一倍，因为只有一部分径级的木材被加工成建筑材料。如果对其他林产品的需求不变，对所有立木木材需求增加的比例就会比对住房需求增加的比例要小。

其次，生产者还会把以前为生产利润较大的产品所使用的木材转为生产建筑材料。最后，对住房需求的倍增将使建房中各种投入的需求增加，并使住房价格上升（但不成比例）。其结果形成了建房中所投入原材料之间形成相互替代，并使劳动力、资本和其他原材料在房屋建设中的消耗比例发生变化。所以，对各种投入的影响不尽相同。

从长远看，对木材的需求和对林产品的需求的关系会随着技术进步和替代品的出现而发生变化。我们可以考察一下对木材需求和对军舰、民用船只、多用途住房、办公室、家具、体育用品（如滑雪板和钓鱼杆）以及燃料需求之间的联系。所有这些产品以前大都是用木材生产出来的,但工业技术的进步和替代品的出现使木材不再是生产这些产品的主要组成部分。另一方面,有许多为人们熟知的新木制品,如纤织品,纸质牛奶盒、饮具、木质粒燃料和其他化学物品。另外,加工木制品需要的各种原材料也发生了极大变化,常常是向着利用从前的剩余物的方向发展。例如,利用锯材厂的副产品和材质差的树种来生产纸浆和硬质纤维板。在第八章和第九章将讨论在木材生产所需要的长期过程中,这种技术变化能很大程度改变对最终产品需求和对木材需求的对应关系。

科技的进步,将改变生产相同数量的成品对原木木材的数量需要。这里,我们以软木原木木材造材出材率(加工厂制造单位产品与原木消耗量之间的比例)来说明这一现象。20世纪70年代,美国南部生产每千英尺的锯材需要消耗5.55短吨原木木材。到2002年,该比率降低为4.75短吨。在图4-4中,木材、原木和立木采伐价格都表现出高度相关性并呈现上述类似的特点,但它们的比例在这些年份里变化很大。多年的变化情况显示,它们之间不存在1:1的固定比例。

2. 测算派生的原木木材需求

运用派生需求的概念,我们可用两种方法估算原木的需求(弹性)。一种是计量经济学的方法。另一种是转换系数法。用前一种方法可以直接得到原木的需求函数。用后一种方法得到的是需求弹性。把需求弹性和均衡价格、均衡生产量结合,可以获取原木的需求函数。

根据计量经济学的方法,对原木供给和需求可以使用两阶段最小二乘法(2SLS)或三阶段最小二乘法(3SLS)技术同时进行测算。派生原木的需求量(从霍特林定理衍生),是原木价格、林产品价格和所有其他用于制造该林产品的投入(如劳动力、资本和能源)价格的函数。对原木的需求估计也可按谢泼德定理(Shepard's Lima)进行,表现为特定条件下的原木的需求量是包括原木在内的所有投入的价格和林产品产量的函数。原木供给则是原木价格、采伐成本和活立木蓄积量的函数(见下一节)。

转换因子方法使用从原木到某林产品(如锯材)的转换关系,该林产品需求弹性和价格,以及原木的价格直接推算对原木的需求弹性。例如,软木锯材类原木木材的需求弹性如下式

$$E_{\log} = \frac{E_{\text{lumber}} \cdot P_{\log}}{(1-\beta) P_{\text{lumber}}} \tag{4-8}$$

其中,E_{lumber}是软木锯材的需求弹性,P_{lumber}是软木锯材的价格,$P_{\log}$是软木锯材类原木木材的价格,β是原木和木材之间的价差百分比(称为加工边际系数)。

这种方法假定板材由原木和其他投入生产而来,各种投入的比例固定。在一个特定的时间点,供给函数中各投入的比例也是固定的。因此,板材和锯材之间的价差(m)被认为是一个恒定的量α和加工边际系数β的恒定比例的组合:

$$m = \alpha + \beta P_{\text{lumber}} \tag{4-9}$$

因此,板材的价格是:

$$P_{\text{lumber}} = P_{\log} + \alpha + \beta P_{\text{lumber}} \tag{4-10}$$

将方程4.10移项,得:

$$P_{\log} = -\alpha + (1-\beta) P_{\text{lumber}} \tag{4-11}$$

这个方程中的α和β,是根据历史数据估计得出。

我们可以对4.11进行微分并利用$dQ_{\text{lumber}}/Q_{\text{lumber}} = dQ_{\log}/Q_{\log}$推导出公式4-8。[①]后者是根据$Q_{\text{lumber}} = \delta Q_{\log}$得出,其中$Q_{\text{lumber}}$是生产的锯材的数量,$Q_{\log}$是生产锯材所使用的原木数量,$\delta$

是原木木材和锯材之间的转换系数。

3. 测算立木需求

我们可以用测算原木需求的方式测算立木需求。当原木的市场如俄勒冈州和华盛顿州的沿海地区或新西兰那样活跃，原木价格及对原木的需求弹性可以获得，我们便可以根据原木的需求，使用转换系数估计出对立木的需求。如果原木市场不活跃或原木价格及对原木的需求弹性不便获得或不存在，林业经济学家通常使用计量经济学方法来估计立木的需求。与前一节所讨论的相类似，立木的需求可以是(立木)木材价格，林产品的价格，连同用于林产品的所有其他投入的价格的函数。立木的需求也可以是所有投入价格(包括立木价格)和林产品产出量的函数。在这两种情况下，对立木木材需求测算的同时，也对立木木材的短期供给(见下节)进行测算。

综上所述，立木需求可以描绘为常规性的向下倾斜的需求曲线，这意味着某个时期价格越低，购买量越大。对木材的需求衍生于对林产品的需求。林产品的需求和对原木木材的需求之间的关系，正如第二章中描述的那样：由生产函数决定投入和产出；在生产过程中生产要素常有可替代性；生产要素的成本相互影响和作用。

五、木材供给

"木材供给"的涵义值得注意，因为这一词经常被不严格地甚至混淆地认为是关于森林蓄积量或对将来采伐量的预测。这里，我们采用通常的经济学定义：即在一定时期内相应于不同市场价格的木材供给量。像其他产品一样，木材的价格越高，供给量越大。但就木材而言，明确这种关系的原因和结果以及所指的时期是非常重要的。

1. 短期的木材供给

一条短期供给曲线(如图4-6中所示)，表明在短期内生产者不能改变实物资本如采伐设备、纸浆厂或制材厂的生产设备、木材蓄积量的情况下，市场的供给量随产品价格而变化的情况。

在短期内，生产者只能通过改变可变投入如劳动力、燃料、原材料、并或多或少地集约使用已有的资本设备的办法改变产出。为在不改变固定成本的情况下实现利润最大化，生产者将选择边际收益刚好与边际可变成本或短期边际成本相等时的生产水平。

短期市场供给曲线，是市场上所有生产者短期边际成本曲线的总和。因为

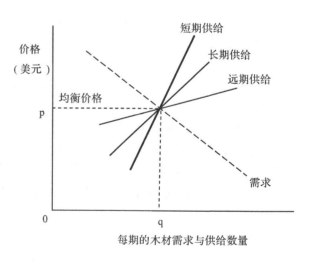

图4-6 短期和长期的木材供给与需求

生产者在短期内不能改变其实物资本，所以短期供给曲线对价格的变化相对来说常是非弹性的。在木材生产中，实物资本还包括木材蓄积量。

为此，一个地区或国家短期的(原木，立木)木材供给曲线表述为如下函数：

第四章 木材供给、需求和价格

$$Q = (P, I, Z) \tag{4-12}$$

其中，Q是年采伐量，P为当前年度的价格，I是目前的蓄积量，Z是一个影响供给的因素（如利率和森林所有权的特征）的向量。

上一节曾提到，木材供给往往是和短期的木材需求一并予以估计的。大多数实证研究表明，活立木蓄积量的短期供给弹性范围在美国南部是 0.2~0.5，在美国西北太平洋地区和加拿大位于 0.1~0.4 之间。

由于森林蓄积量经常缓慢的变化，有时希望通过蓄积量变化来获得可用的统计学估计显得不现实。在这种情况下，蓄积量有时被从式4-12右边转到左边，并将供给变量改变为采伐量与蓄积量的比率，从而使蓄积量的供给弹性变为1。

供给函数表现为

$$Q/I = f(P, Z) \tag{4-13}$$

在这个函数中的库存供应弹性为：

$$E_I = \frac{dQ}{dI} \bigg/ \frac{1}{Q} = f(P, Z) \cdot \frac{1}{Q} = 1$$

实证研究表明，木材库存供给弹性在 0.7 和 1.2 之间。

以上函数为木材总供给模型，被林业部门广泛用于分析预测，通常应用一个地区或几个地区多年的数据进行估计。

世界许多地方的森林分别为个人或家庭拥有或控制。在美国和其他地方使用的"非工业的私有林（NIPF）业主"术语。虽然它也可以包括非林业私营公司的森林，但它主要是指这些个人和家庭的森林和林地的所有权。相比之下，工业林所有者是那些拥有林地并同时拥有森林产品加工企业的所有者。许多木材供给的研究，应该将这些不同的所有者分开研究，因为这两类所有者对市场和公共政策有不同的反应。

专为家庭拥有或控制的森林的木材供应模型往往比木材总供给模型更详尽和有效。这主要基于以下三个原因。首先，因为这些私有森林所有者"消费"非木材产出，所以研究人员可以以家庭生产的角度来看待他们的木材生产问题。家庭的经营决策，是基于收入的效用最大化原则，收入来自木材采伐和非木材产出（其他"产品"）。这就使家庭层面的木材供给有了一个较好的理论基础——家庭生产模型。

其次，家庭木材供应模型使用的数据往往来自森林所有者的直接调查或政府森林机构的记录。这些数据包括较为可靠的、微观层面的木材采伐量和蓄积量等数据。最后，可以根据数据对使用者进一步分类，使各类的所有者的目标和偏好更为明确和精确。这样，有类似目标和偏好的所有者的木材供应和生产决策的偏好将更为清晰。

最简单的"非工业的私有林（NIPF）业主"木材供应模型包括规避风险的所有者为收获的现值最大化，根据森林的初始禀赋在两个时期选择在当前和今后一个时期采伐量的多少。这种模式是传统的，并已广泛应用于经济学和其他领域的两段（生命周期）决策模型。

在过去的二十年中，两段（生命周期）模型已经被广泛地应用于木材和非木材产品的联合生产的研究领域，并扩展到解决所有者代际之间的权属交接等问题。这种方法提供了一种检验非工业的私有林（NIPF）主行为的手段，对研究森林所有者的激励和利益机制非常有用。对于这种模式的更多细节，有兴趣的读者可参阅列在本章结尾的参考文献和近年来的林业经济期刊。

2. 长期的木材供给

短期和长期之间的界限，取决于生产某种产品时改变所需资本的时间长短。这将不可避免地随产品品种和生产技术要求而变化。对于采伐工业来说，长期可能不超过一年，而纸浆和造纸行业则是几年。而采伐木材所需的资本设施可移动性较大，并且可以更快地速度投入生产。在北美，生产立木木材的长期投资可能是数十年或更长时间。在热带地区，生产速生桉树和其他品种的木材，仅仅需要几年。但是，无论改变资本所需时间多长，从长远来说整个工业将比短期更灵活地反映于市场价格。因此长期供给曲线通常比短期供给曲线更富有价格弹性（图4-6）。

图4-7 显示了美国软木锯材市场短期和长期需求的动态调整。假设在2000年，美国软木锯材市场的均衡价格和数量处在供给和需求曲线（S_{2000}和D_{2000}）的交点P_{2000}和Q_{2000}。在未来五年内，新建住房增加，对木材的需求增加至$D_{2001-2005}$。在2001年，尽管应有新的、更高的P_{2001}和Q_{2001}产生（图4-7），但供给曲线并没有发生变化。原因是锯木厂数量及锯木厂行业总生产能力在短期内是固定的。然而，到了2005年，为应对更高的价格和更高的资本回报率，更多的投资使得锯木厂生产能力提高，供给曲线移动到S_{2005}。在新的均衡价格P_{2005}和数量Q_{2005}，现在的价格低于初始（短期）价格P_{2001}，但供给数量高于初始数量Q_{2001}。因此，由点a和c连接的长期供给曲线比连接点a和b的短期供给曲线S_{2000}（如上所述，2001年的供给S_{2001}被假定为与2000年的供给S_{2000}相同）平坦。

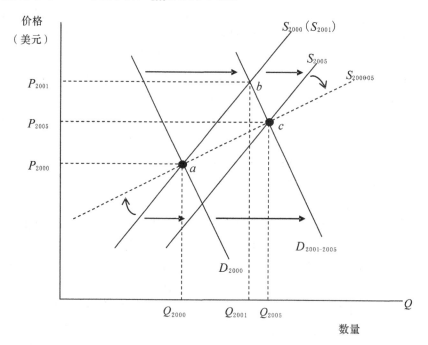

图4-7 当需求上升时长期供给的变动

区分短期和长期供给之间的差异，对分析在生产中所使用实物资本对产品的价格的影响是非常重要的。然而，在木材生产行业，有一个更长的时间考虑。因为它涉及的资本不仅体现在通常的厂房及机器形式上面，而且涉及森林的类型。森林资本和其他资本一样，可以通过砍伐林木而减少，或投资而增加。所不同的是，森林的经营管理需要时间通常远比建立一个工厂的时间要长。

如果木材价格的升高可望永久持续下去,更多的土地将被用来发展工业用材林,还会出现更集约的管理方式。许多年后,将使市场木材供给增加。但对木材生产行业来讲,使森林蓄积随木材价格变化而调整的期限必须至少是一个完整的生长周期。在这种超长期中,木材供给曲线将比通常的长期供给曲线更富有弹性。林业行业包括木材价格的长期动态变化,将在第九章阐述。

概括地说,根据所考虑的调整时间长短和生产者所能改变投入的范围,可以将随木材价格变化的供给类型分为三种。在短期,生产者不能改变任何固定资本,而仅限于改变可变投入,并或多或少地集约使用已有资本。在通常所说的长期,生产者能够调整生产能力,所以,他们对价格变化的反应就较灵活。在足以生产更多木材的超长期,生产者可以调整所有的投入——可变投入,厂房和机器以及森林资本。所以,他们的供给对市场价格上升的反应就会更大。图4-6说明了这三种供给情况。

图4-6所示的传统供给曲线由所有的平衡点组成,即在相应时期内生产者在各种价格条件下寻求产品的供给数量。曲线上的每一点都代表市场供给所趋向的水平,但市场处在向平衡点调整过程的机会比停留在某个平衡点的机会更多。我们观察到的生产波动反映了生产者为适应于变化着的市场所做出的努力。正如我们所看到的,这些努力受到了调整时间的限制。

3. 木材供给和经济可采伐森林蓄积量

通常,某个供给区域内的某些木材不能被有效地采伐和使用,因为它们的采伐成本高于价值。在边远地区的天然林常属于这种情况。其他情况下,则是由于政府管理如强制性的最佳管理准则(Best Management Practices)或非政府的举措,诸如森林认证等原因导致不能采伐某些森林资源。因此,短期和长期木材供给的一个重要决定因素是可采伐蓄积量占总森林总蓄积量的比例。前者指值得采伐的或将变成值得采伐的森林蓄积量。因此,上述木材供给预测必须是建立在对总蓄积量中可以进行采伐的森林的比例进行预测或假设的基础上的,即森林总蓄积的经济可采部分。

在一个木材供给地区,森林蓄积由不同经济价值的林分组成。这些林分的特征如树种组成、面积和其他质量指标的不同,使它们有不同的市场价格。另一方面,它们离市场的远近、地理条件的差异等使生产成本(立木成本、采伐成本和运输成本)产生了差异。因此,每个林分的立木有其各自的每立方米净价值或立木价值。立木价值由从林分中所采伐木材的价值与采伐成本的差额表示。

森林通常由许多林分组成。这些林分具有一系列不同的价值。根据林分的净价值可以画出像图4-8那样的图型。图4-8上的每一点表示从林分中采伐的每立方米木材净价值和与之相应的木材数量。这条直线向下倾斜,但其弯曲程度和形状可呈任何不规则形式,反映出森林蓄积的结构和价值。

因此,图4-8用经济可采伐量的形式描述了一片森林蓄积。从左向右对林分排列可以确定净价值大于零的总蓄积量;而净价值为零的木材是刚好位于采伐的粗放临界点(Extensive Margin)。在这一点上,采伐收入刚好等于采伐的成本。具有净负值的蓄积部分位于粗放临界点之外。在临界点之内的,具有净正值的部分组成了经济可采伐蓄积。

在美国,经济可采伐蓄积量有时被视为用材林林地的木材总蓄积量。用材林林地的定义是每年每英亩能够生产20立方英尺的木材（或每年每公顷1.43立方米），且没有被因为法律或行政原因改变木材生产用途的林地。然而，该经济蓄积是木材价格和采伐成本的函数，因此应该小于总蓄积量。在一些地区，经济蓄积可能远低于总蓄积量，因为后者包括次边际的一部分蓄积量。

因为粗放临界点是由价值和成本的平衡决定的，所以经济可采伐蓄积对这些经济变量及政府的规章的任何变化都是敏感的。这对长期木材供给预测特别重要。我们不仅需要知道今天多少木材具有正的净

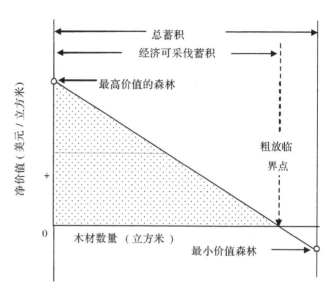

图4-8 木材净价值与经济采伐蓄积的关系

价值，还需要知道在价格、成本和技术变化的情况下，不同时期的粗放临界点如何变化。在通常的森林生产计划所涉及的期间内，这些变化可能是非常大的，使得对成本和价格将来趋势的预测变得非常重要。

图4-8中实线所覆盖的部分代表了整个森林蓄积的净价值之和。通常，每年的采伐量只是森林蓄积量的一小部分。随着时间的推移，蓄积量由于采伐和自然损失而减少，使图4-8中的曲线移向左边；或由于增长而将曲线移向右边。因此，对可采伐蓄积的最终影响效果取决于这种减少和增加的平衡。而两者都受森林经营决策的影响。

4. 木材采伐顺序

前面解释了在任何时刻一个特定木材市场上可供给的商品材蓄积量，受到采伐成本和采伐后的收入（或价格）的限制。现在还需要讨论在商品材蓄积中经济上最有效的采伐安排。

为确定不同时间内最有效的采伐次序，我们必须考虑到三个相关的问题：从经济蓄积中采伐木材的顺序、最初的采伐量和不同时间采伐量的变化。我们把目标假定为从蓄积中生产最大的可能收益。用已在第三章详细讨论的概念来说，这要求实现采伐量的现值最大化。

开始时先假设木材商用蓄积是固定的（即它不生长），并且可用如图4-8所示的净值范围来描述。我们还假设将来的成本和价格可望不变。

第一个问题是顺序，即具有不同价格的木材被采伐的先后次序。正如第三章所示，实现一系列将来采伐价值总量最大要求最大的净价值被贴现得最小。这意味着具有最高净价值的木材被最先采伐，即从图4-8所示的左方开始连续地采伐，直到粗放临界点为止。

用这种方式采伐，所采伐木材的净收益将逐渐减少，因为木材价格下降，或采伐成本上升，或二者兼而有之。特别是在开发一个新林区时，采伐成本很可能随作业区向边远地区延伸而不断升高使连续生产阶段中的短期供给曲线向上移动。

如前面所指出的，最佳采伐量是由比较现在和将来净收益决定的。在这个采伐水平上，边际净收益（木材价格与边际采伐成本的差额）刚好等于采伐木材的边际使用者成本（将来通过采伐木材可能实现的净收入的现值）。在完全竞争性市场上，这一水平是通过扩大生产，

直到短期边际成本加上生产的边际使用者成本之和,上升到与木材价格相等时实现的。

最后的问题是不同时间内采伐量的变化。在固定资源蓄积量、价格和成本的假设条件下,实现净现值最大化要求以递减的速度采伐木材。其原因有二:第一,生产量必须向现在倾斜,以便使所有阶段的边际净收入与边际使用者成本相等。由于贴现的影响,在遥远的将来的采伐量必须产生较高的边际净收入,以使它与边际净现值相等。这意味着将来的生产速度较低(注意,即使所有商用材具有同样的价值,这个结论也适用)。第二,无论何时,在需要连续进行木材生产直到成本较高时,生产的短期成本曲线就会向上移动,导致在某个给定价格下市场供给量下降。

六、长期木材供给预测

在许多林业文献中,长期木材供给指在不同时间内(通常是几十年后)可供使用的木材数量。这种类型的预测可用图4-9描述。它表示许多年内某个时期——通常是一年内——可供给市场的木材数量。这种预测可以是某个地区、某个木材市场、或某一特定森林的木材供给。

例如,加拿大林业部长理事会在2005年,提供了未来50到100年省级公有林地木材供应的预测。这种对以后几十年木材生产情况的预测,是根据林地面积、蓄积量、树木年龄组成和生长率,并永续利用采伐政策加以推算而形成的。

我们应该认识到这种供给预测和前面讨论过的供给曲线所反映的供给的经济概念的区别。这种长期木材供给预测把供给描述为时间的函数而不是价格的函数。其中的经济假设常是含糊不清的,所以对预测结果也必须小心地加以解释。

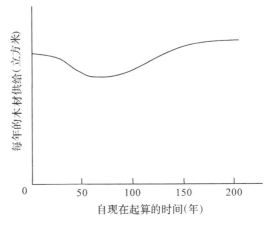

图4-9 长期木材供给预测

只有在这种预测曲线上的每一点都代表一个在相应的时间内供给和需求的均衡点时,市场力量才产生这样一个随时间变化的供给曲线。如果预测不是建立在这些市场力量的基础之上或忽略了影响木材生产的价格、成本和技术变化,那么这种预测的结果只有在政府进行干预下才能实现。正如第八章要讨论的,这种类型的预测实际上常常是建立在某种人为的产量限制或政策的基础上的;而且即使在这种情况下,也只代表部分有关木材生产规划的上限。

许多森林并不具备这种固定的商品材蓄积量。随着时间推移,蓄积量不仅因采伐而减少,还由于自然因素和常常是不可预测的损失而减少。蓄积量还可以通过实施营林技术促进林木生长率而增加。木材和其他林产品价格及成本的变化,将使木材采伐的粗放临界点发生变化;临界点的变化又会导致用于生产木材的林地的增加或减少。这些将在第六章详细讨论。

另外,在考虑到生长时,采伐目前最有价值的林分可能不是最有效的方法。例如,具有最高净价值的林分可能也是价值增长得最快的林分,所以较高的使用者成本意味着这种森林应推迟采伐。采伐林分的最佳时机不仅决定于该林分的现在价值，还决定于其价值增长率和林地的生产能力。这些将在第七章的讨论中涉及。

当考虑到所有这些与森林相关的变量时，决定不同时间内最佳采伐安排的问题就变得相当复杂了。近年来，计算机技术的发展极大地促进了复杂的动态模型的研究，使详细地预测和评估森林生长和收获成为可能。结合有关经济信息或对成本和价格的有关估计，这些模型可以确定满足特定目标的采伐安排。这些预测是基于长远的木材供应的经济模式在一个地区、国家、或全球范围内的森林产品的供应和需求，因而也有价格预测。但这种预测与图4-9所示的木材供给预测的轨迹可能是完全不同的。

七、立木价格(林价)的确定

在本章开头部分，我们就注意到木材价值的决定因素与其他商品和服务一样，即供给和需求。然而，我们听到非工业私有林主询问为什么他们收到的林价远远低于他们几年前所预期的，甚至低于大致同一时间内邻近林地所有者类似木材的售卖价格。事实上，分析同一品种、但来源各异的木材的立木价格，人们会发现，不同的省(州)和同一省(州)内不同地区的林价差异很大。

林主的问题的第一部分涉及到供应和需求随着时间的推移(主要是短期内的需求)的变化。而第二部分则涉及到供给和需求(主要是供给)的空间(或不同的地方)的变化。在本节中，我们侧重于第二部分的问题，在任何给定的时间内，活立木价格(林价)在空间上的变化。在这种情况下，因为任何一个给定的地方都有一个固有的需求，那么所有的价格变化可以归因于供给的因素的变化。在第九章中，我们将展示美国长期的木材供给和需求动态变化及随之而来的木材价格的变化。

林业工作者知道不同用材林之间可能有巨大差别。它们通常由不同的树种组成、大小、质量和密度；他们所处的地形、离市场的距离不同。也就是说，林分不是我们在商店买的电视机那样的标准化产品；类似的林分实则不同。当需求被设置在一个给定的时间和空间，又没有在当地木材市场的价格扭曲(见下一节)，活立木的价格仍因供给因素的不同而不同。这些决定因素包括：

- 树种组成；
- 木材的大小和质量(产品组合)；
- 活立木密度(影响采伐成本)；
- 集材道大小及所处的地形，活立木与集材道间的距离(影响采伐成本)；
- 位置(与市场或加工厂之间的距离)。

林主可能还要求采伐者遵守强制性或自愿性的法规(如最佳森林管理实践)，作为他们出售木材的附加条件，这都可能影响他们的投标价格。最后，实证研究表明，林主用招标的方法销售立木木材可能会得到比谈判等销售方式得到更好的价格。招标时投标的人数越多，最高报价和次高报价的价差越小。

八、价格扭曲

在任何木材市场上，供给和需求的相互作用产生了均衡价格。但供给和需求或多或少地不断变化，导致了我们观察到的木材市场的价格变化。为适应这种变化，供给者和需求者一直处在调整过程中。当然会有一些延迟。结果在一个特定市场上某个时刻木材的均衡价格或市场的结算价格往往可能是市场调整时所表现出来的价格。

还有，木材市场很少是完全竞争性的。各种不完全竞争的因素限制了供给和需求的相互作用。卖方独断或寡头垄断在地方木材市场上很常见。这使成本和价格扭曲，并人为地限制了木材供给，使价格维持在边际收益和边际成本之上。地区性的买方独断也很常见，这时供给者只面对一个买主，价格和供给常受限制。而且，在厂商将自己生产的木材进行深加工的地方，木材原料市场则可能不存在。

政府也通过税收、收费、或其他财政及规则性政策影响市场供给、需求和价格。有时，这些措施是为了纠正市场失调或调节收入分配。另外，政府机关经常直接地介入森林资源管理，特别是在公用林地上。它们有时根据组成森林的林木的年龄来安排采伐作业。这种例子有应用于一些公用林的"最老的先采"或"原始林先采"的原则。更常见的是永续利用政策，要求或多或少地以一个稳定的速度采伐森林（见第八章）。这些采伐制度与经济上最有利的采伐安排相对立，因为它们并没有直接考虑利息、成本和价格的作用。

当妨碍竞争的或其他使市场不完善的因素存在时，木材市场价格常常与第二章所讨论的社会价值或边际社会效益不一致。还有，林主们实际得到的木材价格可能不同于完全竞争性市场力量决定的价格。在公有林占木材供给很大比例的某些北美地区，公有林常按协议规定的而不是由市场决定的价格供私人所有者使用。其支付形式多种多样，包括租金、执照费、特许权费用、特别税收、立木费、或其他费用。这些问题以及木材的经济价值和实际得到的价格的差异将在第十一章讨论。

九、要点与讨论

本章首先介绍了供给、需求、均衡和供给和需求弹性的概念；特别是供需的相对弹性对产品定价、投资、科技进步和政策分析的重要性。然后，介绍了林产品行业以及林产品供给和需求的定义和研究方法。第三，指出原木和立木木材的需求（派生需求）和供给，以及测算方法。森林一般分为工业林、非工业林（家庭林）和政府所有林。这里非工业林指由林农（家庭）为主的森林资源。非工业林供给模型因此也一般建立在家庭生产模型（以效用最大化为目标）基础上的。最后，本章提到了林价是如何确定的，为什么不同地区或相邻林地的林价相差巨大。

数十年来，我国林业的主要问题是供给相对不足，即供给不能满足全社会对森林资源的多种需求。仅就木材和其他林产品而言，国内生产不足必然导致进口量上升。然而，要从根本上解决我国林业供给不足的问题还需要依靠增加国内森林资源和木材的供给。因此，这方面的研究工作是很重要的。这方面研究不但要定性（如林农效用最大化），而且要定量。

这里仅举一例。在1985年我国南方集体林区开放木材市场时，国家林业部门的决策者所用的理论(或是思路)是,"开放木材市场会促使林农收入提高,林农收入提高会使他们对林业的投入增多,从而促进集体林区林业的发展。"这种思路无疑是有道理的。但在木材市场开放前,我(在当时的林业部工作)没有发现有关文章对以下几个问题作出估计和预测:①木材价格会上涨多少;②扣除各种税费后林农的纯收入会增加多少;③特别是,收入增加的部分又有多少会被用到林业生产上。最后一个问题就是指林农对林业生产投入的收入弹性。政策决策者在决定开放木材市场前需要知道对这三个问题的有关估计和预测。而木材市场开放后许多年后,许多学者和官员对①和②有所论述,但对③的研究还不多。三十多年来,我国林业类似的政策性改革的例子很多。要想制定好的政策,不折腾,就要在做好既定性又定量的事前研究和事后分析。

注释:

①从原木到木材的转换因子(δ)被定义为:

$$\delta = \frac{Q_{\text{lumber}}}{Q_{\text{log}}} \tag{4-11a}$$

这意味着:

$$dQ_{\text{log}} = \frac{dQ_{\text{lumber}}}{\delta} \tag{4-11b}$$

由本章的微分方程4.11可以得到:

$$dP_{\text{log}} = (1-\beta)dP_{\text{lumber}} \tag{4-11c}$$

方程4.11b除以方程4.11c得到:

$$\frac{dQ_{\text{log}}}{dP_{\text{log}}} = \frac{dQ_{\text{lumber}}}{\delta(1-\beta)dP_{\text{lumber}}} \tag{4-11d}$$

根据方程4-11a,方程4-11d可以改写为:

$$\frac{dQ_{\text{log}}}{dP_{\text{log}} \cdot Q_{\text{log}}} = \frac{dQ_{\text{lumber}}}{(1-\beta)dP_{\text{lumber}} \cdot Q_{\text{lumber}}} \tag{4-11e}$$

最后,对式4-11e左侧的分子和分母乘以P_{log},对其右侧的分子和分母乘以P_{lumber},再根据弹性的定义,我们就可得出式4-8。

复习题

1. 为什么需求和供应弹性无论对投资者、消费者还是政策制定者都重要?什么是木材的"派生需求"?描述美国纽约州报纸的需求与加拿大魁北克省或南卡罗来纳州的木材需求的关系(如果它们之间有联系的话)。

2. 为什么木材供给应对木材需求的变化需要比其他产品更长的时间?

3. 用供给和需求曲线图例来说明人造圣诞树将如何影响天然圣诞树的价格、需求和销量。

4. 下面的图表说明,假设收入总是由森林中最有价值的木材总采伐成本和总收入增加的收获量决定。确定在这个图里的(a)采伐的固定成本,(b)收支平衡的利用水平。画出相应的边际成本和收益曲线,标出最有利可图的利用水平,或集约临界点。增加木材的价格会如何影响这种集约临界点?

5. 一个地区长期的木材供给和一个传统的木材市场供给曲线的区别是什么?

6. 什么是木材生产的"粗放边际"?举例说明木材生产价格和成本的变化对粗放边际点

第四章 木材供给、需求和价格　　87

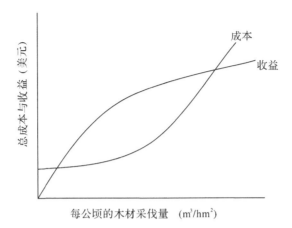

移动的影响。

参考文献

[1] Amacher Gregory S, Markku Ollikainen, Erkki Koskela. 2009. *Economics of Forest Resources*. Cambridge, MA: MIT Press. Chapter 4.

[2] Binkley Clark S. 1988. Economic models of timber supply. In *The Global Forest Sector: An Analytical Perspective*, edited by M Kallio, D Dykstra, C Binkley. Chapter 6. London: John Wiley.

[3] Canadian Council of Forest Ministers. 2005. *Wood Supply in Canada*, 2005 *Report*. http://www.postcom.org/eco/sls.docs/Can%20Forest%20Ministers-2005%20Wood%20Supply.pdf.

[4] Duerr William A. 1960. *Fundamentals of Forestry Economics*. New York: McGraw-Hill. Part 3.

[5] —. 1988. *Forestry Economics as Problem Solving*. Blacksburg, VA: Author. Parts 2 and 5.

Gregory G Robinson. 1987. *Resource Economics for Foresters*. New York: John Wiley and Sons. Chapters 9 and 10.

[6] Haynes Richard W. 1977. A derived demand approach to estimating the linkage between stumpage and lumber markets. *ForestScience* 23: 281-88.

[7] Li Yanshu, Daowei Zhang. 2006. Incidence of the 1996 US-Canada Softwood Lumber Agreement among landowners, loggers, and lumber manufacturers in the US South. *Forest Science* 52(4): 422-31.

[8] Max Wendy, Dale E Lehman. 1988. A behavioral model of timber supply. *Journal of Environmental Economics and Management* 15(1): 71-86.

[9] Nautiyal Jagdish C. 1988. *Forest Economics: Principles and Applications*. Toronto: Canadian Scholars Press. Chapters 4 and 5.

[10] Newman David H. 1987. An econometric analysis of southern softwood stumpage markets: 1950-1980. *Forest Science* 33(4): 932-45.

[11] Rideout Douglas B, Hayley Hesseln. 2001. *Principles of Forest and Environmental Economics*. 2nd ed. Fort Collins, CO: Resource and Environmental Management, LLC. Chapters 3-6.

[12] Sedjo Roger A, Kenneth S Lyon. 1996. Timber Supply Model 96: A Global Timber Supply Model with a Pulpwood Component. Report prepared for Resources for the Future. Discussion Paper 96-15. http://www.rff.org/documents/RFF-DP-96-15.pdf.

[13] Stier Jeffery C, David N Bengston. 1992. Technical change in the North American forestry sector: A review. *Forest Science* 38(1): 134-159.

第五章 无市场价格的森林价值

在第四章讨论了经营森林的一种产品——商用木材。此外，森林还能提供其他产品和效益——从动物饲料和水资源，到野外游乐、美化环境和生态效益。这些非木材效益的重要性各有差异；在某些森林中不很重要，而在另一些森林或森林的某个部分，其中一项或几项可能是主要的价值。然而，差不多在所有的地区，对这些效益的需求都在增加，其价值也就相应增加；从而使它们在森林管理活动中变得越来越重要。

为了能够提供这些林产品和效益，森林管理者和规划者必须考虑到它们的价值和生产成本。通常，更多地生产某种上述效益或更多地生产木材，只能在牺牲另一种效益的情况下才能实现。这意味着要仔细地加以协调才能实现从森林中获得最大总产出价值。这种权衡和多边利用经济学的问题将在下一章讨论。然而，在转向考虑生产多种产品和效益之前，必须要了解评价它们的方法，以便确定生产和投资的适当水平。这需要评价各种产品和效益（包括没有市场价值也不通过市场进行交易的森林效益）的价值和生产成本。本章就讨论这些问题。

一、无价格的价值：计量问题

有些非木材林产品和效益是有价格的，可以像商用木材那样在市场上出售。例如，饲料有时可以按由招标产生的放牧权的价格卖给牧场主。在这种情况下，评价这些效益的价值只需考虑不完全竞争引起的市场价格和社会价值的背离。

另一些森林效益由受益者无偿使用。这些包括森林提供的服务（如野外游乐、景观及控制水害）和产品（如狩猎、野生草莓和某些薪材）。相对于有市场价格并要出售的林产品而言，不必支付即可使用的林产品和森林效益的范围在不同国家和地区变化很大。部分原因是由于各个国家或地区的森林类型不同，另外一些原因是不同国家或行政区的产权类型不同所致。但差不多在所有情况下，森林管理者都必须同时考虑提供有市场价值的和无市场价值的林产品和效益。

某些森林效益没有价格而不能被出售有两个原因，一个是技术性的，另一个是政治性的。技术性原因指森林的一些效益非常难以估价并按通常的形式在市场上出售。例如，对第二章中所提到的森林景观的美学价值进行包装，并出售给个体消费者是非常困难的。而排除那些不愿支付费用而欣赏森林景观的消费者同样也是非常困难的。在这两种情况下很难算出它的价格。从某一个消费者对森林景观的消费并不降低其他人对它的利用来看，森林景观可被看作是一个真正的公共物品。消费者在欣赏森林景观时没有使用者成本，所以任何正价格都将使它的利用率下降并降低它所产生的价值。其他与森林有关的公共物品还有森林对自然环境质量，如空气质量和水质量的改善、对减少大气中二氧化碳的贡献等。

政治性原因指由于公共的选择，一些林产品和森林效益不被出售。例如，和森林景色不同，对利用野外游乐地和野营地标价出租并没有任何技术障碍，但它们经常是免费提供给大众的。实际上，私人所有者都对这些设施收费，有时政府也会收一些费。在北美，政府通常是对一些特许权力如狩猎或垂钓收取执照费。但是，这种执照费常常与消费的具体资源甚至消费的特定数量无关。这种收费通常是一种管理费用而不是其市场价格。在这种情况下，资源利用的配给量不是由市场价格决定的，而是由调控措施，如捕获猎物的数量、或景区开发和关闭的时间来决定的。

政府借助管理措施而不是市场价格来控制人们对公园、森林和休闲游憩资源的需求，其原因是来之于选民的压力。选民们强调他们有权无偿的使用公共资源，因为他们通过税收的形式支付了费用，而价格对于低收入的阶层来讲是不公平的。不论什么原因，价格的缺失使得人们寻求利用其他方法来测算这些资源对消费者的价值。

这些森林产品和效益没有价格并不意味着它们没有价值，只说明它们没有市场指标。本章所要讨论的问题，就是如何估算那些受益者不能按市场价格来支付费用的那部分森林产品和效益的价值。在缺乏通常的市场指标的情况下，我们必须借助于对这些产品和效益需求的信息加以研究。只要所有的收益都由个体消费者获得，问题就变成了如何寻找和分析信息，以便在即使不收费的情况下估计消费者愿意为这些产品和效益支付多少。

从经济学的角度来看，我们必须注意生产任何商品和服务的收益和成本——即产品的价值和生产费用。然而，生产无价格产品和效益的成本与通常的任何商用产品的成本没有多少差别。在两种情况下成本都反映在为某一特定目的而经营森林所需要的劳动力、土地和资本的支出。难点在对收益的计量。所以下面我们将集中讨论无价格效益的评价问题。

二、消费者剩余作为价值的计量

消费者从某种商品或效益中获得的价值或效用反映在他们对这种商品或效益的支付意愿上。支付意愿表明他们愿意放弃其他东西或收入，以获得这种特定商品。所以这种商品或效益的货币价值反映在他们的支出意愿上。

如第四章所示，在一个特定市场上消费者对某种商品的支付意愿反映在对这种商品的需求曲线上。所以，对某一商品或效益价值的定量问题，使我们的注意力集中在对它的需求曲线上。

图5-1表示一个典型的向下倾斜的需求曲线 dd'。如果这种商品以 p 的价格在市场上出售，所售出的数量是 q，购买者所支付的总额就是价格和消费量的乘积，由长方形 $opp'q$ 表示。但消费者从消费这种商品中得到的价值只在边际上与市场价格相等。三角形 pdp' 表明一些消费者愿意付出高于它们实际支付价格的部分。正如在第四章中所指出的那样，这一部分——消费者愿意支付并超过他们实际付出的部分被称为消费者剩余。显然，消费者剩余是消费者从一种商品或效益中获得的总价值的一部分。

如果一种产品或效益的价格为零，那么消费者所获得的全部价值都以消费者剩余的形式存在。在图5-1中，如果价格为零，消费量将增加到 d'，消费者所得到的价值量将是在需求曲线之下的整个部分——odd'。而且，所有这些价值都以消费者剩余的形式存在。所以，要找出没有收费的任何商品或效益的价值，必须估计它所产生的消费者剩余。这就需要用某种方法确定需求曲线并测量需求曲线以下的面积。

只要产品或效益以同样的价格出售给所有消费者，消费者得到的总收益至少有一部分以消费者剩余的形式存在。卖方只有在对每个购买者收取不同的价格，并获取购买者购买每个单位商品所愿意支付的最高价格时才能消除消费者剩余。但卖方很少有对购买者加以区别、并以销售收入的形式获得所有收益的机会。

消费者剩余的存在，显然依赖于向下倾斜的需求曲线。如果需求

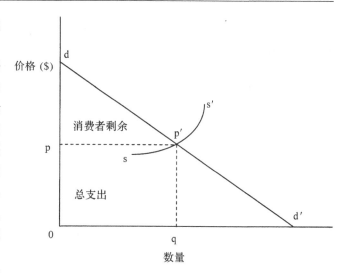

图 5-1　市场需求和消费者剩余

曲线是完全有弹性的，它就变为一条以图 5-1 价格为 p 的水平线，那么就没有任何消费者剩余存在。这一点非常重要。因为这意味着只有在考虑到商品或效益的销售量或价格发生较大变化时，才有必要估计消费者剩余及其变化。如果销售量变化很小，消费者剩余的变化可以被忽略。例如，如果我们想测算图 5-1 中被消费的所有产品——q 的总价值，消费者剩余 pdp' 就是一个重要部分。如果任务是估计某一商品或效益的市场供给的边际增量的价值，如在众多生产者中某个生产者所生产的或从大片森林中某一小块林地所提供的产品和效益，那么这部分增量是不会改变市场均衡价格或消费者剩余的。

森林管理者常常遇到后一种情况。他们经常想知道在某块森林中提供的游乐或其他价值的增量仅是市场总供给的很小部分时的效益。在这种情况下，消费者剩余的变化基本上是可以忽略的。但是相对于总供给的增量越大，所增加的商品或效益越独特，需求曲线的弹性就会越小，所需要考虑的消费者剩余也就越大。

另外，当无市场价格的产品和效益的供给或需求、或两者同时发生显著变化时，就会引起市场均衡价格和消费者剩余的相应变化。

当消费者剩余或生产者剩余的变动幅度是显著时，在第四章中讲到的均衡点移动模型可以用来评价相应的消费者和供给者的剩余的变动幅度。有时，对是否保护一片具有独特自然特征的野生地必须做出是或否的决策。在这种情况下，必须要对这些地块的包括消费者剩余的总需求进行评价。

三、对无价格的野外游憩的评价

让我们考虑一种对森林经营越来越重要的无价格效益：野外游憩。更确切地说，我们要考虑一个特定地点的游憩价值。森林管理者和规划者通常是需要知道其价值，以便在土地利用规划中与将这块地块用于其他用途的价值进行对比。其他的没有市场价格的产品和效益可以用相同的方法进行评价。

野外游憩可以通过各种形式获得。但许多游乐活动由期望、往返于目的地的旅行、在目

的地活动和活动后重新整理回忆等环节组成的。对某一特定游憩地点的需求，是由对它所能提供的游憩活动的需求中派生出来的。正如第四章和图4-5中所说的那样，对木材的需求是从对林产品的需求中派生出来的一样。因此，对于一个游憩地的需求曲线如图5-1所示。但如果出入是免费的，我们只能观察到一点d'，即价格为零时的需求量。因此，我们的任务就是预测在价格大于零时的消费游乐的数量。

不需要为进入某一森林游憩地而付费的游乐者，在利用这一机会时很可能要付出其他费用。他们通常需要支付旅途费用，购买必需的生活用品和设备。这些支出并不能用来计量从某一游憩机会中所得到的价值，或他们为进入某游憩地所愿意支付的费用。这些开支的性质与人们为看一场电影而付出的汽油费、停车费和孩子寄托费的性质相同。我们需要的是估计人们为进入某游憩地点愿意以门票的形式支付多少，这与电影院的门票性质一样。

区别消费者对某件东西的估价和消费它时所产生的成本很重要，因为两者常常被混淆。旅游者和其他游憩者的支出有时被误认为是吸引他们的某项设施的价值。但游乐者的花费只代表他们的成本，不是他们所享受效益。一项游憩活动的效益反映在对该活动的需求上，而不是反映在对辅助商品和服务的需求上。

当然，旅游者和森林游憩者的支出毫无疑问地对商业活动、当地收入和就业的发展产生影响。所以，这些费用提供了评价某一地区或地点游憩设施的经济效果的有用信息。但如果要想计量一个具体游憩地点或设施的价值，我们必须估计对它的需求曲线。需求曲线反映了消费者为进入某一游乐地的支付意愿。这与他们在去往游憩地途中的所发生的旅行费用有相当大的差别。

1. 估计消费者剩余的直接方法

对于无价格的游憩机会的直接估计方法是向游乐者直接询问与游憩活动需求曲线相关的信息。这些问题包括游乐者为参观访问某地和参加游乐而准备支出的最高数额。

这种活动通常是通过信件调查或实地询问部分游乐者来完成的。然后，把所得到的结果由高到低进行排列，游憩机会的需求曲线就可被描绘出来。总消费者剩余就是经过样本容量调整后这些回答的总和，由需求曲线下面的面积表示。这种技术称为无市场价格效益估计的条件价值方法（Contingent Valuation）。它是根据游乐者的支付意愿、游憩地差异和游乐者个体的经济和社会状况来进行的。这种方法经常被用于对游憩设施（如公园、钓鱼区）和无市场价格的环境产品与服务的价值的评价。

例如，如果每年有一千名游乐者表示为进入某一游憩地而愿意支付50美元，那么年消费者剩余就是50000美元。用第三章所讨论的技术，可以计算出这种年收入的净现值，或这个游憩设施的总资本化价值。

另一种调查游乐者为获得游憩机会支付意愿的方法，是询问他们如果不让他们具有这种机会他们所愿意得到的最小赔偿额。从理论上说，只要这种价值在消费者收入中不占重要比例，这两种方法将会产生相似的结果。但是，"收入效果"原则指出，人们对现金的损失比现金的增加给予更高的权数。所以，最小可以接受的不使用某种设施的补偿不会低于所愿支付的最大费用。一些调查证实，前者比后者大得多。

这两种方法得出了对消费者剩余的不同计量。消费者愿意支付的最大值称为等值差异（Equivalent Variation），而失去它时最小的可以接受的补偿叫补偿差异（Compensating Variation）。那一种方法更适用来估计消费者剩余依赖于被评价产品的参照水平或产权。如果消费者已有消费或利用的权力，补偿差异最适合。相反，如果消费者期望具有较高水平的消费或利用的权力，则等值差异更适合。

换种说法，如果人们必须获取一种产品或是希望从中获得更多的利益，合适的方法是等值差异，也就是他们将支付的最大值（Willingness to Pay 或 WTP）。如果他们已经拥有的一种产品将被拿走（例如他们生活在良好的环境中，但由于污染使他们享受良好环境的权力受到了威胁）时，适宜的评价方法是补偿差异，也就是他们要求维持失去这种产品以前同样利用水平所需要的最小补偿额（Willingness to aceept 或 WTA）。

补偿差异和等值差异方法的理论基础是消费支出函数。消费支出函数是在实践中使用补偿差异和等值差异方法进行评估的起点。

虽然从理论上来看条件价值法很容易理解，然而利用该方法设计出实用的问卷需要仔细的考虑。例如在问卷中要引出对一处游憩地支付意愿，至少要对所评价的游憩地状况、功能和人们的付费的方式（如从回答者的电费账单中扣除）进行详细的描述。另外，问卷在使用前要进行事先测试。

直接技术的另一个困难在于，如何从消费者对实际上免费使用的游憩地的假设支付意愿的回答中获得较合理的和一致的价值解释。对免费进出游憩地的情感和对所问问题目的的猜测，常使答案被有意或无意地歪曲（如，"它是无价之宝"，或在另一个极端，"我将拒绝支付任何东西"）。还有如果是按游憩者回答的价格进行收费的话，他或她可能会改变所消费的游乐数量。这些都使对调查结果的解释工作变得复杂化了。因此，在使用条件价值法应格外小心。

近年来发展起来的更复杂的调查方法和计量经济学技术，能够克服条件价值法的某些局限性。至少，在应用条件价值法时要对回答者的一致性要进行检验。特别是，人们可以用回归分析的方法确定回答者的支付意愿是否与他们的社会经济和人口统计特征相关。同时，还要检验支付意愿是否与经济理论相一致。例如，高收入的人群要比低收入的人群的支付意愿要高。

相对于根据被调查者实际选择结果的显示型方法（Revealed preference，见下面）来讲，条件价值法是一种表述型方法（Stated preference），因为这种方法依赖于被调查者对于假定情况下所提出的问题的回答。这种根据假设的问题和对问题的回答的方法本身具有缺陷，也会产生信息的偏差。不过条件价值法是少数几种对既没有市场价格，又没有人们实际参与的环境价值的评估方法之一。这些环境价值有时被称为被动使用价值；典型的如在第一章中所提到的选择价值、遗产价值和存在价值。这些价值包括支撑人们基本生活所需要的生态健康和生物多样性、对风景的欣赏或荒野的探险、将来的垂钓、或观鸟的愉悦，或者是子孙后代的选择权力。它们还包括人们赋予的对大熊猫或鲸鱼存在的认知价值（存在价值）。

人们利用条件价值法已进行了与森林产品与服务相关的研究包括保护北美黄松免受山区松树甲虫侵害、减少成熟林的火灾危害、恢复红顶啄木鸟栖息地的长针松树林、创建国家公园和保护区来保护约10%的热带雨林等。

另外一种与条件价值法相类似的方法是条件选择方法（Contingent Choice Model），或联合分析法（Co-joint Analysis）。条件选择方法是由市场学和心理学家为计量人们对具有多重用途资产的不同特征的偏好时发展起来的。正如条件价值法，条件选择方法也是一种假设的方法。它要求人们对假设的问题进行选择。然而与条件价值法不同的是，条件选择方法不要求人们以美元的方式进行回答。但在人们做出选择时，事实上还是对价值进行了他们自己的推断。因此，对于具有不同形式、不同价格和不同成本的资产，从人们在许多实际选项中推断他们对这些资产的价值是条件选择方法的特点。它不像条件价值法那样对资产的的选择是直接以货币的形式给出的。

2. 计量消费者剩余的间接方法

直接技术在实际运用中的局限，促进了用从观察到的间接证据中推断游乐者支付意愿的技术的发展。这些技术包括旅行费用法和特征法。两者是显示型的支付意愿法，而前面提到的方法是表述型的支付意愿法。为介绍这种方法我们先简要讨论有关理论。

(1) 游乐行为理论

参加一项游乐活动的一些费用不随在游乐地所花时间的长短而变化，因而被称为固定成本。这些固定成本包括往返于游乐地的旅行费用和所要支付的门票。其他费用，如食品和供应品的费用属于可变成本，因为其数额大小取决于游乐时间的长短。

一个游乐者所发生的固定和可变成本可用图 5-2 描述。图 5-2 中游乐者的收入由纵坐标表示，而在某一游乐点所花天数用横坐标表示。假设他的总收入等于 OY，为了得到相应的游乐机会他必须花费一定的固定成本 T_xY，那么他所剩下的收入就是 OT_x。他的可变成本或实地游乐成本可用线 T_xR_x 的斜率表示（由于假定他每天的边际游乐成本是固定的，T_xR_x 为一直线）。因此，有折点的曲线 YT_xR_x 代表了游乐者在游乐活动和其他商品之间分配收入的机会。

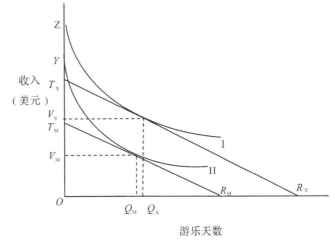

图 5-2 在两个固定成本水平时游乐消费的均衡水平

可以给游乐者带来同样效用或满意程度的游乐和收入的各种组合可用无差异曲线表示。图 5-2 中的曲线 I 就是一条无差异曲线，它刚好与他的市场机会线（$TxRx$）相切，表示在 OQ_x 天的游乐中他所能够得到的最大满意程度。这时游乐者要花费 V_xY 在游乐上，其中 T_xY 是固定成本，V_xT_x 是可变成本。很显然，这时游乐者所获得的满足水平达到了纵轴的 Z 点，要高于他只有收入 OY、而不参加游乐获得的满意水平。

显然，这个游乐者为获得游乐机会的支付意愿比所发生的固定成本 T_xY 要多。他最多可以支付的固定成本为 T_mY。这样他将与完全没有游乐活动时处在同一无差异曲线上。这种关系可用通过 Y 点，代表没有任何游乐时的满意程度的无差异曲线 II 表示。

现在，游乐者花费在游乐上的总费用包括三部分，固定成本 T_xY，可变成本 V_mT_m，和游乐者为了进入游乐地所愿意支付的部分 T_mT_x。后者可以看作固定成本的一部分。注意，如果游乐者必须要支出额外的 T_mT_x 的固定成本，那么他就会将他的游乐天数减少到 OQ_m，这时他花在游乐上的总支出为 V_mY。

这种描述解释了以前谈到的两种测量消费者剩余的方法。T_mT_x 是等值差异，即除了他实际支付费用(包括固定成本 T_xY 和可变成本 V_mT_m)之外为进入某一地点,游乐者愿意支出的最高数额。而 YZ 所表示的是补偿差异,即他不参加游乐而使他获得同样的满意程度时所需要的最少补偿。在下面几段中我们将采用前者,即一个传统的关于消费者剩余的定义,并指出估计它的方法。

(2)旅行费用法

一个游乐者免费享受到的游乐资源的价值——即他的消费者剩余可用除了他支付固定成本之外所愿意支付的最高门票或进入费来表示。只要他对进入费的反应和对固定成本的反应一样,他将支付的门票费的最大值就是图 5-2 中 T_mT_x。所有游乐者的这种假设的最高进入费之和就是这一游乐机会的消费者剩余,即它的需求曲线以下的面积。

估计这种支付意愿的最简单的方法,是以调查游乐者往返于游乐地的费用的信息为基础的。费用主要依赖于距离的远近。假定所有的游乐者有相同的支付意愿,那么从旅行费最高的游乐者不愿意支付更多的意义上讲,他就是边际上的游乐者。而其他所有人的消费者剩余都可用相应的旅行费用和这个边际游乐者的旅行费的差额来表示。把这些个体的支付意愿的估计值从高到低进行排列,将揭示出一条如图 5-1 所示的那种向下倾斜的需求曲线。

因此,如果对一个野营地的调查表明,支付旅行费最高的野营者花了 40 美元往返于野营地,而其他所有野营者的旅行费平均为 15 美元,那么用这种方法估计的平均消费者剩余是 25 美元。把这一数额与每年到这一野营地的人数之和相乘就得到了这一游乐设施年价值的一个估计值。

这一程序需要一些微妙的假设:即所有游乐者不管其收入和其他情况如何,都有同样的支付意愿;他们旅行的现金支出代表了他们进入游乐地点所发生的全部费用;他们对进入费的反应和对旅行费的反应一样;并且付出最高旅行费的游乐者是处在边际上的。显然,这些假设不可能与现实情况一致,从而限制了这种估计方法的可信程度。

因为通常与向下倾斜的需求曲线相一致的,支付较低费用的使用者较多,而支付较高费用者较少,所以对所有游乐者都具有同样支付意愿的假设尤其值得怀疑。几乎可以肯定,假定所有游乐者都愿意支付与付出最高的游乐者的支付数额相等的费用将夸大消费者剩余。

一种可以避免这种假设的技术,是测量游乐者对进入某地所必须支付的成本的敏感程度,并用这些信息去估计他们对进入费的反应。这种方法可用图 5-3、图 5-4 和表 5-1 所表示的简例来说明。

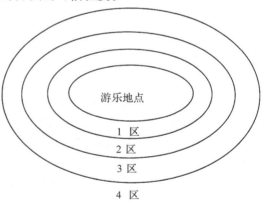

图5-3 从居住点到游乐地的分区

根据游乐者的居住地距游乐点的远近,将其分成几个中心区(图 5-3),在每个中心区旅行费用基本是一致的。每个中心区的总人口数、去游乐地的人次数和平均旅行费可被估计出来,如表 5-1 的第 2 到第 5 列所示。这些数字提供了建立如图 5-4A 中所表示的总人口参与率和旅行费用关系的信息。

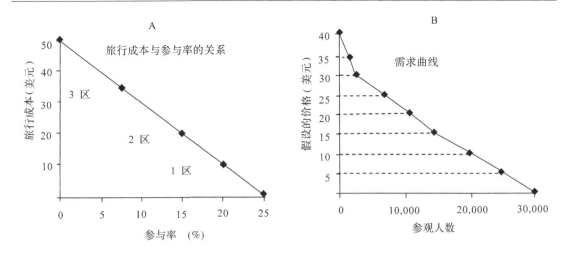

图 5-4　基于旅行成本的游憩地需求曲线

表 5-1　某游憩地的参访数据和不同旅行费用水平下每年参访总人数

分区	总人数（人）	旅行成本（$）	价格 = 0		价格 = $5（假设）		价格 = $10（假设）	
			参访率（%）	参访人数（人）	参访率（%）	参访人数（人）	参访率（%）	参访人数（人）
1 区	50000	10	20.0	10000	17.5	8750	15.0	7500
2 区	100000	20	15.0	15000	12.5	12500	10.0	10000
3 区	60000	35	7.5	4500	5.0	3000	2.5	1500
4 区	20000	50	0.0	0	0.0	0	0.0	0
总数	230000			29500		24250		19000

分区	价格 = $15（假设）		价格 = $20（假设）		价格 = $25（假设）	
	参访率(%)	参访人数(人)	参访率(%)	参访人数(人)	参访率(%)	参访人数(人)
1 区	12.5	6250	10.0	5000	7.5	3750
2 区	7.5	7500	5.0	5000	2.5	2500
3 区	0.0	0	0.0	0	0.0	0
4 区	0.0	0	0.0	0	0.0	0
总数		13750		10000		6250

分区	价格 = $30（假设）		价格 = $35（假设）		价格 = $40（假设）	
	参访率(%)	参访人数(人)	参访率(%)	参访人数(人)	参访率(%)	参访人数(人)
1 区	5.0	2500	2.5	1250	0.0	0
2 区	0.0	0	0.0	0	0.0	0
3 区	0.0	0	0.0	0	0.0	0
4 区	0.0	0	0.0	0	0.0	0
总数		2500		1250		0

表 5-1 的其他列的数据表示用这种关系估计改变进入费和提高每个游乐者的旅行费时,每个区减少的游乐者数量。表 5-1 显示了一种假定的进入费或价格为 5 美元、10 美元、15 美元、20 美元、25 美元、30 美元、35 美元和 40 美元时的计算。图 5-4A 所示的关系给出了把额外的进入费加到旅行费时,每个区可能的较低参与率。把这一参与率和该区的总人口数相乘就可以得出在这一价格时可能的参与者数量。这些关系可用来划出对这一游乐点的需求曲线,如图 5-4B 所示。

我们用第一区和二区作为例子来模拟当价格发生变化时参与游乐人数(需求)与这两个区总人数的比较。首先,如我们所假设的那样当价格为 0 时,第一区和二区的与旅行成本相应的参与率的差别由下式给出,

$(15\% - 20\%)/(\$20 - \$10) = -0.5\%/\$1$

这表明当价格上升 $1 时,参观人数将减少 0.5%。如果比较第二区和第三区的情况,也是如此。

第二,当第一区的一位参观者的总成本从 $10 增加到 $15 时($10 的旅行支出加上假设的 $5 门票),参访者的比率从 20% 降到 17.5%,即下降了 2.5%(0.5% 的下降比率 × $5 的成本增加)。用 17.5% 乘上第一区的总人数得到该区的参观人数为 8750。

最后,应用同样的方法可以计算出第二区和第三区的参观者人数。将三个区的参观人数加总得到 24250 人。这就是当门票为 $5 时三个区总的参观人数,如表 5-1 中的第 7 列所示。

同理,我们可以计算出所有价格水平时的参观者比率和人数,如表 5-1 所示。我们以横坐标为参观者人数,纵坐标为门票价格时,将上述计算值画出可以得到一条向下倾斜的曲线如图 5-4B 所示。

在这个简化了的例子中,由需求曲线以下的部分所表示的总消费者剩余为 458750 美元,即:

$\$458750 = (29500 + 13750) \times 15/2 + (13750 + 2500) \times 15/2 + 2500 \times 10/2$

注意,需求曲线在价格为 $15 和 $30 时的斜率有变化。

由于这种方法依赖于对总人口的参与率的估计,所以将这种方法应用于从由众多人口组成的、有着众多游乐选择余地的广大地区中,吸收旅游者的游乐地点时就变得不太可靠。

人们设计了区别游乐者不同支付意愿的其他技术。例如,收入通常是决定人们支付意愿的主要因素。所以,利用调查得到的数据,可以用收入将那些使用游乐场所的人进行分类。这时对于具有相近收入水平的游乐者,当他们在参加同样的游乐活动时假设他们的支付意愿相同就更合理。

在每个收入阶层中,可以用发生的固定成本对他们进行分类。如果每个收入阶层中有足够的样本,可以假定那个付出最高固定成本的人位于或接近于边际,那他就没有享受任何消费者剩余(相当于图 5-2 中发生固定成本 T_mY 的那个人)。

有了这些假设,每个游乐者所享受的消费者剩余就等于他的固定成本和位于同一收入阶层的边际(最高成本)游乐者的固定成本的差额。各个收入阶层中所有游乐者这些差额的总和就是这一游乐机会所产生的消费者剩余。

利用这种方法,人们可以通过获得在某一特定价格下对某一游乐设施的参加游乐的人数,得到人们对该游乐设施的需求曲线。游乐者可用他的固定成本和同一收入阶层中边际游乐者的固定成本的差额是否超过假设价格,来作为他是否参与游乐的依据。

第五章 无市场价格的森林价值

这种技术能够区别收入,甚至其他如教育程度、年龄和家庭环境等可能影响游乐者支付意愿的因素。可是,用于估计的假设,特别是在同一阶层的所有游乐者对该游乐活动具有同样的支付意愿,以及那个支付了最高成本的人处于边际地位和所有游乐者都拥有同样选择机会的假设可能引起错误。

(3) 特征法(享乐法)

特征法是一个与上述方法完全不同的评价资源的方法。特征法是以游乐者对不同地点质量特征的评价为基础的。与前面讨论的孤立地评价一个游乐资源的方法相反,特征法根据各种地点特征的有关信息来估计游乐者从中得到的价值。

每一个游乐点都可看作是由对游乐者很重要的一系列特征组成的。例如,一个钓鱼地的特征可能是鱼的多少和大小、是否专有、水的清洁程度、环境优美程度等等。消费者可利用的每个钓鱼机会都有这些特征的不同组合。特征法根据游乐者对不同地点的选择的观察,来估计其潜在价格或一定组成特征的价值。这些观察包括游乐者想要去的游乐地的参观人数、游乐天数和他们去往游乐地旅行支出。

这种技术需要用数值方法分析与各种游乐地点相关的特征和与这些特征相关的价值,与我们在第三章中评价中幼林的比较价格方法相类似。把参观这些地点的游乐者所支出的费用,对不同地点的特征进行回归可以得出每个特征的"影子价格"。该值就是游乐者对每个特征的支付意愿的估计值。任何一个特定地点都可以用它的质量特征进行评价。

特征法的优点在于它对游乐机会的质量特征的认识和在这些特征的基础上解释不同地点价值差异的能力。这些可以为资源规划和土地分配提供有用的信息。可是,在衡量某地点质量和计算其价值时,这种技术还有一些实用上的困难。

和其他从游乐者对成本的反应中推断消费者剩余的方法一样,特征法假定游乐者在发生这些开支时的唯一目标是参与游乐活动。这种假设对于像狩猎和钓鱼之类的游乐活动也许是符合实际的。但野营者和旅游者的目标则很少是单一的。如果他们在很长的旅游过程中偶然地访问了某地点,那么把所有的旅行费用归结为一个单纯的游乐活动显然是不适当的。当费用被花在多种用途时,需要用某些方法将成本进行适当分配。

与这种技术相关的另一个假定是消费者的旅行费用都反映在他的现金支出上。更具体地说,他不把往返游乐地所花的时间看成一种支出。实际情况并非完全如此。一个去野营的家庭可能把旅途看作是游乐活动的一部分,因此所花的时间在考虑成本时可以适当地忽略。与此相反,狩猎者和垂钓者很可能认为旅行的时间占用了他们实地游乐的时间,所以,在旅途所占用的时间也有一些成本支出。类似的问题可用对游乐者的详细调查来加以阐明。

(4) 基于费用支出的方法

正如在第三章中所指出的那样,对一项设施的价值评估可以用重新建设该设施所需要的成本来代替。这就是我们在这里所要讲的基于费用支出的方法。在对没有市场价格的设施所提供的效益的价值进行估计时,人们经常用对它的成本或费用支出来代替。在缺少可靠的价值估计时,对于某些目的而言,成本提供了有用的信息。例如,如果政府决定必须要保持或继续提供无市场价格的森林效益,那么已经提供该效益的森林的价值至少要等于森林的重造成本。因此,森林的在碳汇上的价值至少要等于利用其他方法达到同样效果时所发生的成本。

成本或费用支出可以用三种方式进行计量。也就是说,对于一种设施的价值有三种基于成本的估计方法。一种是对于已经失去或即将失去的某项设施的重建成本(重置成本)。第二种是人们为了避免已经发生的、或即将发生的损失而愿意支付的费用(损失避免成本)。第三种是能够提供同样效用的替代设施的成本(替代品成本)。因此，有些森林的环境产品和服务的价值可以通过对这些活动的成本估计来获取。这些活动包括人们对已失去产品或服务的重置、避免对已有产品和服务的损失和替代品的生产。这三种方法都对没有市场价格的设施给出了支付意愿的估计值。

例如，100英亩没有市场价格的湿地的价值至少要等于能够提供与100英亩湿地相同效益的替代品的成本。因此，美国的无湿地流失政策，实际上根据替代品的成本决定了美国湿地的最低价格。因为，如果某个人想要改变一块湿地用途的，他必须先向政府申请。如果得到批准，他还必须提供一块面积相当、生态功能类似的湿地。

这三种方法很相似。所有基于成本的方法的假设前提是人们支出的成本是为了避免损失，或找到替代的服务。这些服务的价值至少要等于人们为了重置原有设施或找到替代品所付出费用。当有充分的理由相信，对一种环境产品和服务的重置成本、替代品成本、或避免损失的费用与它本身所提供的产品和服务的效益存在大的差异时，应该避免使用基于成本的方法。

3. 成本-有效性分析

基于费用的方法与成本-有效性分析(或成本-效果分析)非常相近。森林管理者发现，在某些情况下比较提供某种收益的不同途径的成本就足够了，用不着去考虑无价格的森林效益。

当资源管理者的目标是在某一地区，提供一定数量的钓鱼、狩猎或野营机会时，这是一种快速评价技术。她可以比较能实现这种目标的所有途径的成本，并选择其中成本最小的途径。这意味着她将用可能的最小总成本实现她的目标。

显然，这种成本-有效性分析没有涉及任何效益的价值。这些价值正是本章前面所讨论的技术的目标。然而，这是一种为实现事先决定的森林管理目标，而保证其目标的一致性和有效性的有用技术。

四、在评价游憩资源时需要考虑的其他问题

1. 森林游憩的中间产品

野外游乐被消费者直接消费。所以，如上所述，它的价值可以用消费者对它的支付意愿进行评价。可是，森林管理者常关注那些对人类几乎不具有直接效益的森林效益，如野生动物、鱼、美学、生物多样性和自然环境质量。这些效益构成了森林效益评价的另一个侧面。

为了进行经济评价，准确地确定森林被用作某一目的时所创造出的对人类有用效益的价值的性质是很关键的。例如，人们经常根据鱼和野生动物对一片以观赏、狩猎、或垂钓为目标的森林的游乐质量的贡献来评价它们。当然，可能有一些例外，如经营野生动物的目标是商业性的、科研性的、或纯粹环境性的。但为了当前的目的，我们将假定它们所产生的价值与通常见到的情况一样，以游乐性钓鱼、狩猎、或观赏的形式出现。

因此，在狩猎者、垂钓者和观光者眼光中，野生动物是游乐生产过程中的一种中间产品。这与第四章所讨论的木材是房建和新闻纸生产过程中的中间产品一样。这种区别非常重

要，因为人们在估计游乐的价值时常把它误认为是鱼和狩猎动物的价值或狩猎者和垂钓者所获东西的价值。这种做法没有抓住经营鱼和狩猎动物的最终目的不是鱼和狩猎动物本身，而是依赖于它们支持的游乐活动。这些动物的增多会增加游乐机会的数量或提高游乐机会的质量，从而提高了游乐机会的价值。但所收获的鸟、鹿、或鱼必须首先被看作是游乐活动中的副产品。对于一个垂钓者来说一条鱼或许有也或许没有消费价值(垂钓者可以放掉它，吃掉它，或把它送给别人)。有钓到鱼的机会是垂钓活动的一个基本要求。但垂钓者没有得到任何东西而享受了钓鱼乐趣的事实表明，收获仅是垂钓活动中许多方面的一个。

增加鱼或野生动物能以某一种或两种方式来提高森林游乐的价值。一种是提高游乐活动的质量。较多的野生动物常会引来更多的环境爱好者，较多的鱼或猎物将提高垂钓者或猎人的收获率。这种游乐质量的改善将提高游乐者的支付意愿，从而使这种游乐机会的需求曲线向上移动。

提高游乐机会吸引力的另一个效果是游乐者数量的增多。这意味着原来的需求曲线向右移动，从而增大了需求曲线以下的面积。但大量的游乐者可能会阻止从改善资源中得到的平均收获的提高。总之，通过某一种或两种效果，需求曲线将发生移动。增加的鱼或野生动物的价值反映在需求曲线以下的面积的增加。这就是狩猎者或垂钓者所享受到的消费者剩余的增量。

2. 游乐设施容量、质量和拥挤现象

上面讨论了游乐活动的质量和对它的消费水平之间的相互依赖。两者都影响它的价值。衡量游乐活动质量的一个方面，是看其是否拥挤或拥挤程度。如果对一个没有价格的游乐机会的需求过多，而价格或其他对出入进行合理分配的方法又不可用，这个地方就会变得拥挤，从而会降低游乐活动的质量和价值。

拥挤效应可用图 5-5 来说明。在价格为零时，游乐者增多使需求曲线的底部(与横轴的截距)向右方移动。可是游乐活动的低质量意味着游乐者不愿意支付太多，因此需求曲线(纵轴上的截距)较低。这种变化是否增加或减少由需求曲线以下面积表示的总价值，取决于需求曲线的形状和这两个相反效应相互作用的结果。在图 5-5 中，两条需求曲线之间较低的三角形代表额外增加消费者数量所得到的消费者剩余的增加，其上面的三角形表示由于拥挤带来的低质量导致的消费者剩余的减少。

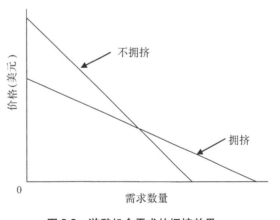

图 5-5　游憩机会需求的拥挤效果

应该注意，拥挤现象并不都是有害的。一种"适当的拥挤"能提高游乐设施如滑雪圣地或假日宿营地的吸引力。这可能与群体(或从众)效应有关。群体(从众)效应说明人们经常相信大多数人相信的事，做大多数人做的事。但在多种森林游乐形式中，与世隔绝能提高质量，拥挤则使这种活动的价值降低。

游乐地的质量和容量都可以通过投资而提高。一种游乐资源的质量可以通过使野营地的步行小道更整洁、增加野生动物数量、遮住不雅观的采伐迹地等措施而提高。这种改善质量的效果，用前面讨论过的概念性术语来说是把游乐活动的需求曲线向上移动，表明游乐者对这种游乐机会的支付意愿的提高。

游乐地的容量可通过投资建设更多的宿营地、步行道路等加以扩大，使它可以容纳更多的游乐者而不降低其质量。因此，容量的扩大能使需求曲线的底部向右移动而不降低由需求曲线高度表示的游乐者的支付意愿。

在这些情况下，投资的收益就是需求曲线以下的面积的增加。这可用前面讨论过的某种技术估计出来。将这种收益和相应的成本相比较可以得到净收益。

如果一个游乐地由某个受利润最大化支配、并可以运用任何价格的所有者管理，他将在给定的短期容量和质量的情况下，选择能获得最大净收益的价格和游乐者数量的组合。从长远看，他可以在费用比收益低的任何时候为改善其容量和质量进行投资。这种行为将保证拥挤不会降低资源的价值。但在进出免费和没有控制的地方，这种最佳选择是不可能实现的；而拥挤可能使游乐的价值丧失。因此，在实行免费使用游乐资源的政策时，经常可以发现野营地、野生地、垂钓和狩猎区域变得过度拥挤，以致它们对潜在的使用者丧失吸引力的例子。

在缺乏价格杠杆时，由于拥挤导致游乐价值的丧失可以通过其他合理的分配方法，如按先到先进原则、抽签、或其他仅允许一部分需求者进入的方法解决。从通过游乐活动来获取最大价值的角度来看，这些技术方法是低效的。因为这些技术不像价格那样，不能保证愿出最高价格的人使用它。但是这些方法确能够保护游乐地的质量不受到拥挤的破坏。

总之，拥挤会降低游乐地的价值，人们有很多方法可以用来进行调控，但这些方法在效率和公平上的效果差异很大。利用价格或是拍卖可以实现最大效益，但对低收入人群来讲是不利的。抽签或是先到先进的机制不会实现最大收益，因为设施不会提供给出价最高的人群。这是所有调控方法都有一定的局限性。

五、外部性和内在价值

1. 外部性

到目前为止，我们仅谈到了消费者的收益。所以，一项产品或服务的价值可用消费者潜在的支付意愿加以估计。可是在有些情况下，收益或成本发生于消费者以外的其他人。这就产生了如第二章所谈到的外部性。这些外部价值有时是很重要的，所以有必要对它们进行估计，并作为对消费者价值估计的补充。

有时外部性成本或价值表现在财务上。例如，一片森林或一个公园不仅对它的使用者提供效益，还可能增加邻近私人财产的价值。在这种情况下，由私人土地所有者获得的外部收益就是财产价值的提高，其财产价值增加的数量可以用前面讲的特征法来估算。

在大多数情况下，外部性收益并不反映在任何市场价格上，虽然在理论上可以用条件价值法对样本群体进行估算，但实际上估计它们的价值就更困难。被评价的样本群体要包括从某游乐设施如森林或公园中潜在受到正和负向影响的所有人们。这是对所有外部效益或成本进行评价的唯一途径。但是对一项设施或森林经营活动的所有外部性在分布广泛的人群中进行评价通常是不现实的。在林业管理中有几种外部性效果是非常重要的，对它们加以区别将是有益的。

(1) 公共物品。如在第二章中所指出的，一种外部性是公共物品。森林有时生产出真正的公共物品。供给者不能将这些物品包装起来，出售给那些愿意支付某种价格的人而排除其他人；而且消费者对这些物品的消费也不会减少对其他消费者的供给，如景观设施和减缓气候变化。

(2) 选择价值。不参加游乐活动或寻求适意的人却可能对有这种机会而付出。即使他们不属于积极的参与者，他们却愿意为自己或自己的孩子保留这种机会而付出一些代价。如第一章所指出的人们为保存这些机会而愿意付出的价值称为选择价值。

选择价值和一些对独特自然景观要做出的难以更改的决策是紧密相关的。例如，在评价一个将破坏某个独特的野外风光的水力发电水库工程时，除了要考虑野生地产生的近期游乐或美化环境的价值之外，还要将与野外风光相关的选择价值计算在内。如果一些资源并不是独特的或是能够恢复的，这种资源的特殊价值就不太重要了。在森林资源的经营中常碰倒这种情况。

一个与选择价值密切相关的概念是保存价值或存在价值，指人们现在或将来对某件东西通常无直接消费的兴趣，但对其所标出的价值。例如，许多人即便不期望去看仙鹤、森林野牛和热带雨林，却愿意为保护这些东西付出某些代价。他们对使用公用资金保护这些东西的支持和个人的付出，就是单纯地为保护它们的存在而愿意支付的证据。

这些各式各样的外部性经常是不容易分开的。保存一片森林的价值可能是消费者剩余、选择价值、保存价值的混合；而公共物品可能产生所有以这些形式存在的价值。除了有市场价格指标可供使用的极少数情况之外，这些都是非常难于评价的。对这些价值的估计必须依赖于主观性的评价方法或为揭示不愿失去它们的支付意愿而设计的公共调查。

2. 内在价值

经济学是研究人类价值、生产、消费以及保护和保存的科学。一片森林、一块土地、或一块游憩地经常用货币的形式或人类对它们的使用价值对其进行评估。如果它继续存在的净现值大于今天对其消费的价值，那么就应该对其进行保护。然而，正如在第一章所指出的那样，有些哲学家和保护生物学家认为所有活的动植物和自然物都有它们自己的内在价值，是独立于人们对其利用的感知或对其美学和精神上的享受的。他们从道德的角度出发，主张对其进行严格的保护。无论这种保护主张的吸引力如何，它否定了对这些资源的价值进行经济学分析的必要性。

六、其他实用上的局限性

对没有市场价格的森林产品和服务的界定和计量经常是困难的。这些产品和服务经常会使人们混淆或歪曲评价它们所需要的信息。因此，在对无价格的森林效益进行评价时，确定效益的性质、谁是受益者、以及如何使用适当的评价技术计算出这些价值显得特别重要的。

值得注意的是，本章讨论的评价方法上的困难，并非来自于有人所说的自然价值的"不可捉摸性"。人们从一幅油画、像册、或一部诗集中所得到的享受在通常的意义上说是不可捉摸的。但这些东西的价值可以反映在它们的市场价格上。而森林效益的价值却不是不可捉摸的。对森林效益价值评价的困难，来自于缺乏其市场价格。

这些估计上的困难促使分析者在有森林效益的市场价格时，尽可能利用市场价格对森林效益进行评价。例如，林业中遇到的外部成本和效益常变成了其他资产的资本化的财产价值。有时没有标价的游乐设施，如野营地的价值可以参考类似的标有价格的设施来估算。

本章讨论了森林效益的各种非市场价值和评价它们的各种方法。每种评价消费者剩余和其他无市场价格的效益价值的直接和间接的方法都有其优点或缺点。每种方法都有其适用的特殊环境。

这些方法只提供了粗略的估计结果。但它们为确定如何最好地使用和发展森林提供了有益的依据。否则，这些工作就只有靠猜测来完成了。评价无价格的商品和服务的技术还在发展，越来越多的使用这些技术的经验正使估计的可靠程度得到改善。但其估计值很少是精确的，使用时须加小心。

最后，人们必须要知道在估计有价格的产品和没有市场价格的产品和服务的价值在理论与实践的区别。在考虑没有市场价格产品和服务的价值时，人们往往忽略了它们的供给。它们的价值可以根据需求曲线下的总面积进行估算。但这样的估计值往往被高估，因为供给的成本或生产产品的机会成本被忽略了。与此相反，有价格的产品和服务的经济价值就是需求曲线以下、供给曲线以上所形成的面积。有些实证研究显示，森林的环境或生态系统的价值是森林所提供的具有市场价格产品的几倍。这些结果有可能很好的反映了森林的环境服务价值。然而，深入的研究经常会发现这些价值被高估了。其原因或者是根据需求曲线下的总面积进行的估算，或者是研究的设计就有问题。所以，这些研究的结论是有争议的。任何人在权衡提供没有市场价格的产品和具有市场价格的产品时，需要知道两种产品的价值估算是否是一个概念，估计的方法是否一致。

七、要点与讨论

本书第一章曾提到森林所生产的相当一部分的产品和服务是不通过市场交换的，因此它们没有价格，但有价值。这些产品和服务包括森林药品、休闲娱乐、水土保持、生物多样性、调节小气候及吸收空气中的二氧化碳等。经济学上把这些价值分为使用价值（包括直接使用价值，例如娱乐；间接使用价值，例如生态服务和选择价值或将来的直接和间接使用价值，例如，生物多样性、栖息地保护）、非使用价值（包括存在价值，例如，濒危物种）和遗赠价值（或为后代遗留下来的使用和非使用价值）。对于不同森林而言，这些价值的重要性各异，但社会对它们的需求随着人口和收入的增加而增长。因此，它们对林业的重要性也越来越明显。为了生产这些林产品和服务，管理者需要考虑它们的价值和生产成本。这就需要对不经过市场交换的林产品和服务的价值进行经济学意义上的评估。本章讨论相应的评估方法。

评估方法中最直接的是条件价值法（contingent valuation method），也称为调查评价法或假设评价法。这种方法适应于缺乏在市场上和替代品市场上交换的商品和服务的价值评估。间接的或替代市场的技术类评估方法包括旅行费用法、特征法、费用支出法（或机会成本法）、生产函数法等。这些方法有的只考虑需求方面，有的只考虑供给方面，有的是兼顾供给和需求两方面的。这些方法仅仅提供了对无价格的林产品和服务的价值的大致评估。评估技术的发展和案例的积累会使这些估值更为准确。

值得注意的是，仅考虑需求方面的评价方法所得到的估值与市场化的商品的价值概念上

第五章　无市场价格的森林价值

是不一样的。由于某些无价格的林产品或服务的供给很难确定，研究者往往在求得需求曲线（例如，利用条件价值法或旅行费用法）后把整个需求曲线以下的面积都作为这种产品或服务的总社会价值。这是经济学意义上的使用价值。相反地，在完全竞争情况下，一个有价格的林产品或服务的经济价值在于低于需要曲线以下，高于供给曲线以上的部分，即消费者剩余和生产者剩余之和；而消费者剩余和生产者剩余之和只是需求曲线以下的面积的一部分。类似地，有价格的林产品的经济学上的交换价值是它的价格。而经济统计中有价格的林产品的经济价值决定于其交换价值与销售量的乘积，即销售额；它同样只是需求曲线以下的面积的一部分。国内生产总值(GDP)也只计算有价格的产品和服务的总交换价值（或销售额）。

这就是说，与有价格的林产品相比，即使在使用需求方面的评价方法对无价格的林产品或服务估值是可靠的，无价格的林产品或服务的价值可能被高估了许多。这是因为一个是使用价值，另一个是经济价值或交换价值。使用价值（整个需求曲线以下的面积）、经济价值（消费者剩余和生产者剩余之和）和市场价值（即交换价值）的概念是不一样的。人们在对无价格的林产品或服务的价值与有价格的林产品和服务的价值进行比较并做出决策时，都应该明白这些价值指的是什么价值；它们要有可比性。这是生态价值补偿和土地利用的基本问题。

近十多年来，有人试图用各种方法评价某个国家或整个地球所有主要生态系统的价值。这是误入歧途。经济学是从边际的角度研究问题的。而对某个国家或整个地球所有主要生态系统的价值的评估是一个整体问题。首先，这些所有主要生态系统不会整体消逝。更重要的是，对于这个国家或全球的人们而言，所有主要生态系统的价值是无限大的。所以，这些研究不具有经济学的意义。有用的研究是在现有基础上，保护、扩大、增强某些或所有主要生态系统及其功能的边际成本和边际收益。

复习题

1. 在某一特定的河流钓鱼或在特定区域的狩猎在欧洲通常是要付费的，而在北美的部分地区则是免费的。造成这种差别的原因什么？它是如何影响人们对这些游憩资源的评价的？

2. 什么是消费者剩余？根据一条典型的需求曲线，请解释在价格为(a)正和(b)零时，消费者剩余和消费者总体的支付意愿间的关系。

对于具有唯一特征的的自然资源如班夫国家公园、老忠实喷泉或喜马拉雅山，消费者剩余是否较大？对于若干个本地的宿营地或野营地中的一个来讲，是否有消费者剩余？

3. 为什么用公园参观者的花费来计量公园的价值是不合适的？

4. 如果三个区域的人员参与率提高一倍，请重新计算图 5.3 和图 5.4 所描述的游憩地的总消费者剩余。

5. 森林中猎物的数量是如何影响狩猎需求的？还有哪些因素影响狩猎需求和森林狩猎的价值的？

6. 为什么在原始花旗松林采伐的经济评价中，选择价值和存在价值的重要性要高于在花旗松人工林采伐的经济评价中？

参考文献

[1] Bishop Richard C. 1982. Option value: An exposition and extension. *Land Economics* 58(1): 1–15.

[2] Bowes Michael D, John V Krutilla. 1989. *Multiple-Use Management: The Economics of Public Forestlands.* Washington, DC: Resources of the Future. Chapter 7.

[3] Brown Gardner Jr, Robert Mendelsohn. 1984. The hedonic travel cost method. *Review of Economics and Statistics* 66(3): 427 – 33.

[4] Clawson Marion, Jack L Knetsch. 1966. *Economics of Outdoor Recreation.* Baltimore: The Johns Hopkins University Press, for Resources for the Future. Part 2.

[5] Davis Lawrence S, K Norman Johnson, Pete Bettinger, Theodore E Howard. 2005. *Forest Management: To Sustain Ecological, Economic, and Social Values.* 4th ed. New York: Waveland Press. Chapter 8.

[6] Davis Lawrence S, K Norman Johnson, Pete Bettinger, Theodore E. Howard, and Anthony C. Fisher. 1985. *The Economics of Natural Environments: Studies in the Valuation of Commodity and Amenity Resources.* Rev. ed. Washington, DC: Resources for the Future.

[7] Pearse Peter H. 1968. A new approach to the evaluation of non-priced recreational resources. *Land Economics* 44(1): 87 – 99.

[8] Sills Erin O, Karen Lee Abt, eds. 2003. *Forests in a Market Economy.* London: Kluwer Academic Publishers. Section 3.

[9] Smith V Kerry, Yoshiaki Kaoru. 1987. The hedonic travel cost model: A view from the trenches. *Land Economics* 63(2): 179 – 92.

[10] Walsh Richard C, John B. Loomis, and Richard A. Gillman. 1984. Valuing option, existence, and bequest demands for wilderness. *Land Economics* 60(1): 14 – 29.

[11] van Kooten G Cornelis, Henk Folmer. 2004. *Land and Forest Economics.* Northampton, MA: Edward Elgar. Chapter 4.

第六章　土地配置和多边利用

森林管理中最基本的决策涉及分配各种用途的土地。在这个问题上经济学的任务是要找出能生产最大价值的用途或用途组合。本章讨论确定最佳土地使用的经济和技术关系。

土地通常被用于各种目的。要使地尽其力，我们需要注意两个水平上的经济效率。一是在土地使用目的明确后，管理和利用土地的最有效途径。即在给定土地使用目的的情况下，如何使用劳动力和其他投入以生产最大收益。二是需要从土地的各种用途中找出能产生最大净收益的一种或几种用途组合。我们先讨论第一个问题。

一、土地使用的集约程度

高效率的生产要求人们把各种生产要素，如土地和劳动力，以能产生最大净收益的方式相结合。如果生产过程中一个要素的供给是不变的，实现总收益最大化就变成了要求在扣除可变要素的成本后实现固定生产要素收益最大化。林业生产中土地常常是供给量不变的生产要素。

有效使用一块林地的问题，就变成了一个确定将多少其他生产要素，如劳动力和资本用于林业生产，即为实现最大地租必须使用多少劳动力和资本的问题。换句话来说，这是一个确定林业管理最佳集约程度的问题。我们假定林业经营者已在技术允许的范围内，有效地使用了各种生产要素。我们的任务就是要找出各种生产要素组合中每一个要素的最大林地边际收益。

这个问题的解决办法就是我们在第二章中所谈到的经济效率的条件。在那里我们曾提到，对于生产中的每一个生产要素，其投入量要不断地增加直到它所带来的边际收入下降到与它的边际成本相等为止。

这个条件可用图 6-1 来说明。图 6-1 描述了在一块特定立地条件类型的林地上，如何确定劳动力的最佳使用量。图中上半部分表示如果使用更多的劳动力，提高营林的集约程度，森林的价值就会增加。下半部分表示相应于劳动力的边际产品收益，即在一定劳动力集约程度内每增加一个额外劳动力带来的额外收益。正如本书第二章中所解释的，由于报酬递减规律，这种收益增量随着使用劳动力的增多而下降，反映在图 6-1 中上半部分图中的就是曲线的斜率不断下降。

给定劳动力的价格或工资 p，为增加地租劳动力的使用量可以增到 q。在这一点上劳动力的边际产品收益与它的成本相等。这一点称为土地使用的集约临界点。在这一劳动力使用水平上，劳动力对地租的贡献最大。这部分地租可用图 6-1 下半部分中劳动力价格线和劳动力的边际收益线之间的三角形表示。这就是劳动力和这种立地条件的土地的最佳组合。这种关系适用于所有其他可变生产要素。

每块林地都有其特定的土壤肥沃程度、地理位置和地形，它们一起决定了这块林地的生产力和受其他生产要素影响的程度。通常，生产力较低的土地对劳动力的报酬也较低，意味着图 6-1 上半部分的曲线位置较低。然而，劳动力的边际产品收益（或图 6-1 上半部分曲线的斜率）和土地的内在生产力相关，但不是直接——对应。如第二章中所讲，劳动力的边际产品收益等于产品的价格乘上劳动力的边际实物产量。

一个较低的或较快递减的劳动力的边际产品收益，意味着较少数量的劳动力可被有效利用。这时，劳动力对地租的贡献也就较小。类似的关系也适用于森林生产中的其他投入。所以营林投入对森林的作用越低，该林地潜在的地租就越小。

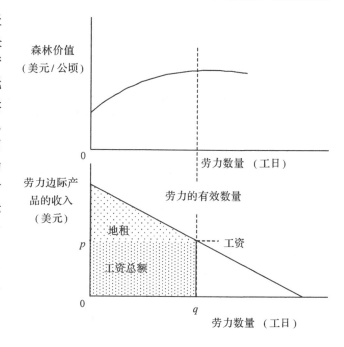

图 6-1 林地上使用劳动力的有效数量

这种关系决定了森林经营的最佳集约程度。通常土地的生产力越高，其潜在的地租越大，生产这种地租所需要的各种生产要素也就越多。这个原理解释了为什么生产力较高的土地，通常比生产力较低的土地更值得进行集约的营林和其他森林经营活动。

二、土地使用的粗放临界点

第四章曾讨论过木材供给和需求如何决定它的市场均衡价格，并注意到需求的增加将带来更高的价格和更多的生产量。生产量的增加是由于生产者受到了更集约地使用林地和将更多的土地用于林业生产引起的。对现有林地进行更集约的经营和扩大森林的面积都可以增加生产量。前者是在生产的集约临界点的扩张，或土地使用的集约程度的提高。后者是生产粗放临界点的扩张，也就是将更多的土地用于森林培育。

图 6-2 仅对图 4-1 进行了很小的改正。它解释了粗放临界点是如何受产品价格影响的。图中上半部分表示，由供给和需求相互作用而产生的市场均衡价格和年木材生产量。下半部分表示当木材价格和相应的生产水平有所变动时，多少土地可用于生产木材并能从中获利。

如果土地没有别的生产性用途，那么在木材价格较低时，只有那些具有较高生产力的土地才被用于生产木材；而当价格升高时，低生产力的土地也被逐渐地用于生产木材。在图 6-2 中当木材价格为 p 时，均衡生产水平是 q，这时 l 量土地用于生产木材并可获得净收益。在这些土地中，生产力最高的将产生如图 6-1 所示的地租。最差的土地或边际土地，如图 6-1 中边际产品收益曲线与纵坐标相交于 p 点的那些土地将不产生地租。图 6-2 可以用来说明，在需求的增加时，均衡价格和生产水平如何提高，并由此导致更多的土地被用于木材生产。

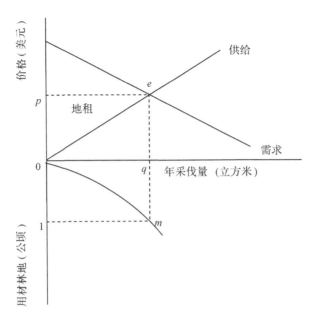

图 6-2　木材价格与用材林林地的关系

三、用途的选择

当土地可用于多种用途时，选择生产木材是否为最有效的土地使用方法的问题就较复杂了。在土地可用于农业、林业、游乐和其他目的，并都能产生净收益时，或将两种或两种以上的用途相结合也能产生净效益时，人们必须对土地的使用用途做出选择。在多种用途中分配土地是如何有效地利用土地的第二个方面。

我们已经讨论过如何将其他生产要素应用到土地上以生产最大的地租。假定在各种可能的土地用途中这样做的方法都已知，那么有效地分配土地的任务就变成了在特定的时间和空间如何选择能产生最大地租的土地用途。

土地产生经济效益的能力依赖于多种因素，如它的肥沃程度、离市场远近、地形和可接近程度等。每个因素的重要性随用途不同而变化。因此，土地的质量或土地的经济潜力，可被看作是由一系列随用途不同其重要性也不同的特征所组成的。

每个特征的重要性是与土地利用的目的紧密相关的。为了说明在各种用途中分配土地的问题，让我们孤立地考察其中的一个特征：离城市中心的远近。因为距城市远近对土地价值有着显著的影响。而且我们会发现，离城市中心近的土地比离城市中心远的土地使用的集约程度要高。然而，离城市近对某些用途来说是土地质量的一个重要特征，而对另一些用途来说则不是那么重要。例如，离城市中心远近对商用土地潜在生产力的影响比对林地的潜在生产力的影响要大得多。所以，离城市中心越远不仅使某一特定用途中土地利用的集约程度降低，还可能改变土地的用途。

图 6-3 解释了距离市中心远近的土地配置模式。假定所有其他的土地特征都一样，该图表明土地不同用途的潜在地租随着土地离城市中心距离的增大而逐渐下降。在所有的用途

中，离城市越近，土地带来的价值就越大，但能产生最大地租的用途会发生变化。最集约的商业用地，在市中心产生的收益比其他用途都高。而最粗放的林业用地在最边远的土地上具有最高的生产力。农业在 cd 范围之内产生最高的地租。

我们看到了围绕城市中心的土地利用同心圆的模式。但距城市中心远近，只是许多决定地租生产能力的许多土地质量特征之一。土壤肥力、地形和其他许多因素同样影响土地不同用途的相对价值。把所有这些质量特征综合起来考虑将使有效地分配土地的问题变得很复杂。

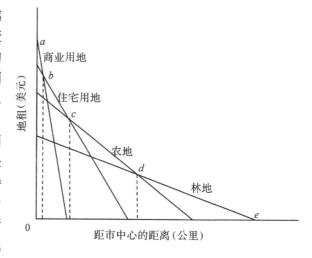

图 6-3　在多种用途中有效分配土地

这种描述可以帮助解释许多其他重要的关于土地利用的现象。第一，它表明土地经常能在多种用途中产生收益。能产生最大收益的用途是效率最高或最有效的用途。而次好用途所能产生的地租，或次好用途所能产生的价值，则代表了土地的机会成本。地租差额是超过机会成本之外得到的额外地租。与没有其他用途的土地不同，能在其他用途中获得地租的土地，只有在用于生产木材时所产生的地租比用于其他生产时所产生的地租为多时，才可被用于生产木材。

第二，仅根据某一种用途的生产力进行土地分配并不是最有效的分配方法。如有一块靠近市中心的肥沃土地，当用于农业生产时它能够带来比 cd 区域更高的收益。如果仅根据农业生产力的话，这块土地应用于农业生产。但图 6.3 证明了由于这块土地靠近市中心，它用于住宅和商业能产生更高的收益。所以，它应该被用在住宅和商业上。

第三，如何将土地分配到最佳用途，最终取决于各种用途所能产出的价值和投入的成本。因为这些都经常在变化，土地的有效分配也在变化。技术、成本和价格的变化不断地使如图 6-3 中 a、b、c、d 和 e 所示的最佳用途的边界发生变化。而这些点都是土地四种用途的粗放临界点。而在这些点上不存在地租的差异。受市场条件的影响，在这些边界附近的土地分配经常发生变化。但是在粗放利用边界以内的土地利用则趋向于更稳定。例如，多数遭受变化的林地是距农地最近的林地（图 6-3 中 d 点）。

最后，土地市场的竞争将土地向那些能够最有效利用土地资源的人手中聚集。因为他们的出价最高。本章的最后一节将讨论，在美国机构投资者是如何通过改变部分林地的用途，找到它们的最佳利用途径和提高林地的产出价值的。然而，市场分配土地的功能不可能是完美的。我们曾提到，从表面上看，地租是土地的年度性收入。但实质上地租是资本化的土地的年收入，它与第三章中讨论过的年收益和土地的现有价值（或年收益的资本化）之间的关系相一致。土地利用分配过程对变化着的经济条件的反应是缓慢的。这一过程对政府政策的反应也是缓慢的。当土地利用有外部性存在，使用土地的社会效益和社会成本没有被市场价格反映出来时，仅依靠市场的力量了进行土地利用就会出现差错。

四、不同用途的组合

到目前为止，我们讨论了在一定时间内从森林中生产某种商品或效益的经济学。现在我们必须转向多边利用，即联合生产两种或多种产品和效益。

多边利用（Multiple use）是一个流行的名词。它经常被宣称为是一种协调对自然资源不断增长的和经常是相互冲突的需求的方法。但它同时也是一个模糊概念，给企图使用它的资源管理者带来了许多困难。何时，在何种程度上结合两种或各种用途在技术上是可行的？在技术可行的情况下，从经济或社会的角度来考虑何时和如何这样做才合适？当考虑多边利用时，需要牺牲多少某种用途而换取另一种？本节将讨论这些问题。

1. 相互依赖性和生产可能性

我们已注意到，社会对土地的需求及土地生产各种产品和效益的能力变化很大。每块土地能够产生最高生产力的用途或用途组合，必须要根据实际情况加以考虑。但是，人们应该首先确定在这块土地上进行多边利用可能性。

在特殊情况下，人们对土地可能没有任何需求。一些边远的和不可及的林地属于这种类型。在图6-3中，这些土地分布在 e 点以右，超过了林业地租为零时的粗放临界点。这些土地离人们太远，即使天然的林木存在也没有经济采伐价值。它们可以按一般的形式，在自然环境中发挥着有益的作用。但如果人们没有认识到它具有某种特殊价值，决策的问题也就不存在。当然，将来它们可能有某些价值。但必须得等到那时或至少到能够预测到将来的价值时，才会有关于分配这些土地利用的决策问题。

第二类土地只有一种用途。许多生产性森林、草地、或边远游乐资源属于这种类型。在图6-3中它们是只有林业才能生产地租的那部分土地，靠近 e 点。这些土地有其土地利用的集约程度的问题，但不存在在相互竞争的用途中进行土地分配的问题。

值得注意的是，缺乏相互竞争性需求的土地并不意味着它们在技术上不能进行其他形式的生产，只是意味着在用于其他形式的生产时这些土地不能产生地租。只有能用比收益低的成本生产出两种或多种产品和效益的土地，才会有对土地进行分配的问题。

下面谈到的土地属于那些在两种或多种生产形式下，能产生地租的那类土地。这就存在着选择最佳用途或最佳用途组合的问题。最有效的选择很大程度上取决于不同用途之间的相互依赖关系。最常见的是竞争性用途。在这种情况下生产某种产品需要牺牲其他产品。例如，在既可生产木材又能用于游乐的林地上，游乐能力的扩大只有在牺牲一些木材生产时才能实现。反之，要多生产木材就要牺牲一些游乐。

这和经济教科书上用于说明生产可能性的著名的"枪和黄油"的例子一样：如果经济体系中的所有生产要素都用来生产枪和黄油，那么两种产品中某一种的增加，只可能通过牺牲另一种来实现。生产要素的多样性能够使一种产品的生产可以根据图6-4（A）所示的转化曲线或生产可能性曲线，有效地转化为另一种产品的生产。这条曲线描绘出了将一定的森林和一定数量的劳动力及其他可变投入相结合，用来生产木材和游乐的所有可能组合。

图6-4（A）中的生产可能性曲线表明在不提供游乐时能生产 T 数量的木材（用立方米/年表示）；如果不生产木材则可提供 R 天游乐。在这两个极端之间的曲线上的各点，表明用同样的投入可生产的两种产品的所有可能组合。

在靠近垂直坐标的地方，该曲线的斜率很小，表明牺牲较少的木材产量就可提供一些游乐。但提供的游乐越多，生产另一个单位游乐所需要牺牲的木材量越大。相应地，生产的木材越多，生产另一个单位木材所要失去的游乐天数就越大。这就使曲线具有凸离原点的形状，反映了一种产品对另一种产品的边际转换率递增。因此，生产可能性曲线的弯曲程度，反映了在可能的组合范围内变化着的两种产出的竞争程度。

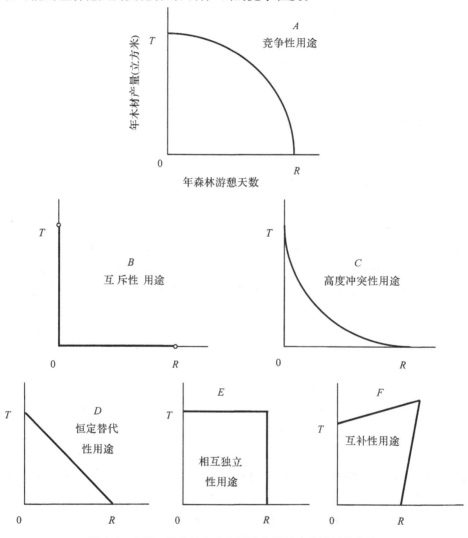

图 6-4　在同一块土地上生产两种产品的生产可能性曲线

在曲线以内的任何点，也都是可能的产出组合。但由于曲线上的点表示同样的投入可以生产更多的产品，因而选择曲线内的点意味着资源没有得到充分利用或利用效率不高。所以，这条曲线就是生产可能性的边界线。

如图 6-4 所示，生产可能性曲线还会有其他形状。这些情况在林业生产中遇到的不多，但有时对土地利用决策有重要影响。

- 互斥用途。是指两种互不兼容的用途。生产木材和为科研而保留原始林的关系就是这样例子。图 6-4(B)表明了可以生产两种产品的数量，T 和 R，但两者不能同时生产。

第六章　土地配置和多边利用

- 高度冲突性用途。指在连续增加一种产品产出时所失去的另一种产品产量越来越少的现象。这种关系不常见。但在某些情况下木材和森林景观之间的竞争关系可能属于这种形式。例如，小部分木材工业对受干扰的自然景观的美学价值具有严重的影响。但连续增加木材生产所带来的这种后果却越来越小。这种关系用图6-4(C)中的凹形生产可能性曲线表示。这意味着一种产出转化为另一种产出的边际转化率递减。

- 恒定替代性用途。指在整个可能的生产范围内两种产出的替代率保持衡定不变。尽管林业上没有多少这种边际转换率不变的例子，在一个林分里生产薪材和工业用材可能属于这种情况。这种案例由图6-4(D)中直线型生产可能性曲线表示。

- 相互独立性用途。指互不影响的用途。例如，经营水源涵养林可能对游憩价值没有影响。相互独立的产品的生产可能性曲线如图6-4(E)的直角型曲线表示，它表明两种产品都可以在相互不损害的情况下进行生产。

- 互补性用途。表示一种用途能促进另一种用途价值的提高。例如，在某些情况下，为生产木材而管理森林可能有益于野生动物或畜牧业生产价值的提高。图6-4(F)中的生产可能性曲线，表明一种产品的生产如何提高另一种产品的生产能力。这种情况很少发生，仅有的相关点是在拐点处。沿着边界线的点和边界线内的点是技术上低效的，因为一种产出的增加不会减少另外一种的产出。

这些两维图形仅说明了两种产品间的关系。要说明三种产品之间的关系，必须在与这两个坐标垂直的方向增加另一个坐标，而其生产可能性曲线呈现三维的曲折面形状。

生产某种产品的边际变化对生产另一种相关产品的能力的影响，随土地使用集约程度的不同而变化。更重要的是，非相互冲突的用途，常在集约经营程度低的情况下出现。而为任何目的高度集约经营的土地，常导致与其他用途相冲突。

2. 相对价值和最佳组合

即使同一块土地可以生产两种产品或效益，并且生产它们都能获得地租，同时生产两者并不都是有利的。生产第二种产品或效益可能对第一种产品或效益损害过重，以致土地的总净价值下降。即使生产两种产品或效益均有利可图，也存在着应该牺牲一个多少以获取另一个的问题，即两者之间怎样适当平衡的问题。

只要目标是为了获取最大地租，就应该考虑相互依赖的产品的相对价值。这可用图6-5中交换线 V_tV_r 的斜率表示，其中 V_t 量木材的价值等于 V_r 量游乐的价值。在这里重要的是决定交换线斜率的两种产品的相对价值。在图6-5中，交换线位置刚好与生产可能性曲线相切于 E 点。

切点 E 代表两种产品的最佳组合——y 量的木材和 x 量的游乐。没有别的组合能够产生更高的总价值。在 E 点之左，生产可能性曲线的斜率比交换线的斜率低，表明游乐价值的增加比所要损失的木材的价值更高。同理，在 E 点之右，用牺牲游乐换取木材将使总价值增加。因此，只要生产更多的某种产品比失去另一种产品的价值为高，通过向生产这种产品转换就可以找到位于某点的最佳组合。在该点上，两种产品实物生产的替代率刚好与它们价值之间的替代率相等，即两种产品之间的边际转换率刚好等于它们的边际价值之比。因此，能产生最高总价值的产品组合就是这两条曲线平行接触的地方，如图6-5中 E 点表示的那种组合。

用同样的方法，我们可以找到图6-4中所示的其他生产可能性形式的最佳方法。如果两者都能产生净收益,相互独立性的和互补性的用途应该相互容纳,因为只要它们不相互损害,这样做就能增加土地的总地租。在图 6-4(E)和(F)中价值交换线和生产可能性曲线的切点很明显。该点表示两种产品的生产组合。对于相互排斥、高度冲突和衡定替代性的用途,解决的方法经常是只生产那种能获得最大地租的产品。因此,在图 6-4(B)、(C)和(D)中,价值交换线将与生产可能性曲线相交于垂直坐标或水平坐标上,表明生产用该坐标计量的那种产品能获得最大地租。

3. 用额外投入扩大生产的可能性

前面讨论的联合生产可能性是建立在固定投入的假设之上的。如果投入是变量,生产可能性曲线将不再局限于上面所讨论的那条曲线。使用较多的土

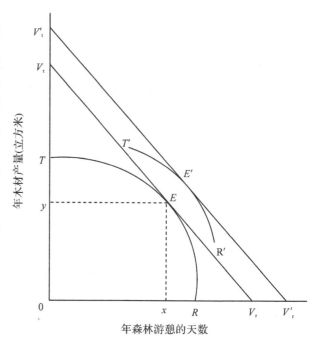

图 6-5　两种产品的最佳组合

地、劳动力或资本,生产可能性曲线将向外扩展,表明可以增加某种或两种产品,如图 6-5 中的曲线 $T'R'$ 所示。

当生产可能性得到扩大以后,新的最佳生产组合点是 E'。如果所得的这些额外价值超过了使最佳组合从 E 到 E' 所投入要素的成本,这种扩大生产将是有利的。

图 6-5 所描述的关系与本书第二章中谈到的生产要素的有效组合和规模收益的关系非常相似。

4. 生产的联合和分离的形式

在前面的段落和图中所讲述的关系是简单和一般意义上的关系。在实际生活中,生产多种产品的最有效的形式要复杂的多,差别也很大。在有些情况下,如果两种或多种产品能够从森林中同时生产(如我们希望的那样),就有可能达到它们的最有效状态。例如,如果经营一片森林的目标是生产木材和隔离温室气体,两者可以同时进行。另一方面,如果经营森林的目标是游憩或工业用材,那么两者在森林的不同地区分别进行则可能是更有效的生产选择。此外,还可以在森林生长的不同时间段分别进行生产,如在森林未进入采伐年龄时用于放牧,进入采伐年龄时生产木材。所以,随着经济环境、自然特点和森林自身的状况的变化,可能会有很多种有效生产组合。

5. 竞争性的土地利用:工业用材生产和环境服务

森林所能提供的木材生产和环境服务在很大程度上是对土地的竞争性利用。甚至可以说,在小范围内的冲突性利用,在更大范围上如地区或国家层面上就变成了竞争性利用。生长在美国太平洋西北部林区的北方斑点猫头鹰就是一个很好的例子。从小范围来讲,保护猫头鹰筑巢地和木材生产可能是冲突性利用,但是从地区层面上来看他们是竞争性的利用。

正如前面所讲到的,竞争性利用经常意味着最优的选择是找到生产两种产出的组合方式

并进行生产，而不是只生产其中的一种产品。然而，这并不是要在每一块土地上同时生产这些竞争性的产品。有些学者提出，可行的也是理想的森林利用方式是对少量的森林进行集约经营用于木材生产。这样能使其他大量的森林被用于提供环境服务。

其实，他们这是将土地分工理论应用到林地利用上。土地分工论与生产和贸易中的劳动力分工理论本质上是一样的。一个地区、国家、或是世界上各种各样的林地所能提供得环境服务和木材生产的能力是不同的。因此，从理论上讲将一些森林专门用于木材生产以满足人们对木材的需求，另外一些森林专门用于提供环境服务可能是有益于全社会的。

事实上，我们发现许多国家已在有些森林中进行非常集约的经营，其目标主要（如果不是唯一的话）是进行木材生产；另外一些森林只是提供环境服务。介于两个极端之间的是由于自然要素、经济刺激和政府政策相互作用所产生的多边利用模式。

所以，这种林地分工论（或对林地的分类经营）也许是一种基于人类价值、经济和自然条件所产生的自然现象。政府是否在宏观层面上应该将分类经营作为目标则是另外一个问题。因为用政策来推进林地的分类经营，可能会为资源使用效率和地区收入分配带来不良后果。

五、实用中的困难

如果市场经济像第二章中所描述的那样顺利地运行，财务激励将促使土地所有者把土地用于最佳的用途上。大多数的西方工业经济，在很大程度上依赖于受市场影响的私人土地所有者决定如何使用他们的土地。但林地市场常常不能有效地分配资源。一些林地通常是公有的，因此限制了市场作用的发挥。土地利用中的外部性，导致了政府利用分区制（zoning）和其他控制措施来决定私人所有者如何利用土地。此外，税收干扰了经济刺激，而无价格的成本和收益也干扰了市场信号和决策。

由于市场在决定土地最佳利用形式上存在这些不足，所以依据本章所描述的原理对土地利用的效率进行经济学上的分析就显得很重要了。这些经济分析和将分析结果应用于综合资源管理计划中的技术近年来发展迅速；基层林业工作人员对此也不陌生。

以上的讨论揭示了当有一种以上产出时实现土地利用最佳问题的两个方面。一个是在一定的管理集约程度上决定最有利的产品和效益组合，即选择前面所说的生产曲线上的最佳点。另一个是决定利用的最佳集约程度，或生产可能的增加量为多少。这两个问题都要求注意有关的经济价值和生产技术可能性。

为了简单加以说明，假定一片森林能每年连续生产1200立方米木材，并提供1000个游乐日。每立方米木材的价格是20美元，每个游乐日的价值是25美元。

管理者估计在没有增加费用的情况下，牺牲一半游乐容量可以额外生产800立方米木材。潜在的生产木材的价值为16000美元（800立方米×20美元/立方米）超过了丧失的12500美元（500天×25美元/天）的游乐价值。这种差异（3500美元）意味着原来的生产组合位于图6-5中 TR 曲线上 E 点之右。因此，所建议的变换向最佳经济组合靠近了一步。

假定这种新组合是最佳组合，资源规划者估计增加15000美元年度管理支出，可以将两种产品的产量各提高50%，即1000立方米木材和250个游乐日。很明显，额外产生的价值（1000立方米×20美元/立方米 +250天×25美元/天＝26250美元）超过了相应的成本，所以扩大生产是有利的。

在实践中应用本章所描述的选择最佳利用土地的理论方法很少像这个例子那么简单。尽管理论是简单的，找到建立相应关系所需要的数据资料可能会有许多困难。这需要两种类型的数据：即生产可能性中所包含的产品间的技术相互依赖关系和产品相对价值的经济信息。关于它们相互依赖的重要信息是它们的边际转换率，或是在可能的范围内增加一种产出要损失另一种产出的交换。正如我们前面指出的，森林生产不同的产品和服务的复杂方式是森林经营中可能要面对的问题。相对而言，很少有关于这些技术关系的研究。而且，研究结果也不能从一个地方直接应用到另一个地方。

集约经营对拓宽生产可能性的程度也可能比我们图中的描述更复杂。尽管找到现有的森林管理体系联合生产方式是一件相对容易的事，但有关集约经营程度不同的潜在的产出信息经常是概略的。这些信息还由于受到在不同的集约经营水平上具有不同的联合产出交换率的影响而变得复杂。所以生产可能性曲线的扩展将会是不对称和不规则的。这些是分析土地多边利用的主要障碍。

获得相应的经济资料也有困难。解决我们的问题需要关于每种产品的边际成本和边际收益的信息。生产多种产品和效益的成本可以估计。但在生产两种或多种产品时，确定每种产品相应的成本是很困难的。例如，在某地重新造林提高了游乐和生产木材的价值，其成本必须在两者之间进行分配。这样才可能将每种产品的成本和收益相比较。

对效益的计量也常常有困难的。市场价格经常是不可靠的，必须对市场失调加以修正，才能进行全面的经济分析。问题最多的是无价格效益的价值，如第五章所讨论的户外游乐和环境效益。

上述这些原因使得人们可能很难找到最优的解决途径。森林经营者通常凭经验是知道，或是可以估计出他们管理体系可能的修改之处，也知道或能估计出这些修改所带来的产量和价值变动。他们至少知道某种可能的替代性的选择是否比另一种要好。

六、一个例证：美国林地所有权变动所带来的土地利用变化

到目前为止，我们在本章中讨论了土地利用的空间配置和在一定时间内的土地多边利用的问题。尽管大量的土地可能已长期地被用于特定的用途上（虽然这些土地的管理集约程度在不断变化），但世界上某些土地的利用一直发生着变化。本章的最后我们介绍近年来美国一部分林地所有权和利用的变化。这些变化的部分原因是近30年来政府有关的政策对不同的所有者产生不同的影响所引起的。第九章将讨论包括林地的林业行业的长期动态和经营强度的变化。

20世纪90年代中期以前，工业公司拥有6600万英亩的用材林，约占美国全部用材林的13%。这些工业林曾几乎提供了美国30%的木材供应量。然而，从那以后几乎所有的大型森林工业公司或是变成了以林地为核心的不动产投资信托公司（Real Estate Investment Trusts，REITs），或是将他们大部分的用材林地卖给了机构投资者。这些机构投资者包括个人基金、社会基金、保险公司和多种多样的投资证券组合基金会。机构投资者雇佣用材林地投资管理机构（Timeberland Investement Management Organizations，TIMOs）来管理和经营他们的林地和森林。现在，美国的森林工业企业主要进行森林产品的加工生产，它们常在卖出林

地时与购买他们林地的机构投资者签订期限不等的木材供应合同。

有趣的是,研究者发现,拥有自己的林地能够增加森林工业企业的盈利能力和降低它们的风险。那么,这些工业改组(指卖掉林地或变成不动产投资信托公司)带来了两个问题。从供给的角度来看,为什么工业企业卖掉他们的林地?另一方面,为什么机构投资者要买它们?很显然,这些林地对机构投资者的价值要高于工业企业。但是为什么那些林地投资管理机构(TIMOs)和以林地为核心的不动产投资信托公司(REITs)能够获得比工业企业更高的收益呢?

一个可能的解释是森林工业公司的财务压力。在1980年到2000年期间,低收入的压力使得综合性的森林工业公司出售它们的用材林地。此外,有些森林工业公司在兼并其他企业时背上了沉重的债务负担。为了减轻债务,他们会出售一部分林地。

除了这些财务和市场的因素外,制度和政策因素也发挥了作用。美国的会计规则(一般会计原则,generally accepted accounting principles,GAAP,适用于所有林业公司)严重低估了林地的价值。因为,树木的生长不被认为是资产的增长。这导致对工业林所有者的资产被低估,使他们有可能成为被投资者追逐的对象。为了避免被强购或兼并,他们有时只得出售林地资产。

机构投资者对林地的需求还受到1974年颁布的《退休金安全法案》(Employee Retirement Income Security Act,ERISA)的刺激。该法案要求机构投资者将他们手中的退休金以多样化的形式保存。以前许多退休金只是以债券投资组合的形式保存。但这种投资形式经常在高通货膨胀时出现资金供给不足。该法案促使退休金计划管理者考虑其他的资产形式,包括林地。

另外一个对林地所有权变化有显著影响的是对用材林地收入的税收政策。美国税法规定从占有至少一年以上的林地取得收入的个人和机构(如退休金基金)只需缴纳资本收入税。这意味着个人或机构出售来自他们占有至少一年的林地上的林木,税率仅为销售收入的15%。而森林工业公司的木材收入所得税的税率则高达30%到40%。

此外,多数森林生产企业被划为C类企业。当他们给股东分配收入时还要交股息税。最近的研究表明,上述因素使双重交税的C类企业的木材采伐利润与受到优惠税收政策的所有者如REITs和TIMOs相比,差额高达39%。其结果是同样的林地产出,给像REITs和TIMOs这样的机构投资者的税后收入远高于像森林工业公司那样的所有者的税后收入。所以,尽管拥有森林可以提高盈利能力和降低风险,如此高的税率差别事实上使得综合性的森林工业公司没有办法与REITs和TIMOs进行竞争。

最后(与本章所讨论的内容相关),由于REITs和TIMOs的经营重点不是为木材加工企业提供木材,它们比森林工业公司所有者在追求更高的收益上有更多的活动余地。它们可以通过将林地配置到能带来更高收益的个人、商业和休闲娱乐等用途上而获的高回报。

简而言之,在过去的20多年中美国的林地所有权和利用都发生了很大的变化。以生产木材为目的的工业企业的林地大部分被机构投资者所购买。机构投资者的经营目标是追求利润最大化。它们通过生产木材产品和非木材产品,以及将林地转为其他用途来实现它们的目标。所以,经济环境以及政府的法律、规则、税收政策和会计制度会对林业和林地利用有着重要的影响。

第七章,我们将讨论最优采伐年龄,也就是当土地用于林业时的集约经营问题。另外一个集约经营问题——造林投资将在第九章进行讨论。

七、要点与讨论

本章讨论土地利用及林地多项用途（或多边利用），其中最主要的概念是土地的集约经营边际和林地的多个粗放经营边际。土地的集约经营边际是由土地以外的投入（例如劳动力）的边际收益和该投入的市场价格决定的。林地的粗放边际是用于林业生产时，净收益为零的林地。粗放边际之外的林地可能具有生态价值，甚至经济学意义上的非使用价值和遗赠价值，但由于目前对这些林地的经济需求为零，所以暂时不存在对它们进行配置（tradeoff）等经济决策的问题。

林地的粗放边际包括两部分：一部分是人工林，另一部分是可供采伐的天然林。对于人工林来说，营林投入的回报大于零。营林投入的回报等于零的林地是人工林的粗放边际。对经济意义上的天然林来说，营林投入的回报小于零，但在无营林投入情况下生长的天然林的采伐时带来的经济收益大于零。

当土地有多种用途时，对土地进行分配或规划的依据是地租最大化。当林地能产生多项用途时则需要用生产可能性曲线进行分析。当两种用途为相互排斥或高度冲突时，只能将土地用于其中一种经济收益较高的用途；当两种用途为不变互补、相互独立或互相补充时，土地可用于两项用途。更多的情况下，两项用途是互相竞争的。在这种情况下，土地的分配还依赖于两种用途的相对价格。

本章还讨论了林地分工论和机构投资者所有林地的兴起对美国林地利用带来的变化。我们的结论是林地的自然生产力固然重要，但政府政策，特别是税收政策、补贴政策和会计制度对土地所有者的变换和随之而来的土地利用的变化也许起到更大作用。

本章的内容对我国的土地利用政策、林地分类经营和吸引机构投资者对林业投资等有借鉴作用。我国成功的林粮间作，林副（人参，养鸡）间作则是世界上土地多种利用的典范。

复习题

1. 工资的上升是如何影响追求最大收益的生产者对一块林地的劳动力投入数量的？劳动力报酬递减是如何影响这个效果的？

2. 为什么对生产率高的土地进行集约造林而不是在生产率低的土地上进行？

3. 请解释木材价格的上升是如何导致：(a)对林地更集约的经营，(b)木材生产边际的变动。

4. 有些土地的最佳利用途径是进行木材生产。如果这些土地与某些用于农业生产的土地相比，其生产木材的能力是较低的。这是否说明那些用于农业生产土地转化成用于生产木材的林地更好些？

5. 一块森林每年生产2000立方米的木材和可供500头牲畜的饲料。木材价格是每立方米50美元，牲畜每头100美元。如果降低森林覆盖度使得每年减少300立方米木材的生产量时，这块林地的载畜量将提升25%。请问这种变化会改善林地的有效利用吗？

6. 一块森林每年可以生产1200立方米的木材和提供1000个游乐日。木材的价格是每立方米20美元。如果每年提供的游乐日数不超过100天，用同样的投入每年可以多生产

第六章　土地配置和多边利用

400 立方米的木材。我们不知道游乐的价格，但是我们可以计算出该决定的收支平衡价值。游乐的收支平衡价值是多少时，才够将木材产量增加到 1600 立方米和将游乐天数减少到 100 天？如果游乐的价值高于你的收支平衡价值，你是生产 1200 立方米的木材和提供 1000 个参观游乐天数，还是生产 1600 立方米的木材和提供 100 个参观游乐天数？（这个练习展示了管理者经常是不需要准确的信息就可以做出一个好的决定。通常，一个管理者如果掌握了它所需要的大部分必要的信息和剩余价值是否大于还是小于某些标准值的估计，他就可以做出好的决策。）

7. 为什么不能总是依靠市场的力量来保证土地被用于最好的用途和用途组合？

8. 请解释在最近的 20 多年里美国机构投资者所有林地上升（和森林工业企业所有林地下降）的原因，以及由此带来的林地使用上的变化。

参考文献

[1] Binkley Clark S. 2007. *The Rise and Fall of the Timber Investment Management Organizations: Ownership Changes in US Forestlands*. Pinchot Distinguished Lecture. Washington DC: Pinchot Institute for Conservation.

[2] Bowes Michael D, John V Krutilla. 1989. *Multiple-Use Management: The Economics of Public Forestlands*. Washington DC: Resources for the Future. Chapter 3.

[3] Clawson Marion. 1978. The concept of multiple use forestry. *Environmental Law* 8: 281–308.

[4] Gregory Gregory R. 1955. An economic approach to multiple use. *Forest Science* 1(1): 6–13.

[5] Hof John G, Robert D Lee, A Allen Dyer, Brian M Kent. 1985. An analysis of joint costs in a managed forest ecosystem. *Journal of Environmental Economics and Management* 12(2): 338–52.

[6] Hyde William F. 1980. *Timber Supply, Land Allocation, and Economic Efficiency*. Baltimore: The Johns Hopkins University Press, for Resources for the Future. Chapter 4.

[7] Pearse Peter H. 1969. Toward a theory of multiple use: The case of recreation versus agriculture. *Natural Resources Journal* 9(4): 561–75.

[8] Sedjo Roger A, ed. 1983. *Governmental Intervention, Social Needs, and the Management of US Forests*. Washington DC: The Johns Hopkins University Press, for Resources for the Future. Part 1.

[9] Vincent J, C S Binkley. 1993. Efficient multiple use may require land use specialization. *Land Economics* 69: 370–76.

第三部分

营林经济学

第七章 最佳森林采伐期

林业一个最关键的经济问题，是确定树木的采伐年龄或生长周期。采伐年龄（采伐期）决定了资本从森林资源形态转化为货币资本形态的时间，它还决定了为保持一定生产水平而必须维持的森林蓄积量。要解决这个问题，需要对森林生长过程的生物学和经济学的关系进行分析。正如酒的最佳储存时间一样，这是一个传统的投资分析问题，也是一个多世纪以来经济学家一直感兴趣的问题。

林业工作者提出了各种确定森林采伐年龄的标准，其中某些没有考虑有关的经济因素。例如：树木达到最适于制造某种产品时的年龄，林分蓄积量达到最大的年龄和蓄积增长率最大的年龄。这些技术标准所确定的采伐年龄，很可能与考虑经济成本和收益上的最佳采伐年龄有相当大的差距。这里我们所关心的是，如何在考虑到不同年龄的森林蓄积量及其经济价值的情况下，找到将产生最大经济收益的年龄。

决定最佳经济采伐周期既是第三章讨论的投资问题，也是第六章讨论的与土地相关的集约经营（有效的资金分配）问题。为从一块森林中获得最大收益，我们必须考查在不同年龄阶段可获得的价值和生产成本的变化。因为一片森林的成本和收益发生在不同时间，所以两者都必须被贴现成现值以便能进行比较。采伐年龄是可以产生收益的现值和成本的现值之差最大的年龄，也就是说，可以产生最大净收益的采伐期才是最有效、最优或最经济的采伐期。

本章讨论如何确定这种经济上的最佳采伐年龄，以及它如何随森林的生物生长量和经济特征而发生变化。我们将分别应用在第三章讨论过的离散利率和连续利率。随后，我们对经济采伐期和其他采伐期标准进行比较，并讨论包括对非木材价值等在内的有关因素对经济采伐期的影响。

一、最佳采伐年龄的离散型表述

1. 一些基本的简化

为使问题简单化，我们首先讨论森林经营者只关心森林的商用木材收益的情况，而将在特定环境中非常重要的游乐收益、野生动物、动物饲料和一系列其他非木材价值先暂时放在一边。在本章后面我们将会看到，在考虑这些森林价值时，可能需要对营林制度和采伐周期进行修改。

为了方便起见，我们假定当森林达到采伐年龄时，进行皆伐作业是一种合适的经营管理措施。这意味着我们考虑的是确定同龄林的轮伐期的问题。在这里，轮伐期指两次皆伐的间隔年限。在这一章的后面我们可以看到，这种分析方法对确定非同龄林或混交林的间伐期也同样适用。

我们现在先讨论最简单的情况，即森林的建立没有成本，也没有被推迟；土地只能用来生产木材；在森林的生长过程中没有税收和管理成本产生；所有成本和价格在整个生长期内不变。我们将在后面取消这些假设以便讨论更切合实际的情况。

2. 立木价值和林分年龄

如第四章所提到的，林分中木材的价值称为立木价值或林价。它是相互竞争的购买者准备购买立木木材的最高价格。相应地，立木价值 S，等于一个最有效的生产者期望从采伐木材并将它以最佳的市场价格销售所得的收益 R，减去其预期的采伐和运输成本 C_h 后的数额。即：

$$S = R - C_h \tag{7-1}$$

这里的成本必须包括资本和作业成本及正常的生产利润。因此，立木价值是一块林地的净价值，是一个林地所有者所期望实现的不管是由自身采伐，还是卖给其他原木承包商、经销商、或者林产品生产企业所能获得的净价值。

活立木的立木价格通常用每千板英尺（或每立方英尺，立方米，吨）多少美元来表示。因此，如果是出售活立木，这块森林的价值 $S(t)$ 就是单位立木的价格乘以立木的材积：

$$S(t) = P(t) \cdot Q(t)$$

这里，t 指立木的年龄，$S(t)$ 是立木的价值，$P(t)$ 是立木价格，$Q(t)$ 是指年龄 t 下活立木的材积。

在价格恒定的情况下，$P(t) = P$。一公顷的林分，其立木价值随着年龄的增长而增加，如图 7-1 中上图所表示出的 $S(t)$ 曲线所示。即使我们假设立木价格恒定，立木价值随林分年龄增长至少有三个原因。第一，商品木材蓄积量随树木生长而增加。森林蓄积量的增长可见图 7-1 中上图的虚线曲线 $Q(t)$，它是一个 Sigmoid（西格姆）曲线。其斜率增长到转折点后就逐渐下降。这是一个生物学中常见的生长过程。只要某一林分（逐渐减少的）年生长量超过由于病虫害和森林自然死亡逐渐增长的损失，则蓄积量将继续增长。

另一个原因是随着树木增长，单株材积大的木材可以用来制造价值更高的产品。例如，锯材和高质量的单板需要使用大径级的原木才能制造出来。另外，大径级原木所占比例的提高也使林分的质量相应提高。这些质量上的差异常引起每立方米立木的价值随树龄的增大而上升。

第三个原因是单株材积大的林木的单位采伐成本较低。这反映出原木的径级经济，每立方米大原木所耗工时少。因为大径级原木集材和装车的劳动生产率比小径级原木高。相应地，采伐成本就较低。当然也有例外，如原木的大小均匀性也常是影响作业成本的重要因素。

这些因素对森林价值的影响的结果，是立木价值的增长过程，通常和蓄积量的生长过程相似，但增长的速度较快且持续的时间也较长，如图 7-1 上图所示。

有了各种年龄的森林立木价值的变化曲线 $S(t)$，计算某一年龄立木价值的平均增长率就很简单了。它等于这一年龄的森林的价值除以年龄本身，$S(t)/t$。从几何上来看，这个数值等于从原点划出的相切于图 7-1 上图相应年龄总立木价值那一点的射线的斜率。相应于森林年龄的这一平均价值显示在图 7-1 中间部分。

年价值增长量（ΔS）是从某一年到下一年立木价值的增长额，即 $\Delta S = S(t+1) - S(t)$。它代表如果推迟一年采伐，森林价值的变化额。它随森林年龄变化而变化。随着年龄的增

第七章　最佳森林采伐期

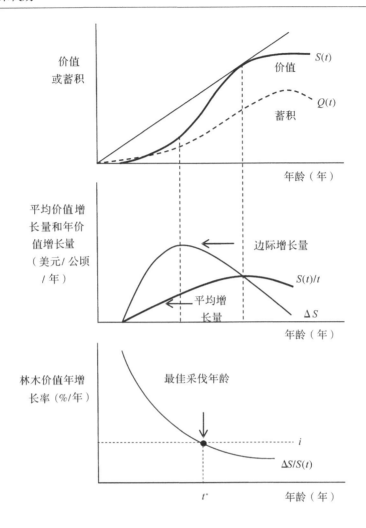

图 7-1　林分价值和蓄积量的增长和年龄的关系

加，森林价值的变化量先增加后下降。这一年增长量或边际增长量曲线亦显示在图 7-1 中间部分。

平均增长量曲线和年增长量曲线的关系与厂商生产理论中的平均成本曲线和边际成本曲线的关系一样。只要每年的价值增加量比这一年龄阶段的平均价值增长量高，平均曲线就必然继续上升。在平均曲线的最高点，平均价值增长量与年价值增长量相等。当年价值增长量小于平均价值增长量时，平均曲线开始下降。

在讨论最佳经济采伐年龄前，我们先来了解林业工作者常用的两个术语。平均生长量（mean amnual increment 或 MAI）和年生长量（curent annual increment 或 CAI）。平均生长量是某个林分的蓄积量除以其树龄，$Q(t)/t$。从图形上看，平均生长量和价值的平均增率 $S(t)/t$ 相似，如图 7-1 中图所示。年生长量是林分当年的生长量，用 $\Delta Q = Q(t+1) - Q(t)$，或者 $Q_t = dQ(t)/dt$，是森林蓄积量 $Q(t)$ 关于 t 的导数。从图形上看，年生长量和图 7-1 中图的价值年增量 ΔS 相似。当森林轮伐期满足平均生长量和年生长量相等的条件时，就可以得到该块林地所能生产的最大的平均生产量。

3. 最佳经济采伐周期

用立木价值增长的百分比 $\Delta S/S(t)$ 表示的森林价值的增长率的变化由图 7-1 的下图所示。它随森林年龄增长而下降，因为分母不断增大而年价值增长量在较大范围内是下降的。

一个要选择最有利的采伐年龄的林主，必须考虑让森林再生产一年的边际收益和边际成本。更具体地说，他必须在各个年份中把让森林继续生长一年所得的资本收益 $\Delta S/S(t)$，与这样做的成本相比较。如果暂时不考虑土地成本，林主保持森林的成本是他如果采伐森林，将资本从森林资本转化为货币资本，并按当时的利率进行投资所能获得的收入。所以，为使收入最大，他只有在森林生长的收益率超过利率时，或者说，只有在森林继续生长的边际效益超过其边际成本时，他才让森林继续生长。否则，他就应采伐森林。因此，当林分的收益率下降到与利率相等时的年龄，就是第一个最佳采伐年龄的近似值，用图 7-1 下图中的 t^* 表示。

换言之，依据这些最简单的假设，选择最佳采伐年龄的规则是让森林继续生长一年的边际效益（即立木价值的增长率）等于资本的机会成本：

$$\frac{\Delta S}{S(t)} = i \tag{7-2}$$

这意味着在森林收益的增长率降为资本的机会成本之前，都应让森林继续生长。最佳经济采伐周期随着立木价值增长率的提高和持续时间的延长以及利率的降低而延长。

这一结论与第三章讨论过的投资分析中使净现值收益最大化相一致。用公式 3-2，贴现到森林生长开始时的净现值为：

$$V_0 = \frac{S(t)}{(1+i)^t} \tag{7-3}$$

最佳经济采伐周期是当这个价值最大时的年龄。这个最佳年龄也是森林现值的年增长为零时的年龄。即：

$$\Delta V_0 = 0$$

或

$$\frac{S(t+1)}{(1+i)^{t+1}} - \frac{S(t)}{(1+i)^t} = 0$$

这个方程相当于：

$$S(t+1) = (1+i)S(t)$$

或

$$\Delta S = iS(t)$$

这就是式 7-2 所表示的规则。

4. 连续性森林的最佳采伐周期

上述结论只考虑到了一种成本，即森林资本的占用成本。但在林业上，常常需要至少两个生产要素：资本和土地，所以需要考虑两种成本。我们在分析最佳经济生长周期时还必须考虑到土地的成本。

让我们暂时假定土地仅适用于木材生产或生产木材是这块土地最有效的利用方式，而且每一采伐周期的森林具有同等的价值和成本。一个以间隔期为 t 年立木价值为 $S(t)$ 的森林无限序列的净现值 V_0，可以表示为一个几何级数：

第七章 最佳森林采伐期

$$V_0 = \frac{S(t)}{(1+i)^t} + \frac{S(t)}{(1+i)^{2t}} + \frac{S(t)}{(1+i)^{3t}} + \cdots + \frac{S(t)}{(1+i)^\infty}$$

这个等式右边每一项代表在每一个额外 t 年之后另一次森林生长的净现值。用第三章所推导的公式，这个表达式可被简化为：

$$V_0 = \frac{\dfrac{S(t)}{(1+i)^t}}{1 - \left(\dfrac{1}{1+i}\right)^t}$$

将此等式简化可以得出与公式 3-9 一致的等式：

$$V_0 = \frac{S(t)}{(1+i)^t - 1}$$

这种扣除生产成本的无限级数的净现值，有时也称为"土地期望值"，"地租"或"无林地价值"。这里我们将使用地价（V_S）一词。如果培育这些森林不需任何成本，地价则表示为：

$$V_s = \frac{S(t)}{(1+i)^t - 1} \tag{7-4}$$

这一地价公式在上述的假设下适用。这些假设包括①土地是以连续进行生产木材为目的的，②每个采伐周期的森林具有同等的价值；也就是说林价和林木生长量不变，③土地的价值评估是在生产周期开始时，土地处于无林地状态下进行的，④造林是没有成本。造林存在成本时的采伐期将在下面讨论。

连续进行森林生产的最佳经济轮伐周期，是那个产生最大地价的年龄；或在林业生产者的净现值不能通过让森林继续生长另一年而增加时的年龄，即：$\Delta V_S = 0$，这表示：

$$\frac{S(t)}{(1+i)^t - 1} = \frac{S(t+1)}{(1+i)^{t+1} - 1}$$

它可简化为：[①]

$$\frac{\Delta S}{S(t)} = \frac{i}{1 - (1+i)^{-t}} \tag{7-5}$$

在最佳森林采伐期，t_F，这个等式将得以满足。这个等式表明，用森林增长一年所带来的立木价值的增长率（公式 7-5 左边）所表示的边际效益与包括维持土地的成本在内的边际成本（公式 7-5 右边）相等。任何比 t_F 短的生长周期，因为价值增长超过了因推迟采伐所增加的成本，所以推迟采伐更有利。比 t_F 更大的生产周期，增加的成本超过了价值的成长，如图 7-2 所示。这个连续进行森林生长的最佳经济轮伐周期的公式称为"弗斯曼公式"（Faustmann formula），是由德国资本经济理论学家马丁·弗斯曼在 1849 年推导出来的。

图 7-2 说明了公式 7-5 两边的各项关系及当两者相等时最佳轮伐周期 t_F。

图 7-2 表明当考虑连续培育森林时，最

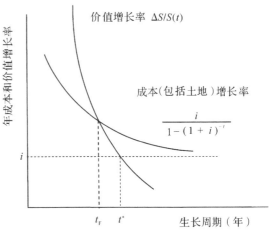

图 7-2 连续森林生长的最佳经济周期

佳生长周期年龄 t_r 比一次性森林生长的最佳生长周期年龄 t^* 短。从计算上来看,这是因为在连续培育森林时,成本的增长 $i \div [1-(1+i)^{-t}]$ 比一次性培育森林的成本增长 i 大(因为前式中分母小于1)。从几何上看,这表示在连续培育森林的成本增长曲线较高,因而与价值增长量曲线相交于较早的年龄。如图7-2所示,增长的成本 $i \div [1-(1+i)^{-t}]$ 超过了利息率 i,并在年龄增大时变成利率的渐近线。

从逻辑上讲,连续生长森林的短周期,可用林业上的第二个生产因素,土地的成本来解释。土地的机会成本是现有的林木被新的林木取代所能产生的收益。土地的机会成本使让林木继续生长的加大,并使图7-2上的成本增长曲线与价值增长曲线在较早年龄 t_r 而不是 t^* 相交。这标志着由于森林被采伐后土地可被连续的用于生长森林并产生收益,使得采伐变得更加迫切了。

可是,用这种方式考虑下一次和所有未来的森林价值而使最佳生长周期缩短的程度可能很有限,因为贴现的力量降低了将来成本的价值,特别是在一个较长的生长周期和使用高利率的情况下。例如,一块60年后价值为10000加元的森林,使用5%的贴现率按公式7-3计算,其现在值仅为535加元。其后,每60年采伐一次,每次具有10000加元价值的无限森林系列,如果用同样的利率使用公式7-4计算其现值仅为30加元。这就是第一次采伐后无限次采伐的收益现值。相应地,当考虑多次培育森林时,经济轮伐周期的缩短是很有限的;但当利率降低,生产周期缩短时,这种效果将变大。对于南半球和北半球南部生产的、采伐期只有5至10年的速生桉树和辐射松而言,这种影响可能会更显著。

由于土地的年机会成本或地租(用 A 表示)和土地的年地价(iV_S)相等,公式7-5也可以表示成:②

$$\Delta S = iS(t) + A \qquad (7-6)$$

这意味着,只要立木价值的增量超过持有立木和林地的成本,林主就会让林木继续生长。反之,则应进行采伐。在下面的实例中我们将用公式7-6来解释最佳经济采伐年龄。

5. 释例

利用经济变量确定最佳经济轮伐期的方法,可利用表7-1来加以说明。表7-1显示一块特定森林在不同时间里蓄积量和价值的变化情况。表中第四栏所示的森林的立木价值 $S(t)$,能使我们利用公式7-4计算出不同年龄的地价。用5%的贴现率,计算出每公顷最大的土地价值为827加元,发生在生长周期为58年时(假定地价的变化在第55年到60年之间是一直线)。

由于不同采伐期间不同的地价和相应的地租。这里我们把地价最大时的地租用 A^* 表示。

A^* 是土地的年机会成本,或土地价值的相应年度值:

$$A^* = iV_S$$
$$= 0.05(827)$$
$$= 41.40(加元)$$

这个最高价值在表7-1第八列中给出,最大地价或与之相应的立木价值的增量和成本增量的大体相等规定了最佳经济采伐周期。

从经济的角度来说,只要使森林再生长一年,它的年价值增量超过了年成本增量那么继续林木生产就是有利的。立木价值的增长速率用图7-3的 ΔS 表示。按照公式7-6所示,成

第七章　最佳森林采伐期

表 7-1　不同采伐年龄下森林生长的价值和成本

年龄 A	每公顷蓄积量[a] $Q(t)$	每立方米价值[b]	每公顷立木价值 $S(t)$	立木价值年增长量 $\Delta S(t)$	立木价值年利息[c] $iS(t)$	地价[d] V_s	地租[e] A	年成本增量[f] $iS(t)+A^*$
年	立方米	加元	加元	加元	加元	加元	加元	加元
10	2	0	0		0	0	0	41
				0				
15	14	0	0		0	0	0	41
				0				
20	51	0	0		0	0	0	41
				0				
25	124	0	0		0	0	0	41
				93				
30	232	2	464		23	140	7	64
				200				
35	366	4	1,464		73	324	16.2	114
				323				
40	513	6	3078		154	510	25.5	195
				444				
45	662	8	5296		265	663	33.2	306
				545				
50	802	10	8020		401	766	38.3	442
				626				
55	929	12	11148		557	817	40.9	598
				680				
58	**995**	**12**	**13187**		**659**	**827**	**41.4**	**700**
				690				
60	1039	14	14546		727	823	41.1	768
				713				
65	1132	16	18112		906	793	39.6	947
				730				
70	1209	18	21762		1088	739	37.0	1129
				732				
75	1271	20	25420		1271	672	33.6	1312

注：

a：BC省沿海花旗松的蓄积量，当年龄为50时，立地指数=40，数字四舍五入到个位。引自于BC省林业部资源局1982年7月编"BC省花旗松产量表"。

b：假定立木价值在第25年后每 m^3 增长2加元。

c：利息率=5%

d：这里 $V_s = \dfrac{S(t)}{(1+i)^t - 1}$

e：这里 $A = iV_s$

f：即：立木价值的年利息 $iS(t)$ 和土地机会成本的最大值，A^*（第58年时为\$41.2）的总和（不保留小数）。

本增量由两部分组成：土地成本和立木成本。再精确一点讲，就是土地的地租 A^* 和立木价值的利息 $iS(t)$。因此，最佳采伐年龄 t_F，就是使 ΔS 和 $iS(t)+A^*$ 相等的年龄。

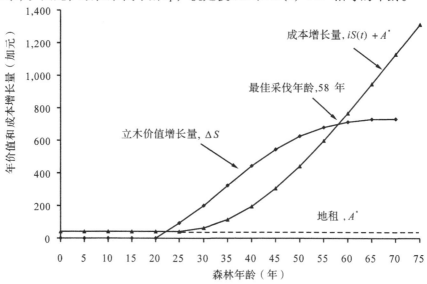

图 7-3　不同年龄价值和成本的增长量

用表 7-1 中的数据，绘成图 7-3。图 7-3 表明在 58 年前，价值增长量 ΔS 一直大于成本增长量 $iS(t)+A^*$，说明最佳经济采伐周期为 58 年。

在这个例子中，最佳经济采伐年龄是当森林立木价值的年增长量 ΔS 还没达到它的最大值时候的年龄。但是在其他情况下这个最佳经济采伐年龄可能会晚一些。这如我们在这一章的后面将要讨论的，在任何情况下，由不同的标准所确定的采伐年龄都会有所不同。

6. 造林成本

前面的例子假定在森林培育阶段是没有成本的。然而，绿化造林（无林地造林）和（采伐后的）更新造林通常都是有成本的。如果更新造林的所发生的成本（C）是不可避免的，那么不管这片森林在何时被采伐，也不管有没有产生绿化造林的成本，在计算这块林地的价值时，都要从采伐所得的立木价值 $S(t)$ 中扣除更新造林成本 C：

$$V_s = \frac{S(t)-C}{(1+i)^t-1} \tag{7-7}$$

那么，图 7-2 中立木价值的增长率 $\Delta S/S(t)$ 也要相应地修改成 $\Delta S/[S(t)-C]$。

还有一种可能就是在开始时林地是一块无林地，因此有绿化造林成本。每次采伐后都还要发生更新造林成本。在这种情况下，林地的价值要做进一步调整：要从公式 7-7 所表示的林地的价值中减去无林地造林的成本。如等式 7-8 所示。

$$\begin{aligned} V_s &= \frac{S(t)-C}{(1+i)^t-1} - C \\ &= \frac{S(t)-C(1+i)^t}{(1+i)^t-1} \\ &= \frac{S(t)(1+i)^{-t}-C}{1-(1+i)^{-t}} \end{aligned} \tag{7-8}$$

需要注意的是，为方便起见，我们假定无林地造林和再造林的成本是相等的，且恒定不变的。把造林成本考虑进去，可以帮助我们引入林业上一个非常重要的观点：即森林产生的价值不仅取决于时间（由 $S(t)$ 可以看出），还取决于造林的投入。因此，森林的蓄积量是一个有关于时间和造林投入的连续性函数。造林投资的经济学将在第九章作进一步地讨论，我们下面讨论森林的蓄积量是一个有关于时间和造林投入的连续性函数时的最佳采伐周期的确定。

二、最佳采伐周期的连续型表述

用连续贴现的方式可以更灵活地表达和应用上一节使用的公式。除了把森林的蓄积量明确地看成是一个有关于时间和营林投入的函数、并应用导数的灵活性得出明确的结果之外，弗斯曼轮伐期的连续形式没有增加新的知识。它只是帮助大家更好地理解最佳轮伐期的经济学含义。如果读者对前一节能够充分理解，那么即使跳过这节也不会错过任何内容。另一方面，浏览过这一节的读者可以了解到更多的，目前应用连续形式表达的弗斯曼轮伐期的林业经济文献。注意，离散利率贴现因子 $(1+i)^{-t}$ 的连续贴现形式是 e^{-rt}，这里 t 是时间，r 代表连续贴现的利率，r 可以用我们第三章提到的公式和年利息率 i 进行等值转换。

1. 概念模型

假定一块 1 公顷的无林地，在 0 年时开始进行绿化造林，在每一个轮伐周期末进行再次更新造林。那么该林地的生产函数是：

$$Q = Q(t, E)$$

这里 Q 是林木的蓄积量. 它是时间 t 和初始时期的营林投入 E 的函数。在没有造林成本的情况下，土地闲置直至自然再生；其生产水平 $Q = Q(t)$ 就只受时间影响。另一方面，当有造林投入时，造林投入会间接影响生物生产量水平，例如，缩短重新造林的滞后时间，可以直接的改变立木的的生长量。因此，造林成本既能影响生产水平又能影响生产速度。

造林投入，譬如整地、种植和施肥等是在造林初期发生的。其他的投入，例如二次施肥、除草和有计划的火烧则在随后的几年要进行。为了简化分析，我们将这些所有的投入，用各自的单位成本作权重和林主的贴现率，贴现到最起始时期，形成一个总的造林成本（也就是前面提到过的再造林或者无林地造林成本 C）：

$$C = wE$$

这里的 w 是造林投入的单位成本；E 是造林投入总量。

换句话说，我们可以把 w 看作是造林所用劳动力的单位成本。如果一个林地所有者在初始阶段（0 年）的时候花费 750 加元/公顷进行整地和植树造林，在第 5 年的时候花费 200 加元/公顷进行除草，在贴现率为 6% 的情况下，初始阶段的造林总成本是：

$$\$750 + \$200/(1+0.06)^5 = \$750 + \$200/1.338 = \$899.50/公顷$$

因此，如果劳动力成本是 15 加元/小时，那么这些劳动力在初始阶段就要工作 60 个小时（$899.50/15$）。因此，在造林投入的单位成本 w 是 15 加元/小时，我们的造林投入总量 E 相当于 60 小时。用这种方法，所有的造林成本，包括材料和机器成本都可以看成是劳动力成本。

另一个重要的经济变量是立木价格。如前面所提到的，林地所有者的总立木收入 $S(t)$

等于立木价格乘以立木蓄积量。由于立木只有在未来某一时期被卖出时才能产生收入，我们得把它未来的价值贴现成现值。如果连续贴现率为 r，那么每公顷的总收入转化为无林地时的现值就是：

$$PQ(t, E)\mathrm{e}^{-rt}$$

这里 P 是立木的价格，并且假定其恒定不变；$PQ(t, E)$ 相当于我们前面提到的这块地的立木价值 $S(t)$。这里，木材的蓄积量是一个关于时间和造林投入的函数，而在前面章节中我们假定木材的蓄积量只是时间的一个函数。

如果一块土地不管是现在还是未来，其最高使用价值都是进行林木生产，我们需要考虑同一块土地进行连续采伐，或者连续性、无期限地进行木材生产的情况。第一次轮伐期 V_1 时的净现值是：

$$V_1 = PQ(t, E)\mathrm{e}^{-rt} - wE$$

将土地净现值或者地价 V_s 最大化，意味着将这块土地在所有轮伐期（从 1 到无限期）的净现值 V_i 的总和取最大值。这将产生一个地价：

$$\begin{aligned}V_s &= \sum_i^\infty = V_i \\ &= [PQ(t, E)\mathrm{e}^{-rt} - wE](1 + \mathrm{e}^{-rt} + \mathrm{e}^{-2rt} + \mathrm{e}^{-3rt} + \cdots) \\ &= \frac{PQ(t, E)\mathrm{e}^{-rt} - wE}{1 - \mathrm{e}^{-rt}}\end{aligned} \tag{7-9}$$

这个公式和等式 7-8 相等，尽管等式 7-8 只对时间，而不对造林投入作出反应。同样，等式 7-9 中的造林成本（C）分解成了 w 和 E。

显然，对于土地所有者来说，如果营林投资并不能盈利，也就是说，不进行任何再造林、绿化等造林投入而让林地自然再生是最有利的，那么等式 7-9 中的 wE 项就消失了，并且 $Q(t, E)$ 变成了 $Q(t)$。因此，我们有：

$$V_s = \frac{PQ(t)\mathrm{e}^{-rt}}{1 - \mathrm{e}^{-rt}} = \frac{PQ(t)}{\mathrm{e}^{rt} - 1} \tag{7-10}$$

这和等式 7-4 是相等的。

如果按照政府的要求，存在再造林成本但是没有绿化成本，等式 7-9 变成

$$V_s = \frac{[PQ(t, E) - wE]\mathrm{e}^{-rt}}{1 - \mathrm{e}^{-rt}} \tag{7-11}$$

$$= \frac{[PQ(t) - wE]}{\mathrm{e}^{rt} - 1} \tag{7-11}$$

这和等式 7-7 相等。

如果一块林地已经有树木在此生长，那么等式 7-9 还需要修改。如果这些树已经是商品林，那么当时的林木销售的净收益就要加到等式 7-9 的右边。如果这些树还没有达到商品林的年龄，那么这些幼林的价值也要加到等式 7-9 的右边。此外，等式的右边需要乘以一个因子 e^{-rx}。其中，x 是林地上的树木达到成材出售是所需要的年限。当有幼林在林地上生长时的土地价值的计算公式是：

$$V = \frac{1}{\mathrm{e}^{rx}}\left[PQ(t, E) + \frac{PQ(t, E)\mathrm{e}^{-rt} - wE}{1 - \mathrm{e}^{-rt}}\right] \tag{7-12}$$

这个公式可以用来评估有中幼林的价值。

表7-2 列举了离散型和连续型的弗斯特曼公式的相似点和不同点。

表7-2 弗斯曼公式的离散和连续形式

	离散形式	连续形式
无再造林和绿化造林成本 ($C = wE = 0$)	$V_s = \dfrac{S(t)}{(1+i)^t - 1}$ $= \dfrac{PQ(t)}{(1+i)^t - 1}$	$V_s = \dfrac{PQ(t)e^{-rt}}{1-e^{-rt}}$ $= \dfrac{PQ(t)}{e^{rt} - 1}$
仅存在再造林成本	$V_s = \dfrac{S(t) - C}{(1+i)^t - 1}$ $= \dfrac{PQ(t) - C}{(1+i)^t - 1}$	$V_s = \dfrac{[PQ(t,E) - wE]e^{-rt}}{1-e^{-rt}}$ $= \dfrac{PQ(t,E) - wE}{e^{rt} - 1}$
同时存在再造林和绿化造林成本	$V_s = \dfrac{S(t) - C}{(1+i)^t - 1} - C$ $= \dfrac{S(t) - C(1+i)^t}{(1+i)^t - 1}$ $= \dfrac{PQ(t)(1+i)^{-t} - C}{1-(1+i)^{-t}}$	$V_s = \dfrac{PQ(t,E)e^{-rt} - wE}{1-e^{-rt}}$

2. 弗斯曼轮伐期

在前面的表达式中，t 是任意的轮伐期。等式7-9对t取微分，并且设结果等式等于零，我们就会得到取得土地的最大期望值的必要条件：

$$V_t = [PQ_t(1-e^{-rt}) - rPQ + rwE]e^{-rt}(1-e^{-rt})^{-2} = 0$$

这里V_t和Q_t分别是地价V_s和林木的蓄积量Q对时间的导数。该表达式还可以简化成：

$$\frac{Q_t}{Q - \dfrac{wE}{P}} = \frac{r}{1-e^{-rt}} \tag{7-13}$$

如果树木是天然再生，那么$wE=0$，等式7-13可以改写成

$$\frac{Q_t}{Q} = \frac{r}{1-e^{-rt}} \tag{7-14}$$

这和等式7-5是等效的。注意等式7-5的左边可以用立木的价值来表示。当等式7-5分子和分母上的立木的价格(P)抵消时，等式7-5的左边和等式7-14的左边是完全相同的。

再重复一次，当存在无林地造林和更新造林成本时，最佳经济轮伐期满足等式7-13；当不存在这一成本时，最佳经济轮伐期满足等式7-14。这就是前面提到的弗斯曼轮伐期(t_F)。

三、异龄林分的采伐周期

异龄林的管理在世界的很多地区都是非常流行的。尽管在前面的讨论中我们用了同龄林，但是弗斯曼公式对于决定异龄林分的最佳采伐期和要保留蓄积量同样适用。事实上，如果我们把每次异龄林部分砍伐后剩下的商品材看成是再次造林的成本，那么异龄林的土地和森林的价值最大化的理论基础就和同龄林分的土地期望值(或者地价)是一致的。因此，不管是同龄林还是异龄林，我们都用同样的方法来决定其伐期，并进行管理。

所以，异龄林应该保留的蓄积量、最佳产量和最佳采伐（间伐）周期的经济学解释都可以用我们通常用的形式来展示。在最佳采伐周期，其推迟一年采伐所获得的额外的收益必须和多保留该片土地和立木一年产生的成本相等。与此类似，如果一个林主多保留一个单位的立木蓄积所能获得的额外的收入经过贴现后的价值大于该单位蓄积所产生的现有价值，那个该单位的蓄积就应该被保留。

四、其他轮伐周期比较

弗斯曼公式使固定生产要素——土地的地租最大化，从而使将来一系列森林产品的净现值最大化。在任何其他年龄采伐森林将导致净收益的降低。然而，一些决定森林采伐周期的其他标准也常常被采用。我们在这里将它们和弗斯曼轮伐期进行比较。

1. 木材生产量最大化的采伐期

在传统的林业法规中一个被广泛接受的建立轮伐年龄的标准是使林木平均年生长量、或森林的平均年增量（MAI）达到最大值时的年龄。由于这一规定没有考虑任何经济变量，所以，用它计算出来的最佳采伐周期和我们前面描述的最佳经济采伐期有显著的不同。

然而，这一标准在美国和加拿大的公有林和其他一些国家的私有林的林业政策上有着很深的根基。它是施行木材生产量最大化和永续利用目标的理论基础。木材生产永续利用最简单的情况就是让森林或林分充分成长至使其达到其最大年平均木材生长量，并且每年或每一个时期采伐在这一年或时期的全部生长量。

通过最大平均年生长量得出的采伐年龄通常会比最佳经济采伐周期大。因为它没有考虑快速增长的森林的机会成本和延迟砍伐带来土地的机会成本。经济收益也因此减小了，甚至有可能完全没有了。但是这个标准的影响却很广泛。

2. 立木价值增长量最大化的采伐期

另外一个选择采伐期的标准是立木价值（林价）的年平均增长量，也就是 $S(t)/t$ 最大。我们也可以从图 7-1 看出来，这一规则和木材永续利用产量的标准类似。这一规则有时也被称为"林租最大化"。但是"林租"不能将其与前面提到的地租相混淆。

这一规则的重要性在于"林租"被非常广泛地作为最佳采伐年龄的指导规则。有人会称，通过实现立木价值平均生长量的最大化，从森林中所得收益也实现了最大化。但是，"林租"忽略了资本和土地的机会成本，使林租最大化所得到的森林的净价值通常要低于森林实际的净价值。

3. 一次性森林价值的最大的轮伐期（一次性轮伐期）

在这一章的前面，我们曾经考虑过一次性森林的最佳采伐期。这种林地是没有机会成本的，只要是收益的增长率大于利率，那么林地的经济收益就可以通过延长采伐期来实现最大化。最佳采伐期是使利润和成本的增量相等时的年龄，也就是图 7-1 的下图使 $\Delta S = iS(t)$ 时的年龄 t。

这一最佳采伐期的计算公式通常也被称为费希尔采伐期。因为没有考虑土地的机会成本，当土地存在包括林业等其他可选择的生产用途时，这一规则是不恰当的。由于没有考虑这一机会成本，用该方法计算的采伐期通常比最佳经济采伐期要长。

4. 小结

简言之,最佳经济采伐期和上面提到的3个标准确定的采伐期都有所不同,甚至差别很大。因为这3个采伐标准都忽略了一些或根本没有考虑经济变量的存在。

顾名思义,根据最大可持续木材产量的目标找到的采伐周期,使森林的最大可能的年产出量得到永久的维持。为找到这一采伐周期,我们需要引入前面提到的年平均生长量(MAI)和年生长量(CAI)两个概念。

年平均生长量(MAI)是一个林分或一个林区的的平均蓄积量除以其树龄,$Q(t, E)/t$。用生产经济学的术语,MAI 就是平均产量。从图形上看,它是从原点到林木生长曲线 $Q(t, E)$ 上任意一点的直线的斜率。年生长量类似于边际产量,是林木生长曲线切线的斜率。从数学的角度上说,$CAI = Q_t = \mathrm{d}Q(t, E)/\mathrm{d}t$。

从微观经济学理论我们得知,边际生产曲线从上面和平均生产曲线相交,在交点平均产量达到最大:

$$\frac{Q(t, E)}{t} = Q_t$$

重新调整等式就可以得到我们所寻求的永续利用采伐期的关系:

$$\frac{Q(t, E)}{Q_t} = \frac{1}{t}$$

显然,当等式中没有包括价格和利率。由此得到的永续利用产量的采伐期是一个生物学的指标。一次性采伐期模型没有考虑土地可用于生长森林作物的机会成本。"林租"森林采伐期模型也没有利率这一项,因此忽略了持有森林土地和林木资本的累积成本。只有弗斯曼模型将生物的和经济的(价格、成本和利率)等因素都考虑了在内。

需要注意的是,弗斯曼和最大持续产量确定的采伐期之间的关系并不是单向的。在大多数情况下,弗斯曼采伐期要比最大持续产量采伐期短。但是也有很少见的情况,使得前者比后者确定的采伐期长。当林木为采伐周期短的速生林,并且利率低于最大持续产量采伐期的倒数(即 $1/t$)时,这一情况才会发生。

五、影响最佳轮伐期的因素

最佳森林轮伐期受到土地的生产力、所生产木材的价值和采伐成本、税收和其他管理成本、利率、非木材效益及其他条件的影响。这些条件在不同情况下变化很大。下面讨论这些因素对森林轮伐期的影响。

1. 利率

由于利率决定了持有森林资本不断增加的成本,因此其重要性需要在这里重点强调一下。公式7-5(或者7-13和7-14)表明在公式右边的成本增加值随年利率 i(或者其连续形式利率 r)的增加而增加。因此,利率越高,最佳轮伐期越短。

从第三章介绍可知,利率从来不会等于零,但我们不妨考虑一下极端情况,即在没有贴现率的情况下,最佳轮伐期就是立木价值年平均增长量 $S(t)/t$ 达到最大的年龄,这就是前面所称的使"林租"最大的年龄。同前面提到的寻找木材年平均产量最大的方法一样,在"林租"最大时的年龄,立木价值年平均增长量 $S(t)/t$ 达到最大时等于立木价值的年增长量,$\mathrm{d}S$

$(t)/\mathrm{d}t$。这里，$\mathrm{d}S(t)/\mathrm{d}t$ 是 立木价值对时间的导数。

2. 更新成本和立木价格

本章前面的例子假定在采伐后进行森林更新时没有成本发生，如果森林更新需要支付一定的更新成本，那么立木价值的增长率，即图 7-2 中的 $\Delta S/S(t)$ 将要改为 $\Delta S/[S(t)-C]$，即森林价值降低了 C 量（造林成本）。其结果是将价值增长量曲线向右移动，延长最佳轮伐年龄。

这一影响同样可以从等式 7-13 体现出来。更新成本（wE）的增加会增加等式左边的也就是额外持有森林资本一年的边际收益的值。更新成本愈高，最佳采伐年龄愈长。

同样，立木价格的一次性增加会减小公式 7-13 左边的价值，因此一次性的价格增加会减小最佳采伐周期。

在需要造林，但没有其他成本发生的情况下，如果把采伐的价值贴现到造林更新的年份还超过造林成本，那么连续地培育人工森林就是有利的。如果这一条件在第一个轮伐期成立，那么在贴现率不变，这一条件在后面的各个轮伐期都成立。也就是说，在这块土地上连续性地造林（和培育森林）是盈利的和是可行的。

注意，如果重新造林的成本等于采伐收益的现值，即 $C = S(t)/(1+i)^t$，以致培育新的森林的净现值为零时，用 $C = S(t)/(1+i)^t$ 对公式 7-7 做适当的替换就可以得到公式 7-3。由此计算出的最佳轮伐周期与由公式 7-2 中给出的一次性森林的最佳轮伐期一样。这是因为土地在后面的森林培育中不再产生任何净现值。这样的林地用第六章定义的术语来说，是人工林的粗放边际。在这样的和更差的林地上，自然更新是唯一合理的选择。

3. 土地生产力

不仅更新成本，而且任何使森林生长成本上升的措施都会对最佳森林轮伐周期有同样的延长效果。同样的，任何降低采伐收益价值或土地生产力的方法也能产生同样的效果。所有这些都降低了森林价值，从而也降低了公式 7-6 中两种成本增量：森林资本的利息 $iS(t)$ 和地租 A。它们还降低了价值增量 ΔS，但降低的数量较小。其结果可以通过图 7-3 看出：成本增量曲线和价值增量曲线的交点将推迟，表明了一个更长的最佳轮伐年龄 t_F。换句话来说，只要其他因素保持不变，林地的生产力愈高，最佳轮伐期愈短。

4. 年管理成本

林业常常发生一些连续性的管理、保护、行政和税收的支出。如果这些成本每年保持在一定数量水平（m）上，我们可以轻易地将这一成本引入上述公式中。正如我们在第三章所看到的，一个无限系列的现值是 m/i。从公式 7-4 等号右边的部分扣除这一现值，土地期望价将降低同样的数量。[③]然而，不变年成本不会影响最佳轮伐年龄，因为使地价最大的年龄同样也是减去一个常量 m/i 地价最大时的年龄。

这说明了一个普通法则：任何独立于森林经营方式的成本对最佳轮伐期没有影响。当然，任何这种成本将降低林业生产者的净收益，但只要这个负担不能通过改变经营管理措施而被转移或减轻，它将不影响采伐年龄。

5. 财产税

森林税收和其他费用将在第十一章详细讨论，这里我们仅简要地讨论一下它们对最佳森林轮伐期的影响。对森林资产的税收常由适应于赋税基数和税率组成。赋税基数常常是土地的价值、立木的价值或两者的结合。

(1)对土地价值征税。最简单的财产税是对无林地的税收,通常土地价值乘以年税率。这产生了一个固定年征收额。这与上面所说的其他年成本具有同样的效果。尽管从土地所有者的角度来看,它降低了土地的价值,但一种对无林地估价的税收将不改变最有利的轮伐期。它只是简单地把一些土地所产生的价值从所有者转移给了政府。

(2)对立木价值征税。一个每年应用于立木价值的税率将产生一个年税收等于立木价值的一个固定部分。林主因此将发生一个年成本。它每年随着立木价值的升高而升高,并且一直以复利的形式积累到森林被采伐为止。林主培育森林的效益是采伐后的立木价值减去积累的税收之后的余额。

在森林所有者选择最佳轮伐期的决策过程中,林主受这种每年按价(或价值的百分比)对生长着的立木赋税的影响和在弗斯曼公式中受提高利息率的影响一样。正如已看到的,提高利率将缩短最佳轮伐年龄。

相应地,森林生长的时间越长所积累的对要采伐的立木的税收越大。这表明对立木价值每年征收将促使缩短轮伐周期。

(3)对采伐所得征税(采伐所得税、采伐收益税)。一种以立木所得百分比形式存在的所得税,有时是对这些立木采伐后得到的木材的实际收入征收的。这种形式的税收以等于税率的比例降低采伐收入的价值。

正如必须在森林采伐后发生较高的更新成本一样,采伐收益税可以通过推迟采伐而降低。这样做的效果及其对所有者立木价值的降低,意味着采伐收益税将延长应有的轮伐周期。

6. 成本和价格趋势

到目前为止,讨论只涉及到用于选择最佳轮伐周期的立木价值和成本固定的情况。但实际上,它们很可能发生变化。因为对这些经济变量将来变化的方向和大小难于做出预测,所以我们必须在计算中加入我们的预期或最好的猜测。

价值和成本随经济条件变化而不断波动,但为了长期规划森林的目的,我们所关心的不是短期的波动,而是长期的变化趋势。在弗斯曼公式中所使用的成本和价值必须加以调整,以便反映在所计算的很长时间中可望发生的变化趋势。

例如,如果立木价值可望以某种速度持续上升,这可以通过以同样的百分比来降低用于立木价值的贴现率来实现。④立木价值等于立木的价格乘以木材的蓄积量,也就是说,当立木的价格随时间以固定的速率增长时,轮伐期也将增长。

这一结论看起来和前面的"更新成本和立木价格"小节中提到的立木价格对森林采伐期是起负面影响的的这个相对静态的结论有些矛盾。但是,前面的结论是基于价格水平的一次性上涨,而我们现在的结论是基于价格以恒定的变化率连续上涨的。

这个简单的调整贴现率以考虑价值和成本的变动趋势的程序,仅能在预测的变化趋势可望是稳定的情况下使用。如果它们以不规则的形式变化,在几何系列中的每项都将不同,所以公式7-4不能被减化为一个简单的表达式。因而必须把每项分开处理,这样计算最佳轮伐期的工作就变得更麻烦了。

与木材生产相关的各种其他成本、价值和税收,它们大部分对最佳轮伐周期的选定具有一定的影响。在多数情况下,它们的影响效果可以通过修正弗斯曼公式来进行评价。只有不影响森林经营方式的成本或者收益才不会影响最佳轮伐周期。

六、哈特曼采伐年龄

到目前为止，我们仅仅考虑了最佳采伐期中的木材收益。但是，木材的管理和采伐也将影响到森林的其他产出或服务。如前面几章所述，有效的森林管理必须考虑森林的非木材价值。在这里，我们引用经济学家哈特曼（F. Hartman）1976 年的公式来说明这一点。这个公式通过将非木材价值引入到弗斯曼公式中来计算新的最佳轮伐期。

这里的非木材价值定义非常广泛，包括了来源于森林的美化环境价值、蓄水功能、碳汇服务、生物的多样性和一些像野花和蘑菇等的非木材产品。通常每一个非木材价值都和木材蓄积量或者森林的林龄有关，但是其确切关系各种各样。所以，只能通过具体的实证调查才能做出较准确的判定。更复杂的是，我们还得把所有的这些收益汇总到一起，将它们跟森林的年龄相联系，并将它们和木材价值放在一起分析来决定森林的最佳轮伐期。

1. 哈特曼采伐期的离散形式

我们先来讨论哈特曼采伐期的离散形式。这可以使那些不想阅读微积分的读者可以跳过下面的部分——哈特曼采伐期的连续形式——也不至于影响他们对哈特曼采伐期概念的理解。我们先讨论一次性采伐期，然后再来讨论连续性的森林的采伐期。

记得前面我们用等式 7-2 来表示一个采伐年龄的最优条件，这一等式重新整理成：

$$\Delta S = iS(t)$$

等式的左边是森林生长的边际收益，右边是继续使森林生长一年的边际成本。现在我们假设 $n(t)$ 代表树龄为 t 时的非木材的边际收益，将 $n(t)$ 加入到等式 7-2 左边，得到：

$$\Delta S + n(t) = iS(t) \tag{7-15}$$

这一等式表明，只有当林木的木材和非木材的边际收益之和等于边际成本时，才能对木材进行采伐。

类似地，一个永续系列的最佳采伐条件可以用等式 7-6 表示：

$$\Delta S = iS(t) + A$$

或

$$\Delta S = iS(t) + iV_S$$

这里，A 是地租，V_S 是地价。类似地，将 $n(t)$ 加到等式 7-6 上得到等式 7-16：

$$\Delta S + n(t) = iS(t) + iV_S \tag{7-16}$$

这个等式再次表明只有当森林的（包括木材和非木材的）边际效益等于持有林地和木材的成本增量时，森林才应该被采伐。注意，在等式 7-6 中，林地的价值（V_S）和地租（A）只包括木材的价值，而在等式 7-16 中，这些项还包括了非木材价值。满足等式 7-16 的采伐期就是哈特曼采伐期。

等式 7-16 表明，只要非木材收益随着林龄增长了增长，哈特曼最佳轮伐期就要比弗斯曼的轮伐期长。有时候，某些森林的包括非木材收益的边际收益可能总是超过边际成本，意味着这些森林永远都不应该被砍伐。

2. 连续形式下的哈特曼采伐期

我们先把木材价值暂时放一边，考虑只将我们的最佳采伐期模型中的非木材价值最大化。

木材价值和非木材价值的区别在于,除了间伐外,木材收益只在采伐期的最后,当树木被砍伐时才能获得。而非木材收益,却连续地或者每年都可以获得。

一块林地的总非木材价值($N(t)$)是取决于树龄 t 的每年的非木材价值 $n(t)$ 的积分函数:

$$N(t) = \int_0^t n(t)$$

这里 $n(t)$ 是未经过贴现的树龄为 t 时的非木材价值。通常,$N(t)$ 关于 t 的一阶导数大于零 $[N'(t) = n(t) > 0]$,而其二阶导数则通常被假定小于零 $[N''(t) < 0]$。换言之,非木材价值的边际收益随时间的增加以逐渐减小的速率而增加。

我们的目标是选取能使这种收益的贴现值最大的采伐期。每当树木被砍伐后,非木材价值就下降为零。用连续贴现的形式,这一问题可以写成:

$$V_n = \text{Max} \frac{N(t)e^{-rt}}{1 - e^{-rt}} \tag{7-17}$$

这里,V_n 是一块林地非木材价值的资本化收益或净现值。

对等式 7-17 求关于 t 的微分后,设其一阶导数为零得出非木材价值最大化时的采伐期的表达式为:

$$\frac{N_t}{N(t)} = \frac{r}{1 - e^{-rt}} \tag{7-18}$$

这里 N_t 是 $N(t)$ 关于 t 的导数。它等于 $n(t)$。

我们已经很熟悉了这一表达式的经济学解释:只要非木材价值的增长速率(边际收益)高于用连续贴现率的永久形式 $1/(1-e^{-rt})$ 调整后的成本的增长速率(边际成本),那么就应该推迟采伐。反之,就应该进行采伐。只要非木材价值随着时间增加以降低的速率增加,我们就可以找到一个最大值和最佳采伐年龄。

当同时考虑林木在一个无限规划期的木材和非木材价值时,那么目标公式就是最大化这一组合的收益:

$$\text{Max} V_s + V_n = \text{Max}\left[\frac{PQ(t, E)e^{-rt} - wE}{1 - e^{-rt}} + \frac{N(t)e^{-rt}}{1 - e^{-rt}}\right]$$

$$= \text{Max} \frac{PQ(t, E)e^{-rt} - wE + N(t)e^{-rt}}{1 - e^{-rt}} \tag{7-19}$$

这里,$PQ(t, E)$ 是林木的木材价值,$N(t)$ 是这个采伐期 t 期间的非木材价值,wE 是营林成本。那对式 7-19 求导可以得出使收益最大化的必要条件是:

$$\frac{PQ_t + N_t}{PQ + N(t) - wE} = \frac{r}{1 - e^{-rt}} \tag{7-20}$$

这个表达式和之前我们讨论过的当仅有木材价值或非木材价值时的形式相似,可以用同样的方式解释:最佳轮伐期发生在当林木继续生长一年所产生的木材和非木材价值刚好抵消推迟林木采伐一年所产生的成本时。满足这一条件的采伐期被成为哈特曼采伐期。

调整表达式 7-20,可以得到:

$$(PQ_t + N_t)(1 - e^{-rt}) = rPQ + rN(t) - rwE \tag{7-21}$$

我们可以通过将等式 7-21 分解成几部分来更详细地讨论一下哈特曼轮伐期。等式的左边是一定时期内蓄积量的增长所带来的木材效益(额外生长的林木蓄积量乘以价格,PQ_t)加上非木材收益(N_t)。这两者在单个采伐期的边际效益再乘以 $(1 - e^{-rt})$ 就变成了永续系列中的边际效益。等式的右边是推迟森林采伐的边际成本。它包括3个部分：森林采伐所得到的木材收益，rPQ，加上让森林再生长一个时期所产生的非木材价值$rN(t)$，减去推迟了一个额外生长期的营林投入的收益，rwE。为了使林业的社会收益最大化，只有当边际收益和边际成本相等时，才能对林木进行采伐。

3. 其他考虑

林木的非木材价值随着年龄以不同的方式变化。实际上，当森林较年轻、不连片，或者是较大一部分比例是在刚刚采伐后的区域的时候，森林的某些非木材价值比较高。比如说一些野生动物或者放牧的价值。这个可以用图7-4的线Ⅰ来说明。当森林的林分树龄比较大时，森林的游憩、美化环境、或者生物的多样性（如北部的斑点猫头鹰、红顶啄木鸟、或者鲑鱼）等方面的非木材价值比较高。这个可以用图7-4的线Ⅲ来说明。还有一些跟树龄没有关系的非木材价值（一些鸟种），由线Ⅱ说明。将这些非木材价值累加到一起，就产生了图7-4中的曲线Ⅳ。

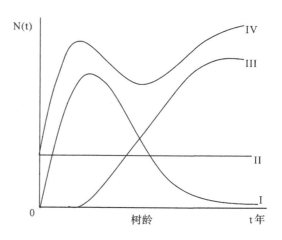

图7-4　树龄和各种环境价值的关系

每一种林产品或者服务都以不同的方式受森林的树龄影响。如果它们随树木年龄的增长而变化，那么它们将影响采伐期的确定和森林的净产出值的最大化。

我们再一次强调，找到所有的非木材价值和年龄的确切关系是一种挑战。即使我们找到了一种可以信赖的关系，我们需要把所有的非木材价值加到一起并且和木材价值合并到一起。最后，当同时考虑木材和非木材价值时，寻找净产出价值的最大化会因为没有办法找到一个唯一的最大值而变得更加复杂。

但是，很明显，如果非木材价值随着树龄增加，那么哈特曼的采伐期就要比弗斯曼的采伐期长。相反地，如果森林的非木材价值在树龄较小时比较大，随着树龄的增长，其非木材价值的增长率会变为负值，这将缩短森林的最佳采伐期。

更进一步地，我们对上述的讨论做一些合理的扩展。对于一些森林，其非木材价值可能会很大以至于在未来的任何时候采伐森林在经济上都是不可行的。这种情况下，环境收益成为了森林的主要收益，而木材的收益次之。通常，当"原始"森林用于环境服务，或者用于净化心灵的、宗教的目的，或者新建立的森林是用于水土保持或防风的防护林时，只要树木是活的，通常都应该推迟采伐，甚至永不采伐。

下一章解释法正林（或施业林）中轮伐年龄的选择对采伐的重要意义。

七、要点和讨论

林业生产的一个重要问题是轮伐期的确定。轮伐期是一个林木生产的经营周期。最佳轮伐期既是林业经济学区别与农业经济的主要标志之一，又是林业经济学者的"入场券"或"会员卡"。由于林木既是产品又是"工厂"，理解、掌握和应用最佳轮伐期的概念和计算需要使用投资分析等资本理论。所以，轮伐期的确定是对资本进行有效配置的问题。

林业工作者建立了各种最佳轮伐期的方法，例如，工艺成熟、数量成熟（即永续木材收获最大化轮伐期）、经济成熟（即土地期望值最大化的轮伐期）、林木价值（林租）最大轮伐期和单周期净现值最大化或一次性轮伐期。本章指出经济成熟轮伐期（即土地期望值最大化轮伐期或弗斯曼轮伐期）是唯一正确的经济学意义上的轮伐期。这一个由弗斯曼在1849年确定的轮伐期。它被经济学界广泛应用，是林业经济学家对经济学的主要贡献之一。其次，异龄混交林的轮伐期和同龄林的轮伐期在经济学概念上是一致的。最后，非木材效益对某些林分的轮伐期的选择影响巨大，甚至于可以使一些森林的最佳轮伐期变为无穷大。

尽管经济成熟条件下的轮伐期（弗斯曼轮伐期）是唯一符合经济学原理的轮伐期，其他轮伐期对林业界的影响仍然巨大。例如，对采伐限额的确定上，多数国家仍然采用数量成熟（即最大永续木材收获轮伐期）为标准。没有采伐限额的地区（例如，美国南部）和对采伐限额规定执行不严的地区为弗斯曼轮伐期的实施创造了条件。

注释：

① 在表达式

$$\frac{S(t)}{(1+i)^t - 1} = \frac{S(t+1)}{(1+i)^{t+1} - 1}$$

两边同时减去 $S(t)$ 可得，

$$\Delta S = S(t)\left[\frac{(1+i)^{t+1} - 1}{(1+i)^t - 1} - 1\right]$$

而将大括号之内的第一项简化就可得到公式7-5

② 从公式7-5：

$$\Delta S = \frac{iS(t)}{1 - (1+i)^{-t}}$$

$$= \frac{iS(t)(1+i)^t}{(1+i)^t - 1}$$

从分子上减去和加上 $iS(t_F)$，得：

$$= i\left[S(t) + \frac{S(t)}{(1+i)^t - 1}\right]$$

$$= i[S(t) + V_s]$$

这同等式7-6是一致的。

③ 必须在每次轮伐开始阶段，发生种植费用 C 的裸露地的土地价值 V_s，为：

$$V_s = \frac{S(t) - C(1+i)^t}{(1+i)^t - 1}$$

如果还必须考虑管理成本 m，m/i 必须从这个价值中减去。对现有林分，在各种各样的收入 R_1，R_2…和成本 C_1，C_2… 可望在生长周期的不同时间出现，以及每年发生管理成本 m 的情况下计算不断重复培育的森林现值的通用公式是：

$$V_0 = \frac{R_1(1+i)^{t-T_1} + R_2(1+i)^{t-T_2} + \cdots - C_1(1+i)^{t-T_1} - C_2(1+i)^{t-T_2} - \cdots}{(1+i)^t - 1} - \frac{m}{i}$$

这里 t 是采伐期，T_1，T_2…是从现在到周期性成本（C_1，C_2…）或费用（R_1，R_2…）发生时的年限。公式右边第一项分子是在现在生长周期之末所有收益和成本的价值之和，而其分母将无穷周期内的这个价值变为现值。第二项表示管理成本的现值。在林分年龄为零，只有最终采伐（$t - T_1 = 0$），而不存在任何周期性成本、收益、或年管理费用的特殊情况下，V_0所表示的地价与公式7-4中的V_S一致。

④如果立木价格可望以某一固定的速度α上升，那么t年立木采伐的立木价值将是$(1+\alpha)^t S(t)$，而将来森林系列的现值为：

$$V_0 = \frac{(1+\alpha)^t S(t)}{(1+i)^t} + \frac{(1+\alpha)^{2t} S(t)}{(1+i)^{2t}} + \frac{(1+\alpha)^{3t} S(t)}{(1+i)^{3t}} + \cdots$$

那么地价的表达式7-4变成：

$$V_0 = \frac{S(t)}{\left(\dfrac{1+i}{1+\alpha}\right)^t - 1}$$

将括号里的分母项同时加减1，得$[1+(i-\alpha)/(1+\alpha)]^t$，那么计算最佳轮伐期的实际利率就简化为$(i-\alpha)/(1+\alpha)$。当$\alpha$较小使得$(1+\alpha)$接近1时，那个这个实际利率就等于$(i-\alpha)$。因此在弗斯曼公式里用$(i-\alpha)$作贴现率来解释立木价值的上升趋势就是足够的。

如果用这个表达式的连续贴现的形式，那么上式得微分形式就更简单了：

$$V_0 = \frac{e^{\alpha t} S(t)}{e^{rt}} + \frac{e^{2\alpha t} S(t)}{e^{2rt}} + \frac{e^{3\alpha t} S(t)}{e^{3rt}} + \cdots$$

$$= \frac{S(t)}{e^{(r-\alpha)t}} + \frac{e^{2\alpha t} S(t)}{e^{2(r-\alpha)t}} + \frac{e^{3\alpha t} S(t)}{e^{3(r-\alpha)t}} + \cdots$$

$$= \frac{S(t)}{e^{(r-\alpha)t} - 1}$$

这里r是连续贴现率。这意味着当木材的蓄积量恒定而立木价格以恒定速率α增加时，贴现率即转变成$(r-\alpha)$。

复习题

1. 为什么林分的立木价值的增长和它的蓄积量的增长不完全成比例？
2. 多维持一年森林增加的成本是什么？增加的收益呢？请解释为什么当增加的成本和收益相等时对森林进行采伐能使林主获得最大的回报？
3. 一公顷森林，其商品林蓄积量的增加和树龄的关系如下表所示。假定所有的木材都是每立方米5加元，应用的利率为6%。

树龄(年)	木材蓄积量(立方米/公顷)
15	0
20	50
25	100
30	240
35	400
40	530
45	640
50	730
55	760

计算地租和连续森林生产时的最佳经济轮伐期。

第七章 最佳森林采伐期

4. 下列因素将如何影响森林的最佳轮伐期？

(a)利率增加；(b)重新造林成本降低；(c)每年的森林防火成本上升。

5. 如果一片森林树木的年龄越大森林的娱乐价值越高，那么这对采伐森林的最佳轮伐期有什么影响？

6. (a)弗斯曼采伐期；(b)最大可持续木材产量采伐期；(c)最大立木价值(林租)采伐期；(d)费希尔(一次性)采伐期；和(e)哈特曼采伐期的区别是什么？

参考文献

[1] Amacher Gregory S, Markku Ollikainen, Erkki Koskela. 2009. *Economics of Forest Resources*. Cambridge, MA: MIT Press. Chapters 2 and 3.

[2] Anderson FJ. 1991. *Natural Resources in Canada: Economic Theory and Policy*. 2nd ed. Toronto: Nelson Canada. Chapter 7.

[3] Binkley Clark S. 1987. When is the optimal rotation longer than the rotation of maximum sustained yield? *Journal of Environmental Economics and Management* 14: 142-58.

[4] Calish Steven, Roger D Fight, Dennis E Teeguarden. 1978. How do nontimber values affect Douglas-fir rotation? *Journal of Forestry* 76(4): 217-21.

[5] Chang Sun Joseph. 1981. Determination of the optimal growing stock and cutting cycle for an uneven-aged stand. *Forest Science* 27(4): 739-44.

[6] —. 1983. Rotation age, management intensity, and the economic factors of timber production: Does changes in stumpage price, interest rate, regeneration cost, and forest taxation matter? *Forest Science* 29(2): 267-77.

[7] Clark Colin W. 1976. *Mathematical Bioeconomics: The Optimal Management of Renewable Resources*. New York: John Wiley and Sons. Chapter 8.

[8] Faustmann Martin. 1849. Calculation of the value which forest land and immature stands possess for forestry. In *Martin Faustmann and the Evolution of Discounted Cash Flow: Two Articles from the Original German of* 1849, edited by M. Gane; translated by W. Linnard. Institute Paper No. 42. Oxford: Commonwealth Forestry Institute, Oxford University, 1968.

[9] Hartman Richard. 1976. The harvesting decision when a standing forest has value. *Economic Inquiry* 14: 52-68.

[10] Heaps Terry. 1981. The qualitative theory of optimal rotations. *Canadian Journal of Economics* 14(4): 686-99.

[11] Hyde William F. 1980. *Timber Supply, Land Allocation, and Economic Efficiency*. Baltimore: The Johns Hopkins University Press, for Resources for the Future. Chapter 3.

[12] Newman David N, Charles B Gilbert, William F Hyde. 1985. The optimal forest rotation with evolving prices. *Land Economics* 61(4): 347-53.

[13] Pearse Peter H. 1967. The optimum forest rotation. *Forestry Chronicle* 43(2): 178-95.

[14] Samuelson Paul A. 1976. Economics of forestry in an evolving society. *Economic Inquiry* 14(4): 466-92.

[15] van Kooten, G Cornelis, Henk Folmer. 2004. *Land and Forest Economics*. Northampton, MA: Edward Elgar. Chapter 11.

[16] Walter G R. 1980. Financial maturity of forests and sustainable yield concepts. *Economic Inquiry* 18(2): 327-32.

第八章 采伐限额和采伐速度

第七章讨论了"林分"应该在什么年龄采伐以实现其经济收益最大。本章讨论"森林"。森林即常常由多个林分组成，每个林分具有不同的树种组成、年龄、土地生产力等特征。上一章讨论了一块特定林分的采伐周期，本章讨论整个森林的采伐速度。

在不同时间应该如何采伐森林是林业管理中的一个最基本问题。有关对采伐速度、采伐率、与生产量之间关系的决策，对森林结构和组成来说，有重要意义。另外，因为采伐会产生经济效益，并降低以森林形式占用的资本，所以不管森林企业大小，选择采伐时机和速度对他们的经济状况有重要甚至决定性影响。

采伐速度的作用还常常超出了个别林业企业的范围，涉及到林业的整体经济、社会和生态效果。采伐速度的选择影响着一个地区的木材供给，从而进一步影响这一地区森林工业的规模、雇佣工人的数量、以及整个工业的稳定性。这些对于一个地区的经济活动而言都是非常重要的因素。采伐的速度也影响着对森林游乐和环境方面的价值在空间上的布局和管理。基于上述原因，对不同时间采伐量和采伐规模的决策，对于私人林主和政府林业机构来说都是重要的工作。

在本章中，我们先解释一下林分和森林的区别，然后讨论一下各种木材采伐的规则。在后面的几节中，我们对一些目前被林业公司所广泛使用的新技术，以及在没有木材采伐限额的约束情况下，是否能实现木材可持续利用加以注解。

一、林分和森林

林分是指由树种、树龄、生长速度、以及其他特征大体一致的树木组成的，与邻近地段的森林有明显区别的一片林子。林分小到一簇树木大到数以千亩计算的"森林"。林分的大小虽有不同，但是组成该片林地的林分的本质特征完全一致使得管理者可以用同一方式进行经营管理。相反，森林通常是由所有权或管理界限不同而划定的，并经常由多个林分构成。森林可以小到一小片林子，大到甚至美国整个国家数以百万英亩的天然林。但是对于林业企业来说，森林必须作为一个整体进行管理决策。尽管对于每一个林分需要按照其特有的生产力和生长环境进行管理，像道路的开发、林业投资、采伐率和经济效果的衡量等主要决策通常都是应用于整个森林的。相应地，个体林分的管理方式必须满足整个森林的发展目标。

从整块森林中得到的收益，不是简单的将构成森林的各个独立地进行管理的林分中所获收益相加而来。这是因为一些管理决策影响许多林分。例如，道路和加工厂的分布影响运输的成本，因而影响不同区域的立木的价值。另一个原因是林业活动，如防火、虫害控制和营林需要在多块林分上一起进行，以便使之有效并获得规模经济。木材之外的一些产品和效益的生产也需要对许多林分进行综合管理。例如，水域保护、野生动物、美化环境和游乐价值等需要经营多个林分。

由于这些原因，一些林业管理问题必须从整个森林的角度去考虑。在这些问题中，最重要的是如何随着时间制定不同时间的采伐计划。这是本章所要讨论的主要问题。

这个问题与木材市场的供给的关系值得注意。在第四章中，市场供给被描述为在一个特定市场上所有生产者销售的木材量的总和。这里我们关心一块林地的管理者如何决定他的生产量。因此，他和别的生产者一道决定市场上的立木供给。

二、市场规范法及其限制

在很大程度上，对采伐速度调节的问题与许多厂商管理存货问题相似。保存森林中的木材蓄积的机会成本是很大的。这些机会成本就是这种资本价值被用于其他用途时可以获得的潜在收益。与其他存货一样，森林蓄积能通过使用和销售而降低，或通过投资而扩大。

在像第二章所描述的完全竞争性市场经济条件下，私有林所有者可望独立地、有效地根据市场成本和价格管理他们的森林蓄积和木材供给。从森林中获得最大可能价值的关键在前几章已经介绍：对森林进行管理和采伐的目的，就是使不同时间内生产的商品和效益的现值达到最大。如第七章和图7-3所示，当某一林分的价值增量不再超过使其再生长一年的成本增量时，就应对其进行采伐。如果林主除获得森林最大经济价值之外不关心其他事情，并且如果他可以按任何数量采伐而不影响其产品的成本和价格时，他可以根据这一原则来选择每片林分的最佳轮伐期。因此，他可以从每片及整块森林中获得最大可能的价值。

在本章中，我们特别感兴趣的是讨论在这种经营体制下，木材产量的变动问题。很明显，这依赖于组成林分的年龄结构。为说明起见，考虑一块由同样大小和生产力的林分组成的森林，其林分的数目等于轮伐周期的年龄。一个极端的情况是，森林是由从零到轮伐年龄的林分组成，那么依靠前章所述的实现收益最大的规则将导致每年都要采伐一个林分。不同时间年产量将是稳定的。另一个极端的情况是，如果所有林分的年龄都相同，在每个轮伐周期整块森林将在某一年内被全部采伐，而整个轮伐期将没有森林可采。在实践中，森林的组成并没有如此简单。很少有森林是由相同大小或生产力的林分构成的，或者是按照年龄等级均匀分布的。因此根据效率原则，对木材的产量进行采伐也应该是浮动的。

不同时间木材产量也将受到其他因素的影响。特别是木材市场波动将促使生产者在价格高涨中加速采伐，在价格低时减少采伐。从长远看，技术、成本和价格的变化会导致产量、营林方式、最佳轮伐期和其他因素的变化，从而也将影响到有效的采伐速度和不同时间内的有效产量。

然而，一个林主常常会发现，根据市场的变化和其他外部条件做大幅度调整是非常困难的。特别是在短期内，产量的明显增加或减少可以导致生产成本的急剧上升。这就使得避免大的产量波动成为最有效的生产和调整方式。林主可能已经答应为某个林产品企业提供一个稳定的木材供给量。他也会因为经济或内部原因而不愿大幅度调整生产水平。这些限制意味着他想要平稳地进行这种由于外部和内部因素引起的短期的生产调整。但是这并不意味着采伐速度不变。对于任何森工企业，采伐速度的不断调整才是最有效的。当然，把森林作为一个整体进行采伐的采伐速度比孤立地按最佳采伐年龄采伐各个林分的采伐速度更平稳些。

林主和政府林业机构对森林采伐规程的制定因森林的大小和复杂性，以及他们的能力、动机和注意点的不同而变化多样。对于一些小片林地的林主，他们的采伐计划通常会根据他们对其森林的蓄积量的判断、对市场的期望和本身的经济需要来确定。一些大的森工企业越来越依赖于计算机的利润最大化模型，利用线性规划、动态规划计划他们在空间和时间上的营林和采伐活动。这些复杂的模型结合了大量的基础数据，以及森林的蓄积量和生长量、对营林的反应和相关的成本及价值等经济信息。它们还会包含一些为保护价值（如水源和环境服务等）的政策法规和限制因素。各种市场不完善可能干扰生产者的决策，并导致低效的资源利用率。第二章所述的外部性、无知、不完全竞争和私人与社会时间优惠的分歧等属于市场不完善。这些常导致政府用各种形式加以干涉以缓和其不利作用。可是在规划采伐时，政府主要关心的是工业的稳定性。政府担心的是，不加控制的生产者如果不能适应林产品市场的变化而调整其产量时，将导致不稳定的就业和收入。人们长期以来一直担心对采伐不加限制会导致资源枯竭、消除就业机会和危害地区经济基础。

除了个别情况，北美的私有林主大多都可以自行决定采伐速度和采伐量。政府的一些限定林业活动的规则（如不能采伐距离河边太近的树木）可能会约束林主们的采伐行为。但是这些规则对森林的采伐速率却没有做任何直接的限制；林主可以根据自己的需要和市场的变化自由决定。在本章的后面部分，我们通过美国一些区域或全国的实证数据来说明市场是如何有效地规划私有林主的森林采伐速度的。

然而，美国和加拿大的政府出于森林稳定性和可持续性的目的，经常会规定公有林的采伐速度。这些规定的经济意义将在这一章的剩余部分加以讨论。

三、法正林

采伐规则在林业理论和实践上有很长的历史，可以追溯到14世纪的欧洲。这些规则的核心在于如何调整采伐量，以便改变森林的结构，使森林产量可以长期或者永久性地能够维持在一定的水平。

我们已讨论过的一个最简单的例子是：一个同样土地生产力，各林分面积相同，其年龄是从零到轮伐年龄所组成的森林。每年达到轮伐年龄的林分即被采伐，而且假定采伐后立即更新，采伐量就可以在等于整块森林生长量的水平上永远保持下去。

法正林是具有一个均衡龄级分布，能永远地每年生产同样数量木材的森林。它是北美、欧洲和其他地区的国家政府部门规划可持续产量森林的理论基础。在某些情况下，每个林分的采伐年龄是它的平均年增量达到最大时候的年龄。因此，整个森林的木材生产量就一直维持在等于最高木材生长量的水平上。这个模型也被称为最大持续木材产量的管理模型。

尽管概念上简单，在实践中法正林带来了许多复杂的问题。因为大片林地的生长力从来都不是一致的，所以稳定的产量只有根据林地立地条件的不同来分配不同龄级森林的面积时才能获得。土地生产力的不同意味着轮伐期的不同，从而使得安排采伐顺序和平衡采伐的问题更加复杂化。

在实践中，法正林意味着一个动态的、稳定的采伐周期，而采伐量则等于林地固有的生长量。要继续保持一个稳定的产量，土地面积、轮伐年龄、营林投入和木材利用标准等均不能变化。

因为一个法正林管理计划本身需要有长期的预测，这些苛刻的维持生长量和产量稳定的要求很难得到满足。林业科学和营林实践的发展可望改善林业的生产状况；技术变化可能改变可被利用的森林的蓄积量；而且变化着的经济环境将影响决定最有利森林管理的成本和价格。因此，标准的法正林在实践中很少见。然而，法正林是一个对林业工作者和政策制定者有相当直观吸引力的理论模型，并成为许多林业规则所追求的目标。学习林业经济学的学生需要注意的是，尽管法正林是林业管理的一个直观的和常用的概念，但是它并没有考虑投入的成本或其产出的价值。

四、向法正林过渡

在许多林区，主要的森林采伐规则所考虑的不是如何管理法正林，而是怎样使由不平衡龄级分布组成的森林向法正林过渡。例如，在加拿大、美国、俄罗斯和巴西的部分林区，许多森林是由原始林组成的。而这些森林大大超过了森林的采伐年龄。这部分森林必须按严格的规则进行采伐和更新，才能形成法正林所需要的年龄结构。在另一些国家如中国、英国、新西兰和葡萄牙，问题刚好与此相反：这些国家具有年龄较小的、日益扩大的人工林，而缺少大龄级林分。它们的任务就是建立大龄级林分。在这些不同的情况下，人们的注意力是放在从不规则的森林向法正林过渡的方法上。

以经济学的角度看，在过渡期有计划地调节采伐是一个最重要的问题。这是因为转化阶段通常延续很多年，而贴现的力量通常把超过这些年份以后的采伐量的收益降低为一个总现值中相对很小的部分。

两种常用于将不规则森林转化为一个龄级分配相同的森林的方法，是面积控制法和采伐量控制法。在土地有同样生产力的假定情况下，面积控制法需要每年采伐和更新的森林面积等于总面积除以为下一轮森林选择的轮伐期。然后，在最后原始林被采伐的那一年，将有一个逐渐从零到采伐年龄的龄级分布。而以后森林就可以按法正林进行管理。

当然，面积控制法在过渡阶段木材产量是不稳定的。某个时间的采伐水平取决于原有森林的结构和采伐的顺序。例如，如果森林包括原始林，且原始林最早被采伐，当采伐转移到下一个同样面积的年轻的森林时生产量可能下降。相反地，在一个年轻的森林中，也许在开始时，需要采伐未达到轮伐年龄的林分。那么，在开始时采伐量会很低，而以后明显地上升。

而采伐量控制法的目标在于稳定过渡期的采伐量而允许采伐面积的变化。这就需要确定每年的采伐量。它通常被称为年允许采伐量或年采伐限额（annual allowable cut，AAC）。计算年允许采伐量需要考虑采伐量和原有森林年龄分布及其生长率的公式。

一个被美国和加拿大广泛采用的公式被称为汉斯雷克公式（Hanzlik formula）。它曾用于指导在一个轮伐期内把太平洋西北部的原始森林转化为法正林。它将一个轮伐期内年允许采伐量（AAC）规定为：

$$AAC = \frac{Q_M}{t} + MAI \tag{8-1}$$

这里 Q_M 是森林中已经超过下一次森林轮伐年龄 t 的、生长量为零或可以忽略不计的成、过熟林的木材蓄积量。而 MAI 是可望在计划的轮伐期内非成熟林分的平均年生长量。注意，如果开始时森林全部由停止生长的原始林组成，MAI 将变为零，而该公式将确定在每年内以相等的数量采伐原始蓄积。如果森林全部由低于采伐年龄的林分组成（即如在过渡期结束后的情况），公式 8-1 等号右边第一项将不存在，表明年允许采伐量等于森林的生长量。

这种采伐量控制法，与前面讨论的简单的面积控制法的不同之处，是在向法正林过渡期间从不规则的森林中可以获得稳定的采伐量。可是，在法正林过渡期末，两种方法很可能均需要对法正林的永续利用采伐量进行一些调整。正如前面所讨论的，如果原有的森林包括占绝对优势的成、过熟原始林，每公顷可生产出比下一次森林达到轮伐年龄时多的木材，用汉斯雷克公式算出的产量将需要向下调整。这反映了与转化天然林相联系的"木材生产量下降"现象。但如果初始森林主要包括非成熟林，那么在过渡期间年允许采伐量必须保持在最终的永续利用采伐量和生长量以下。

人们使用了各种公式或规则，以便使各个阶段采伐量的调整更平稳。例如，当把原始林转化为经营林时，如果由于"生产量下降"现象采伐水平必须被降低的话，那么当过熟林被消耗时定期地使用汉斯雷克公式，将使年允许采伐量逐渐地下降到森林的可永续利用采伐量。相应地，可以限制年允许采伐量在 10 年内以不超过一定的百分比的范围里浮动。美国和加拿大的一些政府林业管理机构追求"不下降均衡产量"的目标，以避免任何的向下调整。这个目标使得在转化原始林时，采伐调节的问题变得复杂了，而且通常把转化阶段延续到一个轮伐期以上。

1. 经济涵义

这些调节采伐规则都没有考虑它们的经济涵义，尽管其结果对森林企业的经济效益会产生重要影响。其成本或这个规则使效益受到损害的程度，可以使用这些规则进行采伐的现值和使用最有效采伐方法进行采伐的现值之间的差额表示。

效益损失的大小取决于每块森林的特点。但是，我们可以通过一个简单的例子来对此加以说明。对于一块全部由停止生长的、由 1000 公顷过熟原始林组成的、每公顷价值为 20000 加元的林地，我们假定下一次林分按前一章表 7-1 所示的蓄积量和价值进行增长，并且将在第 58 年的最佳轮伐年龄期采伐。为了简化起见，我们还假定所有成本和价格是不变的，而且不受采伐率的影响。最后，我们所选定的利率是 5%。

在这些条件下，最有效的方法是在第一年采伐所有的森林，这将产生 20000×1000 = 2 千万加元的收益。为获得森林企业的总收益，我们还必须加上将来森林作物的现值，即我们在第七章中计算这个值是无林地的地价，为每公顷 827 加元。因此，森林的总现值变成了 20827000 加元，如表 8-1 所示。

表 8-1　不同采伐计划的收益价值（加元）

	不规则的采伐规划[a]	规则的采伐规划[b]
采伐原有木材	20000000[c]	6489505[d]
以后的森林价值	827000[e]	268341[f]
总价值	20827000	6757846

NOTES

注：

a：在第一年采伐所有森林。

b：在 58 年森林过渡转化期内，每年采伐 1/58 原有森林。

c：1000 公顷木材，每公顷价值为 20000 加元。

d：1/58 初始森林木材现值（1/58×20,000,000 = 344,828 加元），发生在 58 年中的每一年，使用第三章公式 3.7。

e：1000 公顷林地每公顷价值 827 加元。

f：1/58 森林地价的现值（1/58×1,000×827 = 14,259 加元），发生在 58 年中的任何一年，使用第三章公式 3.6。

因为我们假定是一个规整的森林。把这样的森林转化为法正林的面积控制法和蓄积量控制法是一样的：即在 58 年中采伐 1/58 原有森林。我们可以用公式 3-7 计算出这样采伐的现值，即：

$$V_0 = \frac{344828(1.05^{58} - 1)}{0.05 \times 1.05^{58}}$$

$$= 6489505 \text{ 加元}$$

使用相同的公式，所有未来林木的价值可被计算为在同样时期内每年发生形成的 1/58 的总地价的现值，为 268341 加元。规则的采伐方法的总现值为 6757846 加元，如表 8-1 所示。

在这个例子中，把采伐量分散到一个轮伐期内，森林的潜在价值就降低了将近 2/3。应该强调，这一结果是由本例中特殊的假设而来。采伐规划对任何森林的影响依赖于有关原始蓄积、轮伐期和所选择利率等具体情况及其他条件。

然而，这个例子说明，把采伐量进一步分散到比最经济有效地进行采伐更远的将来的规则，将大幅度地降低了森林的价值。我们的简单的例子表明这种效果从两个方面表现出来。一个是因被推迟采伐引起的原始森林价值的降低；另一个是从推迟把原有森林更新为新森林而导致的下一次森林作物的价值的降低。本例中没有列出的可能导致损失的第三种方式是，规章制度阻止生产者根据市场波动来调节生产量，即当价格升高时迫使他们的生产量低于最佳经济产量，或在价格下降时迫使他们的生产量高于最佳经济产量。

最后，注意采伐天然林或原始森林的粗放临界点不可能与新培育的森林的粗放临界点重合。采伐生产力相对较低的土地上的原始林可能获利，但这种土地也许不能在培育新的森林时产生净效益。即使某些高生产力的土地生产了高价值的木材，但将这些立木木材采伐后，把土地用于农业、城市发展、或其他非木材用途时的价值可能会更高。在北美土地发展和使用的历史上曾有过这两种情况的很多例子。因此，在将原始林向经营林（或人工林）转化的过程中，森林作业的面积常常会减少。用第六章所讨论的术语来说，这可称为林业用地粗放临界点的收缩。

2. 允许采伐效果

将采伐量平均地分配到不同时间的规划，人为地改变了林业投资的效果。为说明其重要影响，考虑在一个森林生长周期开始时以每公顷 1000 加元进行投资，而使表 7-1 所示例子的林分生长量增加一倍的可能性。投资的结果是在第 58 年进行采伐，这个森林将比无投资时每公顷多产出 995 立方米。

一个决策者通常将营林措施的成本与 58 年后实现的产量增加的收益相比较。可是如果森林是根据某个规则，如在整个轮伐期采伐水平保持稳定的汉斯雷克公式而采伐的，这部分产量增值将被平均地分配到生长周期的每一年中。这样，年允许采伐量每年要增加（1/58 ×995 =17.16 立方米）。这就是所谓"允许采伐效果"。任何生长量的提高，不管它的直接效果在何时实现，将立即使采伐量增加，而且在森林轮伐期内每年采伐量的增加值相同。相反地，任何由于火灾或虫害而引起的蓄积量和生长量的损失将被分散到整个轮伐期，不管损失的木材是否接近轮伐年龄。

进一步讲，这种允许采伐效果扰乱了营林投资的经济收益。在我们的例子里，初始成本 1000 加元通常将与第 58 年后实现的增加产量收益 13187 加元的现值比较。用 5% 的贴现率和公式3-2，现值是：($13187/1.05^{58}=778$)加元。所以这个项目是亏本的。可是，使用平均采伐量公式，每年均会获得增加产量收益的1/58，使用公式3-7这部分价值的现值收益超过成本的四倍多。

因此，允许采伐效果夸大了林业投资的收益，相应地降低了蓄积量因被推迟采伐所造成的损失的经济成本。这种作用的大小很大程度上取决于森林蓄积的结构和轮伐年龄。对于由天然林占优势的林分来说，这种表面的促进新的森林生长的营林投资的收益可能是天文数字。因为允许采伐效果把营林投入所带来的的生长量立刻转变为对成熟林的采伐量。但这个结果主要表现在采伐量规则的人为效果上，而营林的实际效果则不是这么回事。

因此，采伐规则对森林管理者的财务方面有重要影响。所以，一个重要的问题是，是否应该在对营林、森林保护、或经营林地的投资机会进行经济评价时考虑允许采伐效果这一因素。其答案是：尽管这样做不符合经济原理，只要决策者在管理森林时受到这种规则性的制度的限制，他就应该把它考虑进去。也就是说，如果这种规则性的政策规定了营林投资的实际效果，在评价时必须加以考虑。可是，当决策者使用通常的投资标准并以它指导行动时，允许采伐效果就是对林业投资收益的一个不必要的干扰。当然，对任何对规范性政策的评价必须全面考虑到它影响投资者行为和降低林业投资效率的程度。

五、永续木材产量理论及评判

要评价规则和政策的效果，我们必须把成本和收益相比较。众多的有关采伐规则的文章指出，根据这种广义成为永续利用政策的规则来经营森林，可带来多样的效益。在这一节，我们指出各种要求推行永续木材产量的原因，随后通过以对这些原因进行评判和反驳。

1. 经济稳定

永续利用的最主要的理论基础是地区经济和工业的稳定。其论点是稳定的木材采伐量将使采伐和木材加工的工业生产量稳定，因此也使地区就业和收入稳定。这把我们带入了宏观经济学——研究经济活动的总水平、物价、就业、不稳定和增长的原因及控制这些现象的方法的经济学分支。尽管永续利用政策很流行，在林业文献中，林业的宏观经济意义并未得到充分的发展。这里，重要的是确定在一个地区木材采伐水平和地区经济活动水平之间的联系。

第一，就永续木材利用政策被认为是政府用来提高经济稳定性的方法而言，重要的是弄清楚政府想稳定的经济变量。特别是要把对长期经济稳定与短期不稳定问题相区别。林产品市场短期周期性波动主要是由于需求的变化。这与农产品市场相反，农产品市场的波动主要是由于供给的变化引起的。这种需求变化常源于与林业政策无多大关系的力量，通常的原因是利率变化或国际市场的波动。而永续利用只涉及木材市场供给方面。

还有，在面临需求波动时仅稳定供给并不能稳定价格。在没有控制时，生产者在价格下降时降低生产量，在价格上升时扩大生产量，从两方面缓冲了对价格的压力。在面临需求变化时要求保持一个稳定生产水平，不但会加剧价格的波动，而且也会对企业的财务管理增加压力。

因此，永续木材利用政策通常允许在一定的采伐水平范围内对短期市场波动做出某些调整。但这种限制采伐量变化幅度的制度的本质却是加剧市场和价格的不稳定性。

第二，林业对地区经济活动的效果取决于它在地区经济中的重要性。除了极少数情况，森林工业仅是组成地区经济的许多行业中的一个。每个行业沿着不同的增长和就业的长期趋势发展，而宏观政策常关注总体上收入和就业的稳定。如果独立于其他行业仅调整林业的话，林业对稳定地区经济的效果可能不大。

第三，采伐规划并不能稳定森林工业而只能稳定森林工业的原材料供应。这种区别是重要的。因为地区经济稳定意味着就业和收入的稳定。在森林采伐规则所考虑的漫长时间里，木材采伐和木材加工所使用工人数量之间的关系很可能发生很大的变化。技术进步和资本对劳动力的替代趋于将劳动力的生产力每年增加一定百分比，以致经过了象森林轮伐期那样长的时期后，生产每单位木材需要的劳动力将变得很少。从而在长时期内稳定木材生产将不能保证稳定的就业水平。

关于地区收入水平，劳动力的收入是最重要的指标，因为对资本的支付常低于对劳动力的支付且常发生在地区之外。劳动力收入是经常呈相反发展趋势的就业量和平均工资率的乘积。提高劳动生产力是与每单位产出的就业量下降和工资水平上升相联系的。技术变化和实际工资水平变动趋势常受更大范围内经济力量的影响。而它们对林业行业的地区经济水平的长期影响也将随地区和时间而变化。在很大程度上，这是不可预测的。

其他因素也常常改变森林采伐量和地区就业及收入的关系。产品和机械加工工艺很可能得到改进。新的运输系统很可能改变某些森林和它们提供木材的加工中心的关系。而工业的组织和结构很可能改变经济活动的地理分布。

由于这些原因，很难就一块特定森林或一个地区的木材供给和该地区经济长期稳定之间的关系给出一般性的结论。一些经济学者争论道：没有多少证据支持一个长期的均衡木材供给量将提高地区经济稳定的论点；相反，它阻止了增长、对变化的适应和调整及资源重新分配。

很明显，在任何情况下，一项致力长期稳定地区经济活动的政策必须既要超越一个特定的工业原材料量的供给，还要考虑地区经济其他部门和行业的情况和发展趋势。这意味着法正林和永续利用的传统概念不足以保证林业行业对地区经济稳定做出最有效的贡献。

2. 国家安全

历史上，政府提倡稳定的林业的一个重要原因是从战略上考虑的。在前工业时代的欧洲，木材既是民用和商用能源和燃料的主要来源，也是建筑和造船工业的主要原材料。的确，以前许多对木材的需求是受到航海用的船只需要的影响。因为木材是这样一种关键性的原材料，依赖于外国供给是很危险的。而且因为木材粗大，运输成本高，地区林业经济发展需要依靠本地区的木材。所以永续利用政策是国防和经济稳定战略的一部分。

经济和技术的发展，在很大程度上使这些考虑在今天变得无关紧要了。木材已不再是能源或军事和工业用途的主要原料。而且，运输的发展已经更进一步消除对当地木材供给的依赖性。总之，从战略上考虑，可能需要保持一定在急需时用得上的木材蓄积，但并不必要在这种事前或事件中保持永续利用。

3. 道义责任

植根于资源保护和现今大家都努力寻求的可持续发展理论的一种流行的观点认为，人类只是再生资源的临时管理者。另一种广泛流行的观点是相对于20世纪初期的"砍完就跑"的森林经营理论——如果任由森林工业放任行事，那么留给后代利用的资源就不够了。这些观点的假定是，今天的森林所有者和管理者有道义责任将森林资源再传给下一代，并保持原样。而这种责任可以通过控制可持续木材产量来得以实现。

道义责任提出了技术和政治两方面的问题。技术问题是规划采伐量对森林生产力的影响。我们在前面已经注意到，采伐量限额可能降低经济意义上的森林生产力。另外，未来的森林的生产力可以通过现有森林蓄积量的积累而提高。这意味着要放弃目前的采伐，而不是保持一个稳定采伐。如果未来的森林的生产力以木材生产率来计算，它可以通过森林保护、营林和其他措施来提高。总之，把森林转化为一个平稳的年龄结构和保持一定采伐水平并不是保持未来森林生产力的关键。

我们是否有责任把森林按我们发现它们时的状态留给后代，属于伦理学或政治学的范畴。如果这一问题从纯粹的伦理学或政治学角度上的考虑，它是不受经济分析影响的。如果从提高后代的经济福利的角度来考虑的话，并不能得出森林和其他资源应该被维持原样的结论。这是因为，后代的福利和它们的经济生产力或许可以通过消耗一些森林并把它们转化为其他生产性资产，或通过投资，或用人力资本替代自然资本的方法而得到提高。确实，资源用途的变化是经济发展的必然需要。

另外一个近期出现的，支持通过永续利用理论或其他方式来促进森林保护的观点是：自然资本和人造资本的可替代性是很低的。这里的自然资本定义比较宽泛，包括自然资源在内的可以源源不断地生产有价值的物质和服务的自然生态系统。它是和"经济资本"（建筑物、机器）相对应的自然环境产品和服务。当生态系统中的自然资本不易被其他经济和人造资本替代时，一些人会争论说：我们快到了自然资本将要限制人类经济活动的临界点。一些自然资本，包括森林，应该被保存下来，并通过永续利用理论或其他方式来加以维护。

历史上木材采伐是否太快是可以争论的。但如果政府接受了干涉的义务，问题分析的关键就是找出未经调整的资源利用如何与后代的利益不一致，然后再找出能更正这些失调的方法。所产生的问题和最有效的解决方法在不同时间和地点可能不同。特别要指出的是，这些解决方法经常不是某种特殊形式的采伐规则。

4. 综合利用或非木材收益

有时人们建议森林的非木材价值如环境和游乐价值、动物饲料、蓄水和美化环境价值可以通过森林的永续利用而得到保护或提高。在仔细讨论以后，这也是一个空虚无力的论点。正如第五章注意到的，对任何一个特定价值最有利的管理方式决定于每块森林的生态和其他环境因素。而不同林产品和效益需要不同的管理制度。美化环境价值可以通过较多的森林覆盖而得到提高。而某些野生动物和家畜可能得益于较低的森林覆盖。

通常，一个逐渐上升的龄级结构和一个稳定的采伐率不可能使任何某种特定非木材价值或它们的某种组合价值达到最大化。这些价值多数在很大程度上受到天然林如何保护、道路如何设计和采伐在不同时间内如何进行的影响，而受采伐规则性的影响较小。

5. 其他论点

有人还曾提出了支持永续利用政策的各种其他论点，如营林改善、降低风险、保护林主自己不受无知和短视的影响等。其中某个论点或许可以应用于特定的环境，但没有哪个为永续利用的一般政策提供了基本的理论基础。

六、没有采伐限额情况下的木材生产：市场调控

在前面，我们注意到北美的私有林主可以根据他们自己的需要和对市场的判断进行木材采伐。这个天然的实验室可以帮助我们考察在没有政府的采伐限额时会发生什么情况。特别是，在美国，70%的生产性林地（通常被称为"用材林地"）为私人所有。美国的经历可以帮助我们了解在私有林实施可持续木材产量规则的必要性和价值。

由于美国的私有林主要根据市场和自身的情况和需求作出采伐决定，从第三方或者公众角度来看，不管在任何给定的时期，这些私有林主都有可能会过度砍伐，或者"砍伐量太小"。从整体上看，所有林主的行为可以导致整个地区的过度砍伐或者砍伐不足。和此相关的公共政策的效果就取决于一个地区私有林的长期的采伐趋势和森林结构。

值得注意的是，通常情况下，没有采伐限制并不没有导致人们所理解的"过度采伐"，即私有林的木材采伐量超出了木材的生长量。事实上，从1953年起美国的私有林整体的采伐量就没有超出过生长量，这个可以从图8-1上美国私有林的单位面积生长量、采伐量和蓄积量看出来：木材的蓄积增长量超出了采伐量（死亡率在图8-1上没有显示，美国私有林的死亡率在每年0.8%左右），2007年的每英亩林地的蓄积量要远远高于1953年。

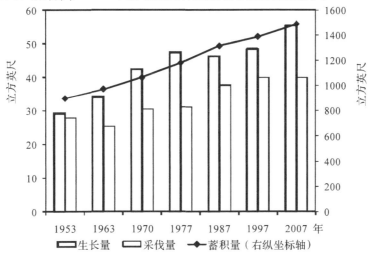

图 8-1　1953—2007 年美国私有林每英亩的平均年生长量、采伐量和蓄积量

有趣的是，同龄林的管理比较流行的俄勒冈州西部地区私有林的龄级分布是比较规整的。如图8-2所示，前5个龄级的森林面积大约都是80万英亩左右。因为该地区的轮伐期在50~60年，这一均匀的龄级分布也许不足为奇。这说明，市场调节采伐速度的能力在这一地区还是不错的。

那么美国的经历告诉我们什么呢？毫无疑问，它提出了这样一个问题，即是否需要依据可持续生产理论，限制私有林的采伐，以防止其过度采伐。至少在美国，相对安全的林权和市场的力量似乎能够吸引足够的投资来维护和提高私有林的森林蓄积量。但这并不是说在市场和经济情况、产权、或其他制度安排上完全不同的国家和地区也不需要可持续生产的采伐规则。

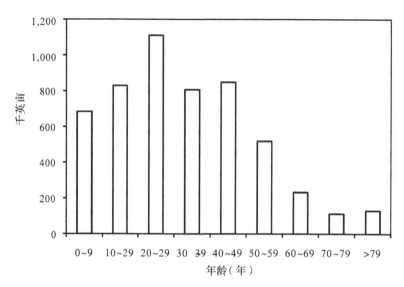

图 8-2 1997 年俄勒冈州西部私有林的龄级分布

七、林业规划的新方法

第一章强调了在制定公共政策和评价政策效果时，社会目标的重要性。林主和公共政策的制定者的目标各异，他们所处的环境也不一样。但毫无疑问，他们在今天所处的环境与许多年前传统的永续利用林业概念不同，而且复杂得多。

20 世纪初期，自然保护运动在美国成为了一种强大的政治力量。这种运动的支持者主张，通过政府干预来控制对森林和其他自然资源的掠夺式开采和消耗。不然的话，美国工业就会失去它所需的原材料。民众的这些呼吁使得某些政策措施得以实施。特别是，在美国西部和加拿大，公有林被保存了下来。政府并通过永续利用的采伐规则来确保这些公有林的木材供应。从那之后，林业生产不断扩大，人们对未来木材短缺的恐惧也逐步减少，林业活动的也得到了极大的改善。然而，公众的焦虑也转移到了森林的非木材价值——保护野生动物、水源、以及其他环境效益，如野生地保护和固碳上了。从现在的环境情况来看，对木材采伐实施的永续利用的规则似乎有些过时了。在很多情况下，对非木材价值关注的增长会迫使林主们放弃长期的采伐计划。一个比较显著的例子就是为了拯救濒临灭绝的北方斑点猫头鹰，美国天然林的计划采伐量发生了骤减。而这同时也保护了鱼类和野生生物、环境敏感区、人们的娱乐场所和社会的游憩资源。除此之外，在不考虑其他价值和成本的情况下，仅基于木材生产量的采伐规则所存在的经济缺陷也逐渐的暴露了出来。

近年来，许多解决不同时间内最佳资源利用速度的方法得到了发展。一些新的数学技术比如控制论原理和一些先进的计算机技术和建模技术提供了对复杂采伐系统进行精确分析的使用方法。例如，一个拥有数百个林分的森林的采伐规程就可以用这些方法进行分析，并考虑到市场因素和政府或非政府保护非木材价值等规章的约束。

因此，越来越多的计算机模型可以用来帮助森林管理者来直接针对特定的目标，基于合理的经济分析来分析和制定采伐规程和其他森林管理项目。这些新技术正迅速地代替森林管理者对传统的永续利用的依赖，尤其在私有林占主导的地区。

八、要点和讨论

本章涉及森林采伐规程及森林资源管理的体制问题。通过简单的案例分析，本章指出法正林的思想和及其相应的森林采伐规程虽然被广泛应用，但是并不合乎经济学原理。同样，使用永续利用理论对森林实行采伐限额的各种历史原因今天也不存在了。最后，本章用美国俄勒冈州西部私有林为例解释了为什么私有林所有者在没有采伐限额的条件下，依据市场变化自愿地调整采伐速度，使该林区基本上达到了法正林的效果，即林龄级分配基本相同。这也许是一个特例，但它说明在没有政府对采伐限额限制的情况下，实现森林可持续经营是可能的。

本章对于如何解释或解决中国林业"乱砍滥伐"现象可能有借鉴作用。对解放后中国的历次"乱砍滥伐"需要进行系统分析。有些虽然超过了采伐限额也是符合经济学原理（资本积累）的，是应该的；有些则是由于产权不稳定引起的；还有些是因为历史上对林价和木材市场的人为限制引起的。目前，中国有些地区林木市场已经发展到相当的程度，林农的知识和管理水平也有了很大提高。在这种情况下，是否可以研究对采伐限额的制定和执行进行改革，使其更合乎经济学原理，更符合林农的和全社会的利益呢？

复习题

1. 如第四章讨论的，在下面两种情况下，来自于个别的森林原木供应将如何影响整个市场的原木供应？（a）这块森林是提供市场需求的众多森林资源之一，（b）这块森林是提供市场需求的唯一资源？

2. 为什么有的时候为了满足整片森林的利润最大化，有必要修改能够使某公顷林分利润最大化的采伐计划？

3. 什么是法正林？为了使法正林能够随时间产生恒定的产出需要满足什么样的造林和采伐条件？

4. 一块面积为5000公顷的、单位面积土地生产力相同的森林，其中一半是蓄积量为每公顷2000立方米的原始森林，另一半是20年树龄的次生林，以每公顷15立方米的年均增量在50年的计划采伐期内生长。请用汉斯雷克公式计算它的年允许采伐量。若其中的原始林全部砍伐完毕，那么新的年允许采伐量又是多少？

5. 假设在未来的50年，每年的采伐量相同，请计算问题4中的原始林的现值。如果贴现率为4%，所有的木材均价在20加元/立方米，请比较这种情况下所能生产的木材的现值和起始就将原始林木材全部砍伐的现值。

6. 为什么森林采伐保持在一个稳定的状态有时却无法保证周围社区的经济稳定？

参考文献

[1] Azuma David L, Larry F Bednar, Bruce A Hiserote, Charles F Veneklase. 2004. *Timber Resource Statistics for Western Oregon*, 1997. Revised Resource Bulletin PNW-RB-237. Portland, OR: US Department of Agriculture,

Forest Service, Pacific Research Station.

[2] Bell Enoch Roger Fight, Robert Randall. 1975. ACE: the two-edged sword. *Journal of Forestry* 73(10): 642–43.

[3] Berck Peter. 1979. The economics of timber: A renewable resource in the long run. *Bell Journal of Economics* 10(2): 447–62.

[4] Bowes Michael D, John V Krutilla. 1989. *Multiple-Use Management: The Economics of Public Forestlands*. Washington, DC: Resources for the Future. Chapter 4.

[5] Buongiorno Joseph, J Keith Gilless. 2003. *Decision Methods forForest Resource Management*. New York: Academic Press. Chapters 5–7.

[6] Davis Lawrence S, K Norman Johnson, Pete Bettinger, Theodore E Howard. 2005. *Forest Management: To Sustain Ecological, Economic, and Social Values*. 4th ed. New York: Waveland Press. Chapters 10, 11, 13, 14.

[7] Heaps Terry, Philip A Neher. 1979. The economics of forestry when the rate of harvest is constrained. *Journal of Environmental Economics and Management* 6: 297–319.

[8] Klemperer W David, John F Thurmes, Richard G Oderwald. 1987. Simulating economically optimal timber-management regimes: Identifying effects of cultural practices on loblolly pine. *Journal of Forestry* 85(3): 20–23.

[9] Luckert M K(Marty), T Williamson. 2005. Should sustained yield be part of sustainable forest management? *Canadian Journal of Forest Research* 35: 356–64.

[10] Nautiyal Jagdish C, P H Pearse. 1967. Optimizing the conversion to sustained yield: A programming solution. *Forest Science* 13(2): 131–39.

[11] Smith W Brad, Patrick D Miles Charles H Perry, Scott A Pugh. 2009. *Forest Resources of the United States*, 2007. General Technical Report WO-78. Washington, DC: US Department of Agriculture, Forest Service, Washington Office.

第九章 林业长期发展趋势和造(营)林投资经济学

在前几章里,我们讨论了林分层面的木材采伐和应用于整个森林的采伐规则。第六章中,我们了解了林业用地的扩张和缩小,以及由于经济条件、其他经济行业发展、政府相关政策的变化和土地自身的生长条件的不同给林业集约化程度带来的变化。不同时间内林业土地利用、集约化管理程度、采伐量和生长量的变化是林业行业对于整个经济状况和人类对森林和林地需求变化的整体反应。

本章对林业行业的长期发展趋势做一个大致的回顾和展望,并讨论如何通过造林(营林)投资来有效的应对这些变化。后者就是所谓造林(营林)投资经济学。本章所讨论的内容有利于我们更好地了解人类对林业资源的利用从掠夺式的开采到合理化经营的演变过程,以及林主和政府部门是如何进行适当的造林和营林投资的。本章末节,我们将这两个主题相结合,并检验美国南部地区林业的演变和人工林的发展情况。

一、林业的长远发展趋势

经济学家认为,一个趋势的形成,往往是反映于某种产品或服务的价格和数量的变化。由于森林可以生产各种林产品和服务,那么林业的发展趋势就可以通过研究各种林产品和服务的价格和数量的变化来加以了解。正如第五章我们学到的,一些林产品或服务,特别是那些为环境保护的服务,是没有价格的。尽管如此,各种林产品和服务的数量,包括那些所谓无价格的环保的服务的数量,也一直在变化。因此,我们可以粗略的把各种林产品和服务分为两个部分——即通常是有价的木材和通常是无价的环境服务,并研究这两者各自的发展趋势。让我们先结合美国的发展情况来研究以木材生产为主的林产工业行业的长期发展趋势。

1. 原始天然林的消耗和林产工业行业的发展

林业行业的木材部分通常需要很长的生产周期,立木的蓄积存量要比每年的采伐量大许多。因此,在这方面,木材区别于其他产业,特别是有别于农业。这个区别在全世界的任何林区都存在。

在早期,当欧洲人迁入北美洲时,立木木材是非常廉价的,有时甚至是负数。对于当时的迁徙者,砍掉一片森林也不会有什么大的损失。当时的人们认为一些林地只有用来种粮食才会变得更有价值。就这样,许多树木被连根拔起,林地变成了农场或其他用地。

图9-1显示:从1630年到1907年,美国全国林地面积从10亿零5千万英亩,锐减到7亿5千万亩,降幅超过27%。伴随而来的是居民的迁移和农业的扩张,从北到南,遍及整个美国东部。图中没有体现的是,期间全美的森林覆盖率从46%降到33%。与此同时,美国北部的森林占地也从72%降低为34%。20世纪之前,类似的情况同样出现在的美国南

部，大量的森林面积流失，使该地区的森林覆盖率从 1630 年的 66% 降到 1907 年的 44%。

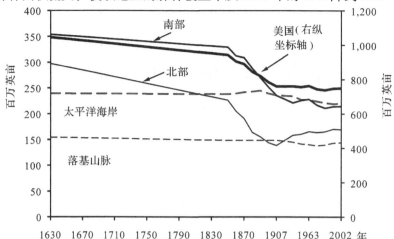

图 9-1　1630~2002 年美国全国和各地区的森林面积

数据来源：Smith et al，2004.

随着时间的推移，如果人们仍不采取措施，立木木材的经济可开采量便会逐渐减少，木材会成为越来越稀缺的资源。随着人口的增加、工业化进程的加快和人们对木材需求量的提高，这种入不敷出的矛盾会慢慢地凸显。在早期阶段，满足日益增长对木材需求的主要手段就是通过对天然林的大肆占有和砍伐来扩张森林采伐的粗放边际。近的砍完了，人们就到更远的，甚至采伐条件和运输条件极其恶劣的地方去伐木。

然而，随着稀缺性增加——当市场可利用的原木的减少量大于需求的减少量，或者需求的增加量大于供给的增加量时——木材的价格就会上涨。原始天然林自身生长速度缓慢的特点更加剧了木材供应的不足和木材价格的上涨。此外，在一些偏远地区，采伐作业难度的增加也是木材价格飞涨的因素之一。

但是，即使在最初被砍伐的原始林没有被恢复的情况下，立木木材价格的上涨速度也还是有限的。原因是，自然资源市场往往和资本市场相关联，在没有树木的自然生长和新的木材资源供应的情况下，市场要求立木木材的价格增长率和市场上的利率（投资回报率）相等。这就是霍特林法则（Hotelling's rule）[①]：对于某个不可再生资源而言，它的净价（市场价减去开采成本）的上涨率必须等于竞争性市场的投资回报率。在本章节里，我们把最初的不可再生的原始林的净价值，也就是立木价格简称为木材价格。

有四个因素能够抑制木材价格上涨程度。第一个是上面提到的粗放边际的扩张。由于价格的上涨，导致了只有到那些尚存的原始林区去进行开采才会有利可图。美国的木材工业发展的中心，从起初的东北部先是转移到了五大湖地区，然后再转向了南部和太平洋西北部就是粗放边际扩张的一个很好的例子。此外，还有诸如 20 世纪 60 年代以后，发生在加拿大大不列颠哥伦比亚省和北部地区的木材产业的发展，都是直接由当时美国木材价格的上涨导致的。所以，人们会发现，在随后的几十年，美国从加拿大市场进口的由原始林生产的林产品始终在增加。这种跨地区之间的的粗放边际的扩张虽然可以解决美国市场上的木材稀缺的燃眉之急，但是效果却是有限的。

第二，由于来自原始森林的木材价格持续上涨，人们便提高了对原始森林的保护意识，使其免予遭受山火、虫灾、自身疾病和动物侵蚀的破坏。20世纪20年代首次引进到美国的防火条例，大大的降低了山火对原始森林造成的破坏。同样，在美国南部地区，围栏的引进也使得散养畜牧业对森林和农作物的侵害得到了控制。通过对尚存的原始森林的保护，使得它们日后成为可采伐的经济产品和粗放边际的扩张成为可能。

第三，木材价格的上涨，使得造林变成了一项有经济回报的行为。在美国南部以及世界其他的木材产区，由于原始林的消耗殆尽，植树造林得到了长足的发展（本章稍后部分将讨论该地区造林的发展过程）。由于植树造林的出现，原始林区得到了更好的保护，林地面积不再流失，并日趋稳定。所以，从20世纪20年代以来，美国的森林面积一直保持在7亿5千万亩。造林面积的不断增加代表着林业已经开始从开采阶段转为培育和可持续发展阶段。

最后，较高的木材价格驱使了林业生产的技术进步，同时引起以促进植树造林的投资为代表的林业集约管理的提升。在供应方面，较高的木材价格和土地成本鼓励了木材种植技术的创新，使造林学、森林遗传学和森林保护科学得到了更广泛的推广和普及。例如，在巴西，桉树的年平均产能由20世纪80年代前期的每公顷平均18立方米增加到21世纪初的每公顷平均30立方米。在美国阿拉巴马州，松木的年生长率由20世纪80年代的8.2%，增长到20世纪90年代的10.2%。这些产能的显著提高归功于技术创新和集约管理的提升。在需求方面，较高的木材价格促进了在木材利用率和生产环节中的节约，也促使了新型的木材节能产品的发展。例如，尽管圆木本身的质量大不如前，但在美国南部和加拿大大不列颠哥伦比亚省的锯木厂里，出材率（每投入一单位圆木能产出木材的数量）在20世纪下半叶却有了显著的提升。同时，新型木制品（如人造板）的发展鼓励人们更有效的利用木材，使以前不能使用的树种和等级的木材得到了有效的利用。最后，木材价格的提高也加快了木材替代品（如塑料制品）的出现和使用。

美国从1913年开始，对国有森林的木材价格（立木价格）进行了持续的记录，并在1955年开始对私有森林的木材价格采取了同样的记录。（详见第四章图4-4）。正如图9-2所示，尽管价格波动的幅度很大，但是从1800年开始，美国软木锯材的不变价格是处于持续增长

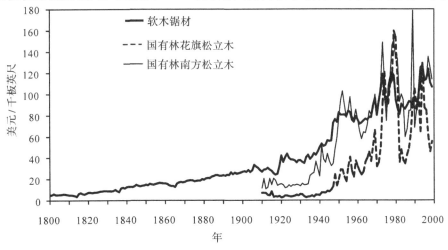

图9-2　软木锯材和软木立木的真实价格指数，1992年价格（1992 = 100）

数据来源：Zhang，2004.

态势的。因此，在过去的两个多世纪中，美国木材和林产品产业的长期发展趋势的最初阶段的特点是对原始林的密集砍伐，并由此也引发了林地的流失和木材价格的上涨。

慢慢地，立木的生长量和生长率也会提高。这些生长量首先来自天然林自然更新，发展到后来的天然林和人工林相结合。木材增长量将最终赶上并超越木材价格的增长速度，并在生长率，价格浮动和利率之间的变化关系中起到越来越重要的作用，这一点将在下面进行讨论。事实上，只有在木材年增长率等于或超过年采伐率的前提下，林地的面积才能趋于稳定。显然，在较短时期内，木材的供求关系变化并不规律，然而，由于受到经济上的木材稀缺的影响，美国在近几个世纪中木材生产的长期趋势却无疑是由掠夺式的开采的阶段逐渐发展到了对森林培育的阶段。

我们可以从传统的弗斯曼公式中看出木材价格的变化率，立木木材的生长率和利率之间的长远关系。这里的木材或立木价格也是随着时间的变化而变化的，$P = P(t)$。这个价格也反映了包括所有可能的国内外粗放和集约边际变化；它是一个长期的、"全球"范围内的价格。而森林所带来的非木材收益和对环境的改善暂时不体现在这个等式当中。

简而言之，我们可以先从成、过熟龄林开始，先假设它们是以自然更新的方式循环生长。如果这种方式被人为的改变，比如进行必要的更新造林，那么这种造林成本的作用仅只使立木收益下降。无论怎样，下面的结论不会改变。

以原始森林为例，V_S代表它的土地期待价值或者地价，则：

$$V_S = \frac{P(t)Q(t)e^{-rt}}{1-e^{-rt}} \qquad (9-1)$$

这里，$P(t)$表示树龄为t的立木价格，$Q(t)$表示t年树龄的立木蓄积量，r为连续的贴现率。除了$P(t)$是时间的函数外，等式9-1与7-10是相同的。

将等式9-1取关于时间t的导数，并使结果表达式等于零，我们可以找到满足地价或者土地期望值最大化的必要条件：

$$\frac{P_t}{P} + \frac{Q_t}{Q} = \frac{r}{1-e^{-rt}} \qquad (9-2)$$

这里P_t和Q_t各自为木材价格和蓄积量关于时间t的导数，P_t/P是价格变化率，Q_t/Q为木材生长率。

等式9-2意味着，从长远来看，价格变化率加上木材生长率等于利率。这里利率r值受无数个采伐期所产生的一个式值，$1/(1-e^{-rt})$，的影响而有所改变。

等式9-2直观地反应了木材价格最初的上升情况。当原始森林的生长率为零或接近零的时候，而这时只要利率为正数，最初的木材价格就会上涨。当利率保持不变，随着立木生长率提高，木材价格将会以更慢的速度上升，最后，木材生长率将会超过价格变化率；后者甚至为零或者负数。

需要重申的是，这个等式适用于长期性的而非短期，因为在短期内可能会有一些不确定因素影响着市场行情。此外，如果一个地区与另一区有贸易或商业往来，从而可以得到外来的林产品的时候，这个地区会由于新的森林的出现而产生粗放边际的扩张。最后，利率将随着时间的变化而变化，并导致木材价格和木材汇率的浮动。

这种长期的关系显示了林业生产和消费活动中的三个关键的经济和生物学变量——木材价格变化率，木材生长率和利率——之间的动态关系。从长远来看，木材价格的变化能够反映出木材供需的关系。从供应方面看，植树造林可以使木材的生长速度加快。这种集约边际的扩展和木材采伐的粗放边际的扩大和近十年北美立木价格的增速低于历史水平（甚至出现了负价格增长）有很大的关系。需求方面，由于林产品生产的技术革新引起的对木材的需求变化、木材替代品的利用，以及人们对森林服务需求的变化同样影响了木材远期的价格趋势。在下一小节我们将讨论越来越重要的、人们对森林用于改善环境的需求。

2. 森林带来的环境服务

尽管森林能够带来许多非木材的产品和对环境的保护，这些大都没有价格。但是，林产品工业发展和木材的大量消耗会对森林提供这些没有价格的产品和服务的数量产生负面的影响。反过来，人类对这些无价格的产品和服务，特别是森林对环境保护的需求，也影响着木材的供应和价格。通过市场和政府，社会决定了有多少森林用于提供这些非木材林产品和服务。这些森林要么被专门用于生产这些非木材林产品和服务，要么在提供这些产品和服务的同时也生产木材。

正如我们将在第十三章看到的，尽管人们对森林的环境保护的需求程度与人们的生活水平不是直线性的相关关系，但是两者是相对应的。经过实证的这种对应关系的例子有：清洁空气、水和户外休闲活动。然而，这种关系普遍适用于所有环境服务。

由于环境服务是无价的和不在市场上交换的，人们没有生产它们的动力。另一方面，随着人口数量和收入的增加，人们对环境服务的需求也随之加大，因此森林环境服务变得供不应求，然而，由于没有价格可以反映出它们的相对紧缺性，或者引导人们在它们的生产和消费间做出适当的改变，这种供不应求会逐渐加剧。

这种供求关系的失衡促使政府有必要出面进行干预。实际上，每当这种不均衡性变得愈演愈烈时，政府通常会介入并通过相关法规来对其进行调整，例如分区制（zoning）、退耕还林和天然林保护（禁伐）。这些法规都有效地降低了商用的用材林林地的面积。在其他条件不变的情况下，商业林地的减少将会导致木材价格的上涨。而通过之前介绍的那些措施，如植树造林、更多的利用木材节约技术和木材替代品都可以抑制木材价格的上涨。

由于对木材和环境服务的相互竞争性的需求引起了土地的稀缺。而土地的供应量又是固定的，那么通过用其他的生产因素来替代土地可以说是符合逻辑的，特别是资金和劳动力的合理运用。传统植树造林的特点就是投入更多的资金和劳动力，其目的是在有限的土地上种更多的树木，赚更多的钱。正如第六章介绍的，如果提高植树的投资可以使木材的供应满足社会对木材的需求，那么就可以有更多的土地被用来改善环境服务。当然，造林投资也可以用来建立和维护那些首要目的为环境服务的森林。

总之，植树造林对木材生产和环境服务都是很重要的，但在讨论造林投资最理想的水平之前，我们用一个例子来结束对林业长期发展趋势的讨论。这个例子在美国具有象征意义。这个例子说明了随着美国整体的经济发展、社会和其他经济领域的进步、以及人们对木材的需求变化对美国东北部的森林和林业发展产生的巨大影响。

3. 一个实例：从约翰·桑德森农场想到的

我们所举的例子是基于休·劳普（Hugh Raup）于1966年发表的论文《约翰·桑德森农场的演变：一个关于土地的使用观点》。我们用它来展示一个小的新英格兰（美国新英格兰地区包括其最东北部的六个州）社区在从18世纪的原始天然林发展到农地，然后是天然次生林，最后是20世纪中叶的（第三次）人工松树林期间所发生的土地使用和林业的变化。

在该论文中，劳普追溯约翰·桑德森家族在新英格兰经历的一些历史事件，这些事件永久的改变了美国东北部和其他地区的林业发展过程。同时他提出了一个观点：土地的使用和森林的变化缘于人们不断发展的态度和价值观。这个真实的故事反映了与林业行业的长期发展和演变过程中土地利用的变化、森林的结构改变、森林的消耗和更新等等都是与人们对木材产品和环境服务的需求息息相关的。然而，这些需求的变化，常常是由于林业部门之外的因素引起的。

约翰·桑德森的农场坐落于马萨诸塞州中部的皮特仙姆镇，在1733年这里出现了第一批居民，那里的原始天然林里主要生长着橡树和栗子树，还有一些铁杉，山毛榉，糖枫和白松。当1771年第一次土地资源调查时，皮特仙姆镇的森林面积减少了10%。到了1791年，这个数字上升到了15%。

桑德森家族的人第一次来到皮特仙姆是1763年，并开始在那里耕种50英亩土地。到了1830年，桑德森的农场已经达到了550亩，那时皮特仙姆的森林已经流失了大约77%。农业的一片繁荣，使桑德森曾经有留下来的打算。而到了1850年，那里近90%的森林都被砍光了。

可是，工业革命的到来使新英格兰地区的农业经济开始迅速瓦解。桑德森一家也没能躲过这个危机，1845年，他们卖掉了农场，转而在当地开了一家银行。到了1870年，该镇至少有一半的农业土地不再被用于耕作了。

同时，在俄亥俄州，劳普的祖父也弃农从工，开始在一家农具厂工作，生产一些货架和小农具。显然，在那个时期的俄亥俄河谷甚至整个美国中西部，人们对农具的需求很大。

1830年到1870年间发生了一些事情。而正是由于这些事一方面使桑德森和新英格兰的其他人不能再继续耕地。另一方面，这些事还导致了中西部地区的人们对农具的强烈需求。最可能的事情就是1825年伊利运河的竣工以及1860年的扩大。这条航道，如图9-3所示，始于哈德逊河边的奥尔巴尼（Albany），终点位于伊利湖的水牛城（Buffalo），横跨整个纽约州，这条运河也使美国中西部的万顷良田向东部繁荣的消费市场敞开了大门。随着接下来发生的市场竞争，新英格兰的农民们认识到了，他们仅凭借小规模的耕作不是中西部广袤富饶的农场的对手。正如劳普注意到的，皮特仙姆的土地是沙壤土，土地干燥，多石，最主要的是土质贫瘠，农田面积也很小。而由于中西部地多，人少，因此这也为初出茅庐的农具制造商创造了机会。这些农具制造商早期生产的收割机、耙子和其他农具，为提高美国中西部农业的收益和效率做出了贡献。

劳普在书中写到"就是这个毁掉了桑德森家族农场的繁荣，同时也殃及了新英格兰南部地区的那些和桑德森家族有着相似情况的家庭"。"如果这里没有激烈的竞争，这里的农场本可以继续欣欣向荣地发展。但是一旦竞争开始了，他们的农业经济就倒塌了。且事发突然并迅速蔓延至整个地区。桑德森家族和其他人一样，不得不放弃农场，另寻出路"。

树木开始重新生长在了这片被废弃的农场上，只不过这次先来的主要是一种先锋树种——白松。这也为此后几十年，美国东北部的木材和造纸发展奠定了基础。到了1900年，新英格兰地区的农场，绝大部分又重新变成了森林。大约在1900年至1910年间，当地引进了简易的锯木厂，把砍伐来的白松加工成了板材，然后制作成盒子和木箱，用来装载那些运回美国中西部的货物。劳普记得，在大约是1908年到1910年的俄亥俄州，当时的他还是个小孩子，家人从杂货店买回来每样东西都是装在木头盒子或者木桶里。当时他并不知道，这

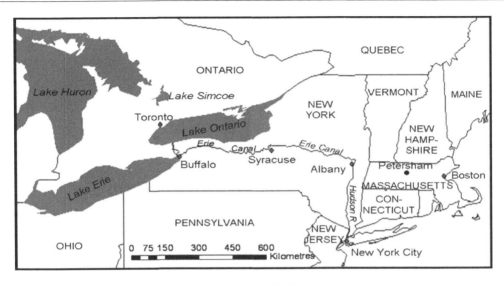

图 9-3　伊利运河

些木头盒子，板条箱和提桶都产自新英格兰南部地区成百上千的木制品厂中的一家，它们大量的生产此类产品，而且这些工厂绝大多数都开办在距离皮特仙姆镇的附近。后来，那些高大、纯白松林都被用来制作这些木制品。这些已经成材的松树林地，在 60 年前却全是农田，养育着像桑德森家族那样的农户们。

当时由于白松变成了木材工业的主要原料，受之影响，20 世纪早期的商人和林业工作者投入了很多资金用来重新种植白松。这就使当地有了第三次森林。然而到了 20 世纪 60 年代当这些人工林成熟时，森林的主要价值已经不是用来制作木制品了，因为纸板和塑料袋已经取代木制品成为农作物的包装材料。

20 世纪 60 年代，劳普在哈佛大学实验林担任主管一职。桑德森的农场是该实验林的一部分。那些当年用来划分土地归属的石墙的遗迹见证了 19 世纪新英格兰地区农业发展。如今，许多石墙都已是残垣断壁，摇摇欲坠。

劳普注意到，在 19 世纪中叶，"夏季居民"开始搬入这些古老的农场村镇。他们大多是城市中的富人，来此寻求休假的僻静之所。他们买下了大部份的农舍，之后进行翻新使其成为消夏的静谧之处。不久以后，这些富人又按照自己的想法，把整个街区改造成他们希望变成的模样。19 世纪下半叶，皮特仙姆当地的土地已经从过去的农业用地变成了休闲用地。而到了 20 世纪初，受工业革命的影响，美国东北部的森林又重新占用了这片土地，同时催生了一个全新的工业种类：伐木和锯材制造业。由于当时中西部地区的农业经济发展迅猛，加之铁路的快速发展和扩张，木箱，板条箱和木桶变得紧俏，松木的市场需求大增，于是成片的松树林又重新生长在了美国东北部的农场上。1900 年时，这些森林仍以生产木材为主。如今，人们对这些森林的的主要需求是非木材收益和环境服务等价值。而人们对木材生产的需求则远远没有在 1900~1910 年时那么重要了。

我们从这个故事中可以看到，新英格兰地区的原始森林从最初被消耗殆尽，到由先锋树种入侵带来的第二次森林，再到后来的第三次人工造林都与农业活动的先兴后衰、工业化的发展和人们需求的变化密不可分。这里的土地的利用随着人类需求的变化而改变——从农业用地，到木材生产用地，再到后来的环境服务用地。今天，新英格兰和其他地区的森林越来越多的被人们当成休闲娱乐和获得环境服务的好去处。

二、造林(营林)投资的理论模型

下面两节从公共政策的角度对造林投资做以概述。因此,它们的用处主要体现在能被用来全面地分析国家政策对私有林主造林投资的作用,同时也能检验林主对市场的信号所做出的回应。而一些具体的投资决策,譬如,如何预抚育间伐,如何选择最佳间伐策略,或应该选择人工造林还是天然更新等,则是对第三章我们讨论过的投资分析的延伸和应用。这些不在这两节讨论的范围。一些微积分的知识有助于读者更好地理解这部分内容。

造(营)林,被定义为是对树木从栽培,成长,成材和健康状况进行控制,以及确保木材质量和价值符合林场主和社会需要的一门科学技术。它贯穿于森林的整个生命周期。传统的营林通常包含如下几个部分:整地,选择质量好、生长快的适当树种,植树,除草,间伐,施肥,主伐。由于对成熟林的采伐可以给林场主带来经济效益,因此,除了采伐收益以外,我们把造(营)林所需的资金总额称为造(营)林投资额。

尽管营林投资存在于树木生长的各个阶段,但是我们可以运用合理的利率,用第七章介绍过的方法,将这些活动的成本贴现到立木在年龄为0时的现值,从而得出总的造林成本,wE,w 为单位成本,E 为造(营)林投入量。所以,下面所说的造林投资包括了营林投资。

弗斯曼公式给出了造林投资的基本概念。我们假设林场主做出投资造林和再造林决定是建立在使木材的净现值最大化的基础上。在这种情况下,木材总收益额减去成本总额即得出净现值。

木材生产函数 $Q(t, E)$ 受树龄 t 和营林投入 E 的影响,我们通常假设这个函数对关于 t 和 E 的一阶导数为正,即

$$Q_t = \frac{dQ}{dt} > 0$$

和

$$Q_E = \frac{dQ}{dE} > 0$$

这是因为,所有其他条件相同的情况下,随着树龄或造林投入的增长,木材生长量也会增长。

由于边际收益率递减,二阶导数 Q_{tt} 和 Q_{EE} 小于0。再次重申,造(营)林投资等于造(营)林投入 E 乘以单位成本 w,这里 w,$E \geq 0$。

林主的目标是使地价或土地的期望值最大化:

$$V_S = \frac{PQ(t, E)e^{-rt} - wE}{1 - e^{-rt}} \tag{9-3}$$

这里的 V_S 表示土地的期望值或地价,r 表示持续贴现率或者林主所投资资本的机会成本,P 为立木的期望价格。等式 9-3 和 7-9 是一致的。

等式 9-3 关于 E 的一阶条件为:

$$V_E = PQ_E e^{-rt} - w = 0$$

或

$$PQ_E e^{-rt} = w \tag{9-4}$$

用经济学术语来讲，等式 9-4 中可以理解为：造林投资的最优水平发生在当造林投入的边际收益等于造林的单位成本 w 时。

接下来，我们要了解立木价格对造林投入的影响。从直观上说，立木价格的上涨可以促进造林的开展。为了证明这一点，我们首先要弄清楚对于立木价格来讲，造林投入的导数 dE/dP 是否为正。

为了得出立木价格 P 关于最佳营林投入 E 的边际效应 dE/dP，保持其他变量不变，我们取等式 9-4 关于 P 和 E 的导数，得到：

$$\frac{dE}{dP} = \frac{-Q_E}{PQ_{EE}} \tag{9-5}$$

由于 $Q_E > 0$，$Q_{EE} < 0$，等式 9-5 为正。这个结果意味着当立木的期望价格上涨时，林主们会加大造林力度。

图 9-4 展示了当立木价格从 P^0 上涨到 P' 时，造林的最佳投入 E^* 的变化情况。造林的最佳投入由造林的边际产值和单位造林成本 w 决定的。当立木价格为 P^0 时，最佳投入值为 $E^*(P^0)$。当价格上涨到 P' 时，造林的边际产值曲线将会上升一个新的高度，最佳投入水平值也随之上涨到 $E^*(P')$。

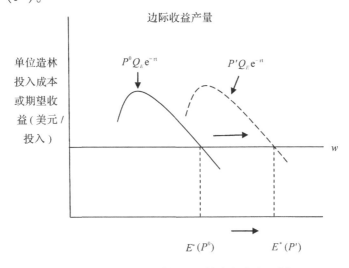

图 9-4　最佳造林投入 E^* 随立木价格增长的变化曲线（引自 Hyde，1980）

同理，当其他变量不变的时候，我们可以取等式 9-4 关于 E 和 w 的导数。即：

$$\frac{dE}{dw} = \frac{1}{Pe^{rt}Q_{EE}} \tag{9-6}$$

最后，保持其他变量不变，我们取等式 9-4 关于 E 和 r 得导数，得：

$$\frac{dE}{dr} = \frac{rQ_E}{Q_{EE}} \tag{9-7}$$

由于 $Q_{EE} < 0$ 和 $P > 0$，因此等式 9-6 为负。这意味着当造林的单位成本上涨时，林主将减少造林投入。图 9-4 中，当 w 上升时，代表单位造林成本的横向曲线也随之上移。因为边际产值曲线没有发生变化，因此造林的最佳投入量将会降低。通常政府对私有林主提供的援助会降低造林的单位成本对其造成的负担。所以当林主能够得到政府补贴时，他们应该会加大植树造林的力度。

在 $Q_E>0$，$Q_{EE}<0$，和 $r>0$ 的条件下，等式9-7也为负数。如图9-4所示，当利率上涨，单位造林投入带来的边际产值将会降低，从而降低了林主对造林的热情。换言之，林主的贴现率上浮时，他们会减少对造林的投资。

三、影响私有林地造林投资的因素

基于上述的讨论，我们可以得出以下结论：立木木材价格(P)，单位造林成本(w)，政府补贴，以及利率(r)是能够影响私有林地造林投资的直接的、主要的因素。这些因素对造林投资的影响程度与木材生长对实施造林做出的反应有关。此外，任何能够影响这些因素的因素也将间接地影响林主对私有林地的造林投资。

我们先从立木木材价格变量入手。因为今天的造林投资能够带来未来的木材收益，弗斯曼公式中的立木木材价格实际上是一个期望价格。同时，价格的期望值目前是无法知道的，只能预估，在实际的操作中，我们通常把现有的价格当作未来期望价格的近似值，用以指导林主做出造林投资决定。

此外，对于林主而言，相关的立木木材价格就是抛开所有成本，例如赋税，林务咨询费后得到的净价值。那么，如果对木材收入征收高额的所得税将大大影响对造林的投资。有据可查的是，在一些发展中国家，政府对木材收入征收赋税过高时，林农不会再花钱去进行植树造林、或对林地进行有效的保护。结果是林地长期荒废，不长树或少长树。

国家法规和森林认证都将增加林主的造林成本，降低木材收益。因此，林主们更希望不受或少受相关法规制约。他们还很自然地抵制高昂的森林认证费用。

造林的单位成本常常受市场因素的影响，个体林主很少能对其进行控制。但是，如果林主们能够享受到政府的造林补贴，林主们的单位造林成本就有可能降低。

在美国，政府通常按造林，林分更新改造维护等费用总额的一定比例返还给林主做为补贴。有些时候，如果林主愿意多保持他们的森林覆盖10年，并提供一些环境产品和服务，那么政府会支付额外的土地租金给他们。譬如土地管理激励项目(Stewardship Incentives Programs)和已不存在的林业激励项目(Forest Incentives Programs)是前者的两个显著的例子。后者的例子包括1956年到1962年之间的土壤资源库项目(Soil Bank Programs)和1985年后开始实施的土地休耕项目(Conservation Reserve Programs)。事实证明，美国政府的补贴项目能够激励林主对植树造林进行投资。

从等式9-5，9-6，和9-7我们可以看到这些边际影响力(dE/dP，dE/dw，和 dE/dr)的大小与树木生长对造林努力的反映程度(Q_E和Q_{EE})有着极大的关系。此类反映是建立在土地的天然生长能力之上，而土质，坡度和气象条件，苗木的种类和树种基因特质也影响着土地的天然生长能力。对林主予以技术层面的支持，可以帮助他们选择到最合适的种苗和恰当的造林方法。

最后，因为林主们都有各自不同的资本机会成本和风险容忍度，所以对他们而言，利率也是不同的。尽管如此，对于一个典型的林主而言，市场利率通常被看作是利率的大体走向，并影响着他们个人的利率。当市场利率上浮时，他们也会相应地减少了对造林的投资。更重要的是，政府的某些政策影响林主的利率。例如，对林主来说，如果用于更新造林就可以免交所得税的那部分木材收入的利率比林主的实际利率要低(甚至为零)。这是因为,如果他不把这部分收入用于更新造林的话,他就得把它们交给政府了。

四、公有林地的造林投资

如果林地为公有,那么政府拥有是否对其投资的决定权。基于公有林地使用和经营的多样性,投资造林的形式有以下几种。

第一,如果公有林地受国家林业机构的直接管理,那么该机构将直接领导开展造林工作。主要分为利用自有设备和人力自行造林,或承包给私营企业。

由国家林业机构管辖的公有林,其造林的投资金额按照国家的拨款程序进行分配:为了争取到政府的资金支持,造林项目必须与其他公共项目进行竞争。理论上讲,这种竞争确保了所有公共项目——包括林业,教育支出,医疗保障,交通运输的基础建设等等——资金的分配都基于经济和社会发展的准则。实际来说,能够带来经济效益的造林计划常常因为非经济因素而夭折,或国家甚至会对那些不能带来任何利润的土地上进行投资造林。政府也常常制定"专款专用"的造林基金,即用卖木材的部分或全部收入设立专门用于造林的投资基金。然而,事实证明,这样的投资方式很难维持长久,也不一定稳妥(即不一定是最有效的)。

第二,如果由私营企业通过租赁的方式对公有林地加以利用和经营,那么国家土地部门可以要求这些企业,在其签订的承包合同条款范围内,进行植树造林,并给与相应的资金补贴。此种投资方式必须要有一个计划、审批和监督的过程。

最后,政府可以要求私营承包商,在其承包期限内用销售木材后得到的收入进行更新造林。同时,也要求承包商在承包期限内确保树木在某一阶段达到一定的标准(例如"自由生长",就是指树木的幼苗或小树苗长大到可以长过其他的植物的程度)。由于私营承包商必须对公有林地进行投资,所以他们往往压低对其的承包价。这样,私营承包商把造林投资变成了以低价换取公有木材采伐权的机会。虽然这种造林投资方式在某种意义上消除了管理公有林所需求的大量官僚机构,而且也确保了森林的延续和再生,但是目前投资造林的意义并不是基于获取它所能带来的远期效益,而是对现存立木的一个必须的投资或产生的成本。根据经济原理,有些投资甚至把钱花在了不该花的地方,使得这样的投资变得没有意义。此外,在承包期有限的情况下,承包商通常不指望能够从下一个收获期中得到更多的利益(即再次采伐下一代森林)。所以,他们除了勉强应付政府对其下达的承包任务和期满后的检查外,几乎不会对承包的土地再多投一分钱。

五、美国南方人工林的发展

本节,我们将把美国南部作为研究案例,说明经济力量、政府政策和自然因素在一个地区林业的长期发展中的作用。在美国南部,林业由最初的过渡开采逐渐发展到森林培育和可持续林业。在木材供应上,人工林发挥着越来越重要的作用。2007年,该地区森林和松树林中人工林的比例分别达到了24%和56%。与世界上许多其他的木材产区一样,美国南部人工林的发展是自然因素、市场和国家政策共同作用的结果。

美国的南部由13个州组成,包括北部的弗吉尼亚州和肯塔基州,西部的德克萨斯州和奥克拉荷马州和南部的佛罗里达州。这里是重要的林区，虽然只占全世界森林面积的2%，而工业用木材的供应量却达到全球的16%。这里的森林还对生态环境有着举足轻重的贡献，例如水源供应，生物多样性和碳汇等。该区域内近90%的林地为私人所有。

正如之前提到的，造成20世纪初以前，南部森林大幅减少的主要原因是农业的扩张。如今，尽管林地承受着来自人口增长和城市化进程带来的压力，但是其下降的速度相比之前已经放缓了很多甚至为零。1970年到2000年的30年间，美国南部的林地面积一直保持在2亿1千5百万英亩左右。

1. 起步阶段

和美国的其他地区一样，20世纪30年代之前的美国南部，林业主要还是依靠对丰富的天然木材资源的开采。即使20世纪早期进行很有声势的自然保护运动，也没有阻止该地区天然林的消失和改变人们对造林的漠视。

美国的软木锯材的价格从1800年开始一直处于上升态势，表明木材及木制品的供小于求的情况越来越严重。因此，立木的价格也顺势提高了。由于天然木材资源的减少和对其开采的成本增加，使得重新造林和加工木材变成了一种利益诱人的行业。在20世纪的前20年里，有很少一部分私人公司和土地所有者开始尝试植树造林。

1924年，美国政府颁布了第一部关于促进私人造林的《克拉克·麦克纳瑞重新造林法》。其中规定联邦政府机关要与大学或州政府机关合作，以促进和改善林地的生产力，并为林地所有者培育和分发树木苗木。该法令也开创了政府致力于控制森林火灾的先河。1928年后多个联邦森林研究站也先后成立了。

然而，人们对重新造林仍然不够重视，直到20世纪30年代美国经历了经济大萧条，美国联邦政府为了解决就业而鼓励人们植树。美国联邦政府先后实施了国民资源保护项目（Civilian Conservation Corp）和农业保护项目（Agricultural Conservation Programs）。在1928年，人们只在很少的，近千亩土地进行了植树。到了1945年，情况得到了改善，在美国南部，林主的植树面积已经达到49572英亩。

2. 上升阶段

受木材价格上涨和有效的国家政策所激励，第二次世界大战之后的45年里，美国南部地区的植树造林一直处于上升阶段。南部非工业私有林的林地种植面积由1946年的44461英亩上升到1990年的887000亩，年增长率超过7%。与此同时，工业林地的植树面积由4579亩提高到929000亩，年涨幅近13%。

植树造林的显著发展与联邦政府的激励政策是分不开的。这些激励政策包括1956年到1963年的土地资源库项目，1936年到1997年的农业保护项目，1974年到1997年的林业鼓励项目（Forestry Incentive Programs）。如图9-5所示，20世纪50年代的植树造林的开展是与土地资源库项目的颁布有关系的，其当时被设计成一个缓解农产品过剩问题的有效工具。而另一个植树运动发生在1988年，同样受益于一部早在1986年开始的土地休耕项目。

其次，美国政府于1944年开始对木材所得税给予了巨大的优惠。所以，具备相应条件的林主，政府只对其木材收入的40%部分征税。这就意味着木材的所得税要比其他产品或工资的所得税低很多。最后，随着环保方面的政策，如《濒危动植物保护法》和《水法》的颁布和实施，美国太平洋西北部地区的公有林的木材采伐量被逐渐削减了。而北部斑点猫头鹰在1990年被列入濒危种，从而使其受1973年颁布的《濒危动植物保护法》的保护的结果使

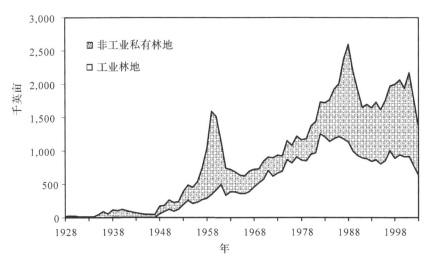

图 9-5　1928—2003 年美国南部私人造林面积
资料来源：Li and Zhang, 2007

该地区公有林的木材采伐量下降了将近 80%。上述环保类法规的出台和具体实施对 20 世纪 90 年代初期的立木价格的急剧上涨也起到了推动作用。在后来的 10 年中，立木价仍居高不下。

同时，诸多技术进步使土地的生产力和土地所有者的经济回报双双得到了提升。这些技术进步包括遗传学技术的广泛应用，苗圃的科学化管理，植树技术的发展，对野草以及病虫害的有效控制，合理的施肥以及有效的种植方法。在二战结束后的 45 年里，对于林业发展来讲，只有一个单一的不利因素，即造林成本上涨。

3. 平稳发展阶段

从 20 世纪 90 年代中期开始，虽然 2001 年之后工业森林和非工业森林的所有者减少了植树造林，但美国南部每年的造林面积都保持在较高水平上。在 2003，两者的造林面积分别达到了 629000 亩和 716000 亩。

在这一时期，有四个不利因素制约了造林活动的开展。第一，木材的价格并没有像前一时期那样高，部分原因归结于木材进口的增长和发生于 2001 年 2 月和 2007 年 9 月的两次经济衰退。木材价格低使木材产量得不到显著的提升，甚至从 1995 年到 2010 年总体上还出现了下降。因此，与之前相比，只有更少的采伐迹地可以用来重新造林。第二，为了追求更高的利润，使土地更好的被利用，人们改变了林地的用途，又进一步地减少了能够用于重新造林的土地面积。第三，如前面的部分所示，立木林价的下跌降低了土地所有者对重新造林的热情。而 2007～2008 年的美国房地产市场的崩盘和经济危机的发生使得许多林主自身的财政状况恶化。所以，土地所有者也无法继续投资造林了。最后，政府对造林的补贴大幅减少。

尽管如此，有限的联邦鼓励政策仍然支持着造林的进行。颁布于 1980 年并沿用至 2003 年的《再造林免税刺激政策》使土地所有者因造林投资能够免交相当于 1000 美元的所得税。同样，如果营林或再造林，私人土地所有者每八年就可以节省 10000 美元的所得税。自 2004 年开始，林地所有者每年都可以从每个林分的再造林的投入中免去 10000 美元的联邦所得税。美国《再造林免税刺激政策》的更多内容详见第十一章。

4. 小结

正如我们将在下一章将看到到的，在决定土地的用途和投资方面，对私有财产所有权的安全和保护是决定私人投资和生产行为的重要因素。在美国私有财产受宪法保护，因此，在经济条件允许的情况下，美国从宪法的角度鼓励土地所有者和其他投资人都对进行如造林一类的、长期的生产性投入。

早在1900年之前的美国，森林资源相当丰富，仅源于天然森林的木材就可以满足人们对林产品的需求。二战以后，三个因素使植树变成了一种利益诱人的商业行为：①木材逐渐稀缺，价格持续上涨。②森林火灾得到了有效地控制。③围栏的广泛应用使散养牲畜对树木的破坏程度降到了最低。加之得天独厚的气候，美国南部迅速变成了发展林业特别是用材林的诱人之地。

除了木材价格上涨因素之外，在20世纪，各种各样的政策促进了20世纪美国南部地区植树造林的发展。事实证明，在1957年至2000年，政策补贴惠及了此区域近四成的非工业私人林主的造林面积。甚至更多的私人林主(59%)利用了税收方面的激励政策开展再造林。一些来源于公共机构和私有企业的研究和开发的成果，也帮助林主们提供了来自于林业的经济收益。

美国南部地区的植树造林面积有望持续扩展。当木材价值变化率与生长率的总和大于种植成本的时候，或者国家颁布的相关优惠政策能够使来自植树的经济回报更大的话，那么扩展速度有可能会进一步加快。我们将在随后的两章讨论影响林业发展的政策中最重要的两个：产权和税收。

六、要点和讨论

本章阐述了三百多年来北美林业的长期发展的轨迹和影响造林投入的因素。林业的发展包括相辅相成的林产工业部分和森林生态服务部分。前者在森林资源禀赋一定的情况下受木材价格、采伐速度和森林更新速度的影响。在森林工业属于采掘业时代（即只采不造），森林资源的减少必然导致木材价格上涨。当木材价格上涨到一定程度时，林业的粗放经营边际就会扩张（即转向别处），替代品会出现，木材加工和利用技术会被加以改进。更重要的是造林有可能获利。这就是说，在林业的粗放经营边际扩张到一定程度时，林业的集约边际也开始扩张；人工林出现并得到发展。这两个边际扩张的结果是木材供给和需求趋于平衡，林地面积和森林蓄积量也由降低转为稳定和增长。

就森林生态服务部分而言，人们对森林生态的需求随着人口增多、收入提高和社会发展而增长。但是，由于森林生态需求不通过市场交换而无价格，妨碍了这些产品的供给。当这种需求和供给的差别大到一定程度时，政府往往以购买私有林地、行政法规、税收、补贴等方法增加森林生态服务供给。当然，林业发展的轨迹会受到许多非林业行业因素的影响。这些因素包括农业技术进步、交通运输、国际贸易及国家的宏观经济政策等。

本章还首次详细讨论了影响营林投入的各种因素，例如，立木价格、利率、补贴、劳动力和其他投入的价格等。这些理论上的结论适用于市场经济下的任何国家和地区。它们对我国制定鼓励人工林发展和天然林保护的政策有指导作用。同样，美国南部人工林发展的经验和教训也可作为借鉴。

注释：

①霍特林定律给人的直觉简单明了：当不可再生资源的价格呈现均衡态势时，要求价格按照利率进行上涨。否则，在未来某一时期从卖出去的产品获得的净价格的现值要比其他任何时候都高。可以换另一种思路去理解这个定律，把它看成是跨期套利的一种情况。即不管任何时期，从最后一个单位提取出的产品产生的收益都相同。从林业角度看，成熟立木的净价也就是其立木价格，等于交货时的原木的市场价减去边际成本（伐木和运输成本）。

复习题

1. 描述一下美国林地使用和木材生产的长远发展趋势。
2. 林业的环境服务的需求是怎样影响林业行业中的木材部分的动态发展的过程的？
3. 影响木材生产长期发展趋势的因素是什么？
4. 从约翰·桑德森农场的故事中，你学到了什么？在过去的200多年里，什么因素导致了新英格兰地区（美国东北部）土地用途的变化。
5. 有人认为，导致美国林业用地面积在整个20世纪上半叶由降到稳（甚至上升）是由于农用土地生产率的提高。请分析在21世纪有可能导致美国、加拿大和中国的林地流失的主要原因。
6. 能够影响私有土地所有者造林投资的直接因素是什么？间接因素又是什么？森林认证是其中一个原因吗？如果是，那么是直接原因还是间接原因？
7. 为什么美国南部的林地面积仅占全球的2%，而生产出的工业用木材数量占到全球的16%？

参考文献

[1] Binkley Clark S. 2003. Forestry in the long sweep of American history. In *Public Policy for Private Forestry: Global Initiatives and Domestic Challenges*, edited by L. Teeter, B. Cashore, and D. Zhang. Chapter 1. Wallingford, Oxon, UK: CABI International.

[2] Clawson Marion. 1979. Forestry in the long sweep of American history. *Science* 204: 1168–74.

[3] Hyde William F. 1980. *Timber Supply, Land Allocation, and Economic Efficiency*. Baltimore: The Johns Hopkins University Press, for Resources for the Future. Chapter 3.

[4] Li Yanshu, Daowei Zhang. 2007. A spatial panel data analysis of tree planting in the US South. *Southern Journal of Applied Forestry* 31(4): 175–82.

[5] Raup Hugh M. 1966. The view from John Sanderson's farm: A perspective for the use of land. *Forest History* 10: 2–11.

[6] Smith W Brad, Patrick D Miles, John S Vissage, Scott A Pugh. 2004. *Forest Resources of the United States, 2002*. General Technical Report NC-241. St. Paul, MN: US Department of Agriculture, Forest Service, Northern Research Station.

[7] Zhang Daowei. 2004. Market, policy incentives, and development of forest plantation resources in the United States. In *What Does It Take? The Role of Incentives in Forest Plantation Development in Asia and the Pacific*, edited by T. Enters, and P. B. Durst, 237–61. RAP Publication 2004/27. Bangkok: Food and Agriculture Organization of the United Nations, Asia-Pacific Forestry Commission.

第四部分

林业政策的经济学

第十章 产 权

第一章谈到了森林资源的基本政策问题。谁拥有森林资源、谁使用它们、谁管理它们和谁将从它们那里获得经济收益是林业政策必须解决的基本问题。这些问题在很大程度上是通过与林地、木材及其他森林资源有关的产权安排和森林使用权制度来解决的。这些产权规定了所有者、使用者和其他个体的权力。

人们通常多从他们自己拥有的有形产品来理解产权,如土地和建筑物。而律师则从权力束(又称权利束)的角度来理解产权。从法律角度来看,产权就像一束枝条,每一分枝代表一种具体的权力,如使用权、收益权、处置权和排他权等。权力束的大小反映了持有人对特定商品或资产的权力范围。在本章中,我们采用律师们关于产权的概念——强调权力而不是资产自身。因此,产权意味着人对财产的权力关系。这种关系界定了产权所有者可以享有特定商品或资产的权益范围。

产权问题是法律和经济学领域长期研究的重要命题之一,积累了大量的研究成果。本章中,我们只讨论关于林地、木材和其他依赖于森林资源的产权及其经济含义。在西方国家里这些权力以各种不同的形式出现。一些森林属于私有财产,但不同程度地受政府法规的制约。一些森林由政府掌握,在加拿大称为联邦或省属土地,在美国称为联邦、州或县属公有地。但公司和个人可以通过各种租赁、凭证和许可证来掌握使用政府所有的土地和森林的权力。在这一领域内常见的私有财产和公有财产的划分变得容易使人混淆。事实上,林地和木材的产权具有多种形式。产权的各种形式能够把承租人、林主和政府的权力、责任和经济收益关系固定下来,并因此成为林业政策的重要工具。

大部分林业政策都是与产权有关的。这些林业政策或直接调整和安排产权,或至少会影响产权关系。显然,私有和公有是两种本质上不同的产权安排;与此相关,能使私人和公司使用和管理公共森林的所有不同安排也是产权。适用于私有林或租赁出去的公有林的法规经常试图去协调私人和公共利益,即界定两者的产权。即便有些法规被认为主要是为保护特定群体利益的(例如原木出口限制法规),它们也是以改变产权的方法达到目的的。通过改善某些群体的产权,同时限制另一些人的某些权力,有关法规对产权产生调整作用。最后,政府的一些激励政策,如木材收入部分免税、补贴和技术扶持可以提升森林所有者财产权的价值,而增加税费则起到相反的作用。因此,在森林政策的经济分析中必然会以产权作为起点。

在第二章讨论市场经济中有效使用资源的条件时,我们曾注意到生产者控制他的生产投入的重要性。我们还注意到林产品生产者很少对他们使用的林地和木材享有完全的控制权。森林资源使用者所持有的权力和在这种权力下森林资源的发展和使用的效率问题是本章将要讨论的主要内容。

一、产权、价值和经济效率

本节将主要讨论产权价值及其与经济效率相关的基本概念。经济效率可用在资源一定时商品和服务产出的最大化水平表示。此外,本节还将介绍交易成本和科斯定理的内容。科斯定理揭示了产权、交易成本和经济效率之间的关系。

1. 产权和价值

任何产权的价值依赖于两个因素。一个是产权所涉及的资源和商品内在的物理和经济特性,这决定了它们能产生的收益。另一个是产权能使所有者享有这些特征的程度。如果财产权本身是受到高度制约或限制,那么即使一个看似非常有价值的资源也不值多少。如果产权的有效期很短、产权所有者不能出售产权或如果他的产权还允许别人来分享其收益,则该项财产的价值将相应地变低。

因此,森林产权的价值依赖于:第一,用林产品和服务的价值所表示的森林内在生产力。第二,允许产权所有者享有多少这些效益。如果他们能够永远地使用森林,这些产权将比他们只能使用一年或两年的产权价值高得多;如果产权包括使用水源、开发矿产和发展农业的权力,它们将比仅能使用木材的权力的价值要高;如果从森林获得收益可以免税,它将比如果其收益必须与政府共享时的价值要高,等等。

产权包括正式和非正式权力两种形态。前者获得政府认可并得到保护,后者则不然。非正式产权传统上通常根据先到先得或使用者的势力来确认。例如,在一些美国大学橄榄球和篮球比赛开始前停车位或聚会场地分配问题上就形成了一种非正式的产权安排,一部分家庭和群体由于多年前就开始固定使用某一部分车位,即使他们一直也没有专门的许可或校方的正式批准,他们依然可以长期固定使用这些车位;而其他的后来者,一般也是认可并尊重这些家庭和群体的这种非正式的"权力"。

经济学家把产权看得很重要,因为它规定了整个经济中资源使用的效率和收入分配。在第二章所讨论的完全竞争市场体系理论中,所有生产要素都由私人所有。并且,从不受约束或限制的意义上讲,对这些生产要素的产权是"完全的"。此时,权力束的"枝条捆"是较大的。在拥有对他们财产享有不受制约权力的情况下,受利益驱动的所有者会把财产放在其价值最高和收益最大的用途上,进而对社会整体福利改善作出贡献。通过同样的过程,生产要素的所有关系决定了收入分配。产权学派的一些经济学家们辩论到:为所有生产要素精确地给予确定的、综合的和"完全的"产权,将保证它们在市场机制下产生最大的效率。

2. 交易成本和科斯定理

产权研究中非常重要的一个概念是交易成本。与有明确定义的机会成本不同,虽然多数经济学家理解和认可交易成本的一般含义,但交易成本仍然缺乏一个一致认可的定义。从宏观经济的角度,交易成本可以看做是经济体制运行的成本;从微观的角度,可以看做是建立和维护产权的成本。换句话说,交易成本可以看做是获得、保护产权以及在不同主体之间转移产权的成本。此类成本包括发现交易机会、合同谈判、合同的监督和执行以及维护和保护产权免受其他人侵害的成本等。例如,美国的林主为出售立木木材而支付给林业咨询公司的咨询佣金就是一项交易成本。这些林业咨询公司一般负责测算蓄积量和拍卖,并监督采伐合同的执行。

第十章 产　权

交易成本可以根据其来源分类。有关市场机会的发现成本是交易成本的一部分。木材交易的检尺和合同谈判成本都是交易成本。一旦交易达成，监督、保护和执行成本也构成了交易成本。当然，购买日常杂货的交易成本仅仅占交易价值的极小部分。但在木材交易案例中，交易成本占交易财产价值的比例则可能相当显著。在盗伐和非法采伐猖獗的地区，对某些将近成熟的林木进行保护的成本可能是非常高的。在某些国家和地区，政府会运用立法和司法权直接征用某些森林却不给予公平的补偿。在这种情况下，保护森林所有者保护其产权的成本可能高达林主无法承受的水平。

交易成本会阻碍市场自由竞争的充分程度。从理论上讲，能够实现经济效率最大化的完全竞争市场只有在任何交易成本为零时才有可能存在。事实上，如果没有交易成本，不论初始产权如何分配，经济效率最大化都可以实现。这就是由著名经济学家罗纳德·科斯（Ronald Coase）提出的"科斯定理"，下面我们将通过一个简单的例子来说明该定理。

假设某河流上游有一家制浆厂，该厂排放污染河水会导致下游有生计依赖的渔民鱼类资源减少。让我们分别考虑一下制浆厂的所有者和渔民关于这一问题的收益/成本运算。

在图 10-1 中，坐标横轴表示制浆厂单位时间的产出水平，越向右水平越高。曲线 AC 表示制浆厂的边际收益。该边际收益曲线随着产出水平提高而下降。这是因为单位时间内额外产出的回报水平一般是递减的。OB 是（外部性的）边际成本曲线，表示因制浆厂生产行为对渔民产生的外部性影响。该边际成本用单位额外产出的污水排放水平衡量，而污水排放水平是和产出水平直接相关的。边际成本曲线随着产出水平增加而上升。

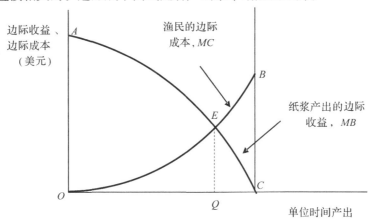

图 10-1　科斯定理

假设渔民被赋予享有清洁河水的权力，则制浆厂所有者不得不考虑渔民的成本。进一步假设谈判的成本为零，通过图 10-1 可以帮助我们认识会发生什么。当产出水平上升到 Q 之前，可以看出 MB（制浆厂与纸浆产出水平有关的边际收益）大于 MC（施加于渔民身上的边际成本）。此时，制浆厂额外单位产出的收益大于由渔民承受的额外污染的成本。这意味着制浆厂愿意购买使用河流生产产量的权力，而渔民也愿意出售使用河流的权力。因为边际成本曲线下方的区域 OEQ 表示产量 Q 导致的总外部成本，双方将会就如何分享产量 Q 的边际收益剩余 AEO 的合同展开谈判。超过产量 Q，MC 大于 MB。关于此产量水平而不是 Q 的谈判就不可能达成。在 Q 点，$MB = MC$，因此产量 Q 为赋予享有清洁河流权力给渔民时的均衡产出水平。这被称为损害者责任法则。

相反的假设是制浆厂拥有污染河流的权力。此时的假设就是受害者责任法则。在这种安排下，制浆厂有权向河流中排放污水，为了使制浆厂降低产量并减轻对河流的污染，渔民必须向制浆厂支付款项。到达产量水平 Q 之前，MB 大于 MC，这意味着渔民无力支付足够的金额以使制浆厂降低产量并减少排放。超过了产量水平 Q，形势即会发生变化：制浆厂开始乐于接受资金补偿以降低产量。渔民也因此愿意推动制浆厂把排放水平降到其认为值得的水平 Q，此时 $MB = MC$。

因此，把河流产权(责任法则)赋予哪一方仅仅决定了收益和成本的分配，有效生产规模都是 Q 点。

从上面的例子也可以看出，假设交易成本为零，同时对于污染河流或者享有清洁河水权力的交易也没有法律限制，对双方收益/成本的计算中都包括了污染河流的成本，则河流使用(或污染)的水平也一致。这个例子同时也显示，产权的配置会对福利和分配产生影响，但却不会对经济效率产生任何影响。也就是说，不论产权赋予给哪一方，资源配置(本例中的制浆厂产出水平及其造成河流污染的水平)都不会发生改变。

科斯定理揭示了交易成本的重要意义。交易成本无处不在，最小程度上，财产的所有者和潜在的卖家也要承受获取有效利用财产或者财产潜在最大价值信息的成本。只要存在经济交易或者需要对财产加以保护，就会产生交易成本。某些情况下，交易成本可能很低；某些情况下，交易成本则会高到阻碍交易的达成。

从制浆厂与渔民的例子中我们至少可以总结出三点：首先，如果某个竞争性生产形式(渔业和制浆)没有市场价格，则会导致资源配置失误(即第二章中介绍的外部性)。其次，如果竞争性生产形式分属不同的所有者，生产方程是连续的，产品都有价格；此时，如果交易成本为零或者极低，各方的谈判交易可以达到最优结果。在这种情况下，经济效率和产权的初始配置无关。最后，也是经常发生的情况，就是过高的交易成本会阻止最优的结果，因此改善资源配置的政府干预就是必要的。

二、森林产权的演化

产权是经过数个世纪的传统、冲突和法庭判决中演变建立的。产权来源理论指出，在资源变得短缺和宝贵时，私有产权是从完全没有权力或共有权力的制度中演变出来的。如果使用者缺乏确定和建立他们对土地和自然资源的权力及保护他们权力的方法，他们就开始相互干扰他人的生产并造成相互低效率。消灭这种干扰的潜在收益，迟早会超过建立专有的私人产权的费用。简而言之，只要资源价值低，从建立财产权中的收益不能满足其交易成本，使用者权力制度就自然是原始的。但当资源价值上升，提高了改善分配制度的潜在收益时，较完善的产权制度就可望出现。

北美洲自然资源产权的演变过程与上面所讨论的情况一致。早期开拓者自己动手，利用丰富的鱼、木材、水和其他土地资源进行生产，没有经济意义上的短缺和分配问题。所以就没有必要担心建立产权的成本和其他复杂问题。

逐渐的，随着居民的增加，对分配资源的需要也随之增加。这就产生了寻找生存空间和农业用地，在居处附近地区把土地划成小块后分配出去的需要。但这些还没有超过所谓不适当开发的"边远区"程度。在开拓年代，人们不必担心对水、鱼和木材的分配。但这些地区

第十章 产　权

的经济继续发展时，就产生了需要在相互竞争的用途和使用者间进行自然资源分配的问题。因此，我们在北美洲可以看到较完善的产权制度，它存在于很久以前就变得宝贵的资源上，如城市和农业用地及矿产。但有关水源、鱼和野生动物的产权，在许多地区仍然相对原始。

在早期英国殖民地时代，土地财产形式是从英国习惯法演变而来的。土地经常是由君主通过条约或武力，从印第安人手里获得并由君主将所有权颁发给定居者、土地开发公司、铁路公司或其他私人团体。前期授权常常给他们在传统的习惯法则中规定所有权力，包括不受限制使用土地地上和地下的任何东西，如水、木材以及野生动物等。在早期，分配所有权是最简单的、最便宜的，因而是常用的获得资源产权的方法。

后来，特别是在20世纪初，北美洲各国政府除了城市发展和农用土地之外，不再使用把全部的土地和资源所有权授给私人的政策。对于其他资源，特别是木材，政府设计了以租赁、凭证和许可证形式的权力。政府可以将这些形式的权力转让给私人团体，允许他们使用特定资源而政府继续拥有土地的所有权。一些早期的林地租赁——就其长期性、提供给持有者专有性和收益权力，而很少受到限制和控制而言——很像私人所有制。另一些，像木材销售权，仅限于为了特定目的，在短期内使用特定数量木材。结果，在林地和林木上存在着一系列的产权安排。这些产权涉及不同的期限、综合性、专有性和其他具有重要经济意义的特征。这些将在下面讨论。

政府还建立规章制度，用以调和公共资源竞争性用途和竞争性使用者之间的矛盾。在一定程度上这是另一种形式的产权制度。对一些资源，如通常产生环境效益的资源，组织和建立产权的成本可能很高。所以，政府用规定对它们的使用方法来替代。这种例子包括污染控制、娱乐性垂钓和狩猎的法规。所以今天，我们发现了一个复杂的公有、私有、公共财产的产权混合体和依赖于市场过程及政府规则的产权政策。

美国和加拿大都是习惯法的国家。在历史上，法庭创造了很多产权。一个典型的例子就是民事赔偿责任法则（liability rule）的变化。这个有力推进了18和19世纪工业化进程的调整私人权益关系的民事法律，是从早期的雇主负有完全赔偿责任（strict liability）的法律中演化而来的。例如，一个工人被倒下的原木致伤，雇主是需要承担责任的。这种完全赔偿责任显然是工业革命的重要障碍。后来，支持新生工业革命的法官对一个案例作出了过失责任（limited liability）的判决：一个人仅对其过失导致的损害负有责任。所谓过失是指这个人的行为在特定环境下与理性人行为不一致的作为。今天，一般只要求个人或企业对过失行为承担有限责任。

另一个例子是美国法庭对法令性侵占的认可。美国宪法第五修正案规定"如无公正补偿，私有财产不得充作公用"。1922年之前，在美国占有私有财产曾被限制于实体性占有或征用。但在1922年，最高法院判决了一个案例，认为政府行使管制的法令的力量过大，导致对私有财产实际上被征用。因此，判决赋予私有财产所有者应该获得公平补偿的权力。由此，法庭创造了一个判例：如果财产所有者受到法令性侵占，等于其私有财产被依法征用。因此，他们有权要求公平的补偿。

值得注意的是，美国关于正当管制（没有必要的补偿）和法令性侵占（要求补偿）之间的界限尚存争议。问题的焦点：什么是"公共用途"，政府可以采取什么样和什么程度的管制行为可以不对财产所有者给予补偿。近期，美国最高法院判决经济发展和改善税收的需要可以认定是公共用途。因此，私有财产所有者将被迫向想利用这些财产建设沃尔玛或购物中心的地方政府出售其财产。受这些判例影响,近年来一些州政府已经颁布法律限制州政府和地方政府以经济发展是公共用途为由而征用私有财产。

因此,判定法令性侵占还是一件非常困难的事。法令性侵占判定的标准之一是用于管制的法令对财产价值低估的程度。财产价值降低的程度越接近100%,法令性侵占的性质就越趋于(有补偿的)征用。20世纪90年代,一些州政府颁布了界定法令性侵占的法案,但类似的法案在国会却没有获得通过。

简而言之,产权通常会根据经济发展的需要而演变。它们也可能由法规和政策进行正式的确定,或由法庭判例构成的习惯法来确定。

三、产权的特性和它们的经济意义

1. 产权的特性

产权具有许多在经济上很重要的特性,主要包括综合性、期限性、收益的享有性、交易性、安全性和排他性。

(1)综合性

综合性涉及财产权所有者从资产中获得全部收益的程度。例如,当某人拥有一块私人林地时,他可以获取从木材、农业、游乐和水等产生的全部价值。可是如果他的权力属于木材销售许可证的形式,他就仅限于获取木材收入。

在产权的这一特性及其他特性方面,存在一系列可能性。产权的某一特定形式在这个系列中占有一定位置。

使用者产权综合性程度对于他所管理和使用森林的经济效率有重要影响。如果某个人对一块森林拥有包括一切的产权,他可以通过在有利的时候用一种用途和另一种用途相妥协的方法,利用森林所有效益,并实现效益最大化。相反地,如果某人只拥有使用木材的权力,但不能利用水源、野生动物和其他受到他作业影响的效益,并且如果他不需要对这些其他价值带来的副作用进行任何赔偿的话,他将趋于忽略这些价值。在这种情况下,产权持有者将寻求实现他可能获取价值的最大化,而不顾那些他不能索取的价值或他给其他用途带来的成本或收益。因此,当使用者不考虑他们决策的全部效果时,他从所有价值中获得的总收益将比其潜在价值要低。政府管制是克服这种对社会资源使用不当的唯一办法。政府管制也可能是在全球尺度上提供如清洁的空气和稳定的气候等环境效益的必要方法。

这些问题在林业中常见。实施其采伐木材权力的公司可能侵犯那些有权在同一片森林中进行游乐、审美享受或野生动物的人的利益。在这些情况下,没有哪个单一的决策者——不论是公司、游客还是政府职员——会愿意寻找如第六章所说的最佳使用组合。因此,需要配合运用市场和管制手段才能实现最佳使用的组合。

政府和私有林主经常限定其所有林地上合同采伐者的行为。在这种情况下,他们才能保护除木材以外森林的审美价值或土地的生产力。

有时,产权在私人团体中分割,这些私人团体分别拥有对水资源、木材、矿产的产权。产权也经常在政府之间分割,如省(州)政府或地方政府享有木材的权力,而联邦政府拥有鱼和野生动物栖息地的权力。这常导致政府之间和各种私人资源权力持有者之间发生冲突。

重要的是,这些相互冲突是因为把同一资源的权力人为地分散而引起的。如果这些权力

第十章 产　权

被一个团体所拥有，所有权的外部性冲突就不会发生。这个团体会决定最有利的使用组合方式，或者即使对同一森林的不同效益或不同资源的权力由不同人所掌握，只要权力可自由转让，同时交易成本也很小，市场过程将仍产生一个最佳结果。当权力是私人财产时，这种有益交换是常见的。但当产权没有很好地确立或不能转让，这时市场机制就不可靠。那么，分配失误很可能发生。这时，除非使用政府管制，否则冲突仍然得不到解决。

（2）期限性

期限性涉及产权延续的时间长短。私人产权包括永久的权力，而租赁和许可证通常有一定期限。

产权的期限性是重要的。因为它决定了持有者所要考虑他们行为后果的程度。如果对一个森林的权力延续一个较长时期，持有者可望仔细地考虑现在或将来采伐的相对经济优势、营林的收益等。但如果他的权力在很短时间内终止，他将不会顾及这些长期考虑。从第三章讨论的内容看，这种效果等于他的贴现率在超过他权力期限之外时升到无限高。

由于营造和培育森林需要很长的时间，林地权力的期限性是一个特殊问题。除非他们的权力延续到一个轮伐期以上，那些采伐木材的人将缺乏进行更新的动力。这时不得不给予补贴或使用法规以便保证对森林资源管理进行适当的投资。

除此之外，森林产权的期限常是持有者木材供给安全性的首要确定因素。反过来可靠的原材料供给对加工业、基础设施投资决策和资源使用效率有重要的影响。

（3）收益的享有程度

产权的另一个重要特性是它提供给持有者从一个资产（如森林）中享受其潜在经济效益的权力程度。这常受到森林如何采伐、管理和利用等政府性规章的限制。限制木材采伐的速度、要求伐木工人收回不经济的原木、保护环境质量的措施、阻止未加工木材的出口、税收、费用等规定，都会降低森林产权持有者的收益。

对森林产权持有者能享有其潜在利益程度的限制，显然影响他的森林产权价值，因而也影响收入分配。还有，这些限制通常创造了改变资源使用方法的动力，所以也影响资源利用的效率。在极端情况下，政府税费可能抽走私有林主全部的收益。大萧条时期美国和加拿大都出现过这种情况。当时税费负担过重，迫使很多所有者放弃他们的林地。

（4）可交换性

产权的可交换性是产权持有人对财产进行买卖或赠送给别人的权力。森林产权的转让有时是受限制的。例如，临时性许可证和租赁常限制持证人把他们的权力转让给别人，或要求持证人获得政府或私人发证者的同意后才能这样做。

如果财产是绝对不能转让的，它就不具有市场价值。它的持有者能获益的唯一办法就是自己实施有关权力。这种限制显然影响到收入和财富的分配，也限制了资源的有效分配。经济效率取决于那些能从资源中获取最大价值，并能够以提高价格的方式把它从低效率使用者手里买走的人对资源的获取。对资产上市程度的限制，阻止了资源向那些能充分利用它的人手里转移。

一个相关的问题是财产的可分割性。为了充分利用规模经济和变化着的经济机会，企业家必须有权对资源进行任意地分割或组合。在森林财产中，这种分割性有时受到政府的限制，如政府禁止对公有土地租赁或凭证分散，或对在特定财产形式下最大、最小分配规则的限制。

(5) 安全性

安全性是指产权被承认和可执行的程度。产权安全性很大程度上依赖于产权所处的政治、法制和文化环境。在财产丧失风险很低的环境中，产权所有者不必顾虑未经正当过程或公平补偿就失去财产的情况。产权安全性较高，产权所有者就会有较大的积极性对资源进行有效的利用。在某些环境下，也许因为政府征用的风险、过度的管制或者私人的侵占，会导致产权缺乏安全性。在这种情况下，投资并有效利用资源的激励和产权的价值就会相应受到削弱。

(6) 专有性

专有性是财产持有者能索取的、排除其他人而成为唯一权力者的程度。林木产权的界定具有典型(但不总是)的地域性，所有者因此可以在明确边界的地域内拥有排他的权力，并且可以不受其他人的干扰对资产进行运营。而对于其他类型资源，如鱼和水资源，通常会有很多人同时使用，其中任何人都不具有单独的控制权，进而也就缺乏最有效利用这类资源的激励。

当权力不是专有时，它们的所有者就会为同一利益而相互竞争，他们很可能低效率地、过快地开发资源。还有，使用者为将来进行保护或投资的动力就会很弱，因为他们不能期望获得他们单独行动的全部利益。能排除"第三者"的能力是财产的一个基本要素，具有重要经济意义。我们将在下面进一步讨论产权的这个重要特性。

2. 森林所有权的综合属性

产权的六个特性——综合性、期限性、收益的享有程度、可交换性、安全性和专有性——是森林产权和所有制度的最重要经济影响因子。这六个特性规定了生产者对森林资产的控制程度。这种控制程度在第二章曾被认为是在市场体系中经济效率的主要条件。

产权的这几个特性之间存在相互依赖关系。如安全性就受到期限、可交换性和专有性的影响。综合性与收益的享有性也是紧密相关的。

每个特征有一系列变化。如专有性，在一个极端，森林产权的持有者具有全部的专有权力，即他能排除所有其他使用者。传统的完全不动产所有制为私人地主提供了使用土地和它表面的其他资源，如木材的专有权。

在另一极端，没有人持有任何专有权或没有人能排除其他任何人。没有财产权的最好例子是深海。没有任何人或任何国家能宣称他拥有深海。相应的林业中找不出像深海这样的例子，因为所有森林至少被国家政府拥有。但有许多公有林的例子，所有公民可以根据各自的目的自由地、同等地进入森林，如游憩。在没有产权和完全有产权的两个极端之间，存在着一个广泛的可能性范围，如图10-2。

现实中，有几种共有产权的形式。在拓荒年代，森林往往可供任何想采伐木材的人使用。这种未经约束的木材开发现已很少见了。但其他林产品，如猎物经常是可由不加数量限制的使用者使用。一个有趣的和以这种形式进行木材管理的例子，是古代(位于现在加拿大东部的)纽芬兰海岸的森林管理制度。它是一个受早期渔业影响的、特殊的森林管理制度。几个世纪以前，沿海国家对捕捞离海岸三英里之内的鱼类拥有专有权。后来，这一规则变成了一个国际上普遍接受的公约。所以，西方国家离海岸三英里内的渔业向本国所有公民开放。在纽芬兰，一条相应的离海岸三英里之内的森林带也按这一法律被保留下来，供所有居民使用。这样做对森林资源产生的后果与向所有居民开放捕鱼场一样：资源的过量采伐、使

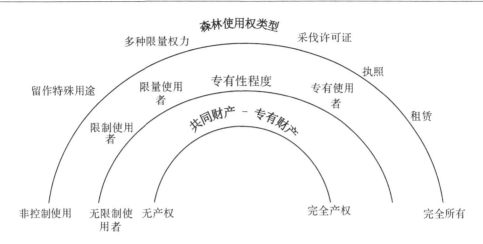

图 10-2　森林使用权专有性的程度

用者缺乏保护或投资于它们的动力、超过生产能力的利用和经济价值的枯竭。这种现象被称之为"公地的悲剧"（Tragedy of the Commons）。另一个例子是北美洲西部的传统开放牧场。在这类牧场中允许牧场主不受限制地扩大牛群的数量，最终导致过度放牧。这是因为每一个牧场主都会发现单方面增加自己牛群的数量是有利的，没有人具有约束自己的利用强度以保持牧场的持续承载力的激励。

在某种程度上受这种经济浪费影响较轻的，是有使用者数量限制的共用财产资源。在北美洲，这已变成商品渔业最常见的制度：捕鱼人必须持有执照，而执照的数量有限。但他们之间为没有确定的可使用资源的份额而相互竞争。今天林业上的例子主要限于颁发给使用者使用较次要产品的权力，如燃料用材和圣诞树。

在其他情况下，共用财产资源由被授权可以使用资源但受一定数量限制的执照持有者开发。因此可供采伐量是受限制的，仅给予使用者一定的权力。水权、放牧权和渔业权常使持有者掌握一定数量的和其他人一起使用的资源。森林采伐权有时采取这种形式。这时几个使用者被授权采伐公用林地上一定限额的木材，没有人对任何确定地块有专有权。林业中最常见的是各种各样的专有产权，这使得某些特定的资源被留给某一个使用者。

因此，对于这个关键的专有性有一个可能的系列。在这里所提到的使用权类型中，它们以细微和复杂的方式相互重叠者，没有截然区别。

前面提到的财产权的其他特性都有一个相应的可能性系列存在。综合性可能涉及从一个具体的、确定的权力到包括土地或资源的所有内容及其使用的权力。期限性可包括短期到永久；利益享有可以从零到所有潜在的资源价值；而可交换性可以是从完全不能转让到自由转移、分割

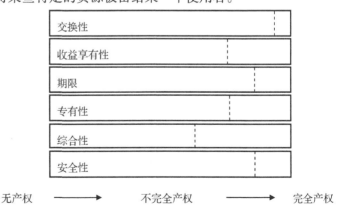

图 10-3　森林财产特性组合

和结合。

图 10-3 所示，某一产权如何同时具有这些特性，其差异可用程度表示。图中每个区域表示一个特定的特性如综合性或期限性。而各特性的程度从最左侧的零增加到其右侧的最大可能值。因此，一个覆盖了最大可能特性的产权表明其是"完全的"财产权。虚线表示在程度上受限制的各种特性的组合。从理论上讲，这种组合有无限个可能，产生出相应的无限种产权形式。可是，由于几个世纪的演变和产权法律的发展，许多林地和木材的产权现在可归纳为几大类。下一节"森林使用权常见的形式"将对此进一步展开讨论。

3. 产权特性与交易成本

产权的六个特性赋予财产持有人收益并提升产权的价值。但这些特性与产权自身以及与产权持有人获取其他生产要素的交易成本又存在什么关系？

改善产权特性中的某一项（综合性、专有性、期限、收益的享有性）既可能增加也可能降低产权自身的交易成本。以收益的享有性为例，提高收益的享有性可以鼓励持有人花费更多的资源保护其权力。改善产权的安全性和交换性，则毫无疑问会降低产权的交易成本。

另一方面，当产权本身价值增加时，持有人则可以通过削减其投入的成本而从中获益。当持有人的财产价值增加时，他们就可以更容易并且以更低的成本获得信用（资本）和劳动力等要素。因此，产权的特性和投入要素的交易成本通常是负相关的。值得注意的是，近期包括中国在内的一些国家森林使用权的改革给农民提供了更加安全的产权，降低了他们投入要素的交易成本。因此，这些农民就可能在长期中投入更多的劳动和资本。

四、森林产权的常见形式

在北美洲，林地和木材产权通常分为两大类型：完全所有权和使用权。完全所有权常被称为是私人财产权；而使用权表明可使用他人所有资源的权力。在加拿大和美国，使用权常以对公用地采取执照或租赁的形式出现。而英国和欧洲其他国家则常是对私人的土地租赁。

表 10-1 北美洲森林使用权的典型形式

使用权	综合性	期限	安全性	收益享有性	交换性	专有性
完全所有	完全	永久	非常安全	税收以外的全部	没有限制	专有
木材租赁	多数特性	长期	安全	多数木材收益	限制较少	专有
狩猎租赁	仅限野生动物	短期，一般可延期	安全	仅限野生动物收益	限制较少	专有
森林经营协议	仅限木材采伐和森林经营	长期，可延期	不确定	多数木材收益	有一定限制	专有
小片林凭证	木材采伐和森林经营	长期，可延期	不确定	多数木材收益	通常受限制	专有
木材执照	仅限木材采伐	短期	不确定	木材收益份额	通常受限制	专有
采伐许可证	仅限木材采伐	短期	通常安全	多数木材收益	通常受限制	专有或非专有

表 10-1 列出了现今在北美洲我们可以发现的由政府或者私人机构使用的木材、林地和其他森林资源产权的典型形式，以及各种形式产权的特征。表中列出的形式是具有代表性

第十章　产　权

的，还有一些其他的产权形式很难归结到表中的通用形式。该表列示的森林使用权形式中还有许多变种。例如在英国传统的习惯法下的完全所有权是综合性的，它包括相关土地所有资源的权力，如矿藏和其他地下资源，从土地上流过的水资源和其中的鱼类和野生动物等。可是在过去的一个世纪里，北美洲给公用土地颁布使用权的政府逐渐把许多权力如地下矿藏、水和野生动物的权力划分出来留给政府。结果，很久以前颁布的对土地完全所有形式的使用权的综合性，通常比最近颁布的这种使用权形式的综合性要完全。在最近才有人定居下来的西方州和省份颁布的土地使用权通常排除了使用土地表面东西以外的所有权力。

在其他土地资源如矿藏和水从地主的产权中排除的地方，政府常把这些权力分给其他团体。可是，除极少数以外，树木仍是土地的一部分，被保留在习惯法的传统形式上，所以对土地的使用权包括了在土地之上的任何森林。在某些非洲国家如加纳，树木属于政府而土地属于社区。

另一个在政府颁布土地使用权所采用的重要变化，是通过要求产权持有人在他们砍伐木材时支付费用的形式来保留政府对森林的财务利益。就此而言，产权持有人收益的享有程度变小了。财产税、规划和土地使用规则在最近发展起来，并用相同的方式缩小了产权所有者从土地和森林中享有潜在经济利益的权力。

在一些地区，一个完全使用权的重要变异是由私有土地所有者和政府签订合同，把他们的私有土地长期用于森林生产。通常，由于这些所有者承担了根据永续利用计划和政府批准的其他条件进行土地管理的义务，他们得到一些财产税优惠。这种间接的补贴降低了税收对私有土地所有者享有利益的侵犯，但土地所有者的经济利益被降低到他必须在一定时间内放弃更有利的方式使用或开发林地。

早期关于公共土地的使用权通常以森林租赁的形式出现。这种形式有很长的历史并一直延续到今天。在一些案例中它们几乎像完全所有一样具有很高的综合性，包括木材和其他资源的权力。可是，它们通常要求产权持有人采伐时对所采木材支付一定的年租金、使用费或其他类似费用，从而降低了他们的收益。通常租赁的条款把交换性限制在出售之前，应得到政府同意。

关于私人土地上森林租赁的现今版本与公共土地的森林租赁协议具有很大一致性，租赁期限要足够长以保证租赁凭证持有人能够进行一个或两个轮伐期的木材培育。然后在美国关于私人土地的狩猎租赁协议期通常较短（为1~7年，可延长），并且仅限于某些种类的野生动物。

森林经营协议一词在这里被用来描述颁发给持有人把大片公共森林经营成为永续利用森林的长期执照。这种形式的执照现在在加拿大主要产材省是通用的，但在美国则极少。在一些案例中，这些许可证把持有人所有的私有林地和公有林地结合成一个管理单位。其详尽的条款不仅确定了持证人采伐木材的权力，还包括按批准的计划进行森林开发、保护和管理的广泛责任。

森林经营协议（有时称为林场执照、森林经营执照或森林经营合同书）的期限通常为20年或更长而且是可延长的（表10-1），持有者的权力仅限于木材，他的收益受到对采伐木材的年度费用和税收的限制，其交换性常是受到某种程度的限制。

小片森林凭证在北美洲许多地区森林使用权政策中有一个健全的和相对适度的地位。它被用于小片公有林的权力转让。这种凭证制度很少用于工业林的产权转让上，而是通过提供燃料、围墙材料和其他建筑材料补充农场的不足或在林业生产中提供季节性就业机会。它们通常仅包括对木材的长期权力，并作为适度的收费和常见的管理责任交换。

木材采伐证涉及一个广泛的森林使用权种类，特别是对公用林地而言。这是一种采伐规定好的小面积森林的短期凭证。最著名的形式是传统的"立木销售"，但有许多变形。持证人的权力通常限于用经过批准的方式采伐木材。反过来他们必须支付持证费、年租金和采伐木材的立木费。采伐证还常附加各种关于道路建设、森林保护、更新造林等责任。这是美国国有林最常见的木材使用权形式，并常以某种形式不同程度地被北美洲许多森林管理机构采纳。在私人林地上采伐木材的权力也采用木材采伐证或协议的形式，但其授权期限通常小于一年。

采伐许可证是一种较次要的木材采伐执照形式，它是为了短期和特殊目的而颁发的。这种授权被用做道路建设和水库清理公有林，在火烧林中抢救木材，为采矿业供应原材料，砍伐薪材和为其他许多较次要的目的提供用材。

这些木材产权的常见形式，揭示出产权形式的多样性。可是它们主要涉及木材和一部分野生动物物种。而其他森林效益如家畜饲料、水、游乐的权力也同样具有多种形式。在同一个林区木材和其他利益产权可能按不同的形式授于不同的团体，以致形成各种各样的相互重叠的产权体系。

五、森林产权制度的经济问题

我们脑中已有了森林产权多种特性和产权形式多样化的概念。现在我们可以简要地讨论森林使用制度中影响资源使用效率和利益分配的主要特征。

1. 分配方法

木材和林地的产权可通过多种形式获得。在美国和加拿大，传统上按照"先到先得"的方式提供了一个在公共领域内建立私人立木产权的方法。政府豁免和土地改善是拓荒时期另一种获得公有土地的办法。通过这种方法，早期定居者可能获得使用和改善土地的权力。在西部地区，联邦政府也授予了铁路公司大范围的林地。

现在，在加拿大主要产材省公司通常和政府双边谈判而获得资源的产权。在美国，在公用林地上采伐木材的权力通常通过竞争性投标的办法获得。当然，多数产权可以通过向他人购买而获得。最近以来，一些曾经的中央计划经济体制国家也已经把它们的集体林地按照公平的基础分配给了集体成员。另一方面，从 2006 年开始，巴西也把亚马孙地区的国有林拍卖给了社区、公司和非政府组织。

从经济学的角度上看，主要的问题是分配方法能否使资源落到能充分利用其生产力的人手里。竞争性分配可达到这个目的，因为最有效率的使用者能击败低效率的使用者。非竞争性分配虽不能达到这个目的，但很大程度上取决于权力是否在分配之后可以交换。只要它们是可以自由交换的，它们将趋于通过相应的买卖被分配给最高效的使用者。在这种情况下，初次分配方法唯一的长期效果是收入分配。如果相应的交易是竞争性的，所有在初次分配中没有得到的收益将被产权的第一个获得者得到。

2. 产权的范围

产权的范围与其综合性存在关系。使用者持有产权的限制越多，预期的外部性问题也越多。相反地，如果他的产权包括所有价值，他将使这些成本和收益内部化，并努力从中得到最大的总净收益。过于狭窄的产权范围会削弱持有人充分考虑财产价值的激励，则这些价值只能通过政府规则来保护。

即使最有综合性的产权形式也排除一些价值。由于技术原因，一些外部性因素是不易被内部化的。这些例子包括森林美化坏境的效益和从相关森林中进出的鱼及野生动物的相应价值。这属于我们在第二章中讨论过的公共物品外部性。

在任何地方，私人财产都要服从政府的管理。在美国，政府对私人财产管理的权力包括财产税(property taxes)、管制(regulations)、征用(eminent domain 给与公平补偿后私人财产被征为公用)、充公(escheat，把没有继承人和处置意向的私有财产在所有人死亡后收归政府所有)和飞越上空(over-flight)。此外，根据宪法中关于商业、税收、消费和立契等条款内容美国政府还拥有对土地所有者更加广泛的管制权力。

3. 安全性和经济效率

资源产权的安全性对企业投资和作业计划是一个主要影响因子。正如第三章所讨论的产权不安全会引起风险，而投资者通常是避免风险的。所以，非安全产权妨碍对资源开发和管理的投资，并且会刺激过度开发。实证研究表明，不论是加拿大公共土地使用权制度安全的缺陷，美国对私有林的过度管制，中国集体林产权的不确定性；还是加纳成熟林的国家所有制都造成产权缺乏安全性，进而导致造林投资激励不足和木材过早的、浪费性的开发。

安全性的一个主要决定因素是产权的期限。私人财产权是无限期的，而一些凭证和许可证为期仅为一年或两年。可是，在期限为有限的情况下，持有人的安全性不仅取决于这种权力期限的长短，还取决于是否可以更新。如果权力不能更新，期限就是关键性的；如果更新是自动的，则期限就不重要了。在这两个极端之间可能有各种条款，而这些条款规定了产权更新的条件。

限制产权的安全性，意味着产权给予者(产权分配者)保持了能变换分配安排的能力。私人或公共林主愿意保持这种能力，以便在情况发生变化后，他们能够灵活地重新分配资源或在资源的产权转让时，改变条款和条件。

产权所有者对安全性的兴趣和产权给予者对灵活性的兴趣，在产权的条款上相互冲突。最近在森林使用权制度中，巧妙地通过提供"永久可更新"的方式调和了这些冲突。永久可更新是指凭证中有一条款能使持证人和发证人在某些条款的有效期期满前谈判新的条款以便取代旧的条款。这种方法提供了一个定期的改变条款和条件的机会，从而保证了持证人永不面临他的资源产权立刻到期的困局。

找到产权持有人关于安全性期望和政府以及私人发证人关于灵活性之间的平衡点是一个关键。企业和私人生产者的生产函数都面临着产权结构因素的约束，就如同技术因素的约束是一样的。因此，产权可以看做是一种生产要素。因为安全的资源产权可以减少林业企业面临的不确定性和风险，改善企业的长期投资机会。因此，林地产权持有者一般都会追求产权更高的安全性。

然而，从更广泛的社会层面看，过于安全的产权未必是有利的。流向产权持有人的收益必须与任何无价格的价值的损失、外部收益和可能导致的公共事业灵活性的下降进行权衡比较。显而易见，私人和社会利益之间最为有利的平衡点是会随着时间和环境而发生改变的。有关的平衡行动一般是通过政府干预进行。

4. 干预范围

森林使用权制度中非常重要的一个因素是政府或其他人对拥有森林使用权者的个人行动的干预，以及产权持有者如何在行使权力时受不确定性的的影响。政府可以通过立法干预私人和公共土地，此时政府扮演着公共资源使用权分配者的角色，使用权的条款和条件就提供了额外的调控森林经营活动的一种手段。通过更广泛的干预控制可以增强政府保护社会利益的能力，但是这也限制了财产持有人以最佳方式利用资源的能力。因此，对政府管制的敏感性降低了产权的质量和价值。

政府管制的最佳形式和程度很难界定。这不仅仅是因为估计干预的成本和收益超乎寻常的困难。从理论上，一个国家可以有非常多的管制，但如果由于管制代理机构而陷入争夺势力范围和更多管制的斗争时，管制本身将成为公地的悲剧。整个社会也将承受经济活动萎缩和生产效率下降的后果。

5. 管理责任的分配

许多森林的使用权形式不仅提供给持有者使用资源的权力，还规定了管理的责任。特别是在加拿大，精心制定的森林经营协议要求持证人根据林业机构批准的计划经营公有林。

重要的是要区别谁负责资源管理和谁支付费用的问题。这是因为负有这种协议规定责任的产权所有者，常是可以直接或间接得到成本的补偿（例如可以通过支付比其他人较低的林价）。因此，对资源租金分配的最终后果，取决于这些财务性安排和直接财政措施。

6. 资源收益分配

税收、费用、立木费和其他收费决定了潜在的资源租金和分配给财产持有者的数额。多数财政措施也影响森林保护和投资的积极性。这些问题在第十一章讨论。

六、私有权和公有权

前面的讨论说明了习惯性的森林私有和公有的区别是不适当的。私人所有者的产权总是受到契约、使用权类别、法规以及各种税收和费用的约束。那些使用公有森林的所有者常是一些私人公司或个人。在多数重要林区，利用森林的人是在一个由相互重叠和混和的公有和私有产权所组成的使用权制度下进行的。

在东西方和第三世界国家，森林的公有都是一种重要和普遍的产权形式。公有包括国家、地方政府以及各种公共团体和机构持有林地的所有权。许多森林被用于生产木材，但特殊的公共需要如那些与公园、绿化带和水源涵养相联系的需要，通常是政府控制森林的主要目的。西方国家里，森林公有比农用和其他土地的公有要普遍得多。

正如在本章前面讨论过的，在美国和加拿大普遍存在公有林地是因为政府放弃了早期传统的授予私人土地和资源所有权制度的政治决策的产物。政府向保持林地公有的转变看起来受三种经济考虑的影响。一个是19世纪末和20世纪初在西部森林开始开发时，声势浩大的保护森林的运动宣称：剩下的森林将落在少数土地贵族和发展商手里，而这些人将迅速地开发森林，以致使留下的资源难以支持后代的工业用途。美国森林保护运动的另一个考虑，就是投机商在获取资源后，不加开发以期望资源的价值上升，从而伤害现在这一代人的利益。这种考虑也影响了加拿大政策制定者。这种担心显然与对过快资源消耗的忧虑相冲突。但两种关于由私人所有带来的不适宜的开发速度，都支持了土地和资源公有的倡议。

第二个动机是保护自然资源中公共利益。木材提供了早期地区经济的基础，许多人把宝贵的天然林看做是公有的银行，其价值只有在对木材的需求和木材的价值随时间上升的过程中才能实现。值得注意的是，这种观点假定潜在的私人购买商对将来价值的期望比政府的期望更悲观和不准确，否则他们准备支付资源的价值将等于政府期望从以后销售得到的收益的现值。私人公司的短视行为是在20世纪前期改革者中的一个流行的观点。

较近期出现的第三种动机是保护除了木材之外的其他森林价值。这个动机是建立在私人所有者不重视这些价值，通过公有比建立更完善的私人产权或规定私人所有者的权限更能使这些价值得到保护的双重假定的基础上。这种动机导致了近几十年来多边用途和生态系统服务的经营模式。

所有这些有关森林公有的争论将在学术界和政界继续下去。正如第三章注意到的，经济学原理并没有证实从社会利益角度来考虑开发资源比依靠市场力量开发资源的速度快或慢。而历史的发展过程也没显示出政府管理森林就一定比私人管理更好或更坏。在任何情况下，美国和加拿大表现出一种坚定的至少保持现有的森林公有程度的政治义务。在这两个国家有时有公有森林私有化的动议。但至少目前这种动议还未得到广泛的支持。

这种对公有的坚持与同样牢固的使私人团体使用资源的承诺是相辅相成的。在西方国家，实际上所有木材、多数其他林产品和森林效益都是由私人公司和个人收获并使用的。这些情况使私人使用者使用公共资源的产权形式显得很重要。

但设计能鼓励持有者按照整个社会的利益使用森林资源的使用权形式，比设计使用多数其他自然资源的产权形式更困难。正如我们上面注意到的，林业规划和投资期的长期性和对森林经营活动全部效果的滞后性，意味着只有使用者获得期限极长的权力时，才会积极地考虑他们行为的所有将来成本和收益。普遍存在的多种产品和多边利用、公共物品以及外部性因素的出现同样也使产权的设计复杂化了。

由于这些原因，公有或私有林的产权很少足以保证使用者经营森林的动机总是与整个社会的利益一致。改善产权系统、协调并使私人动机和社会利益趋于一致就是政府管制行为的首要任务。

七、要点与讨论

本章阐述产权以及森林产权的定义、来源、特性、作用、常见形式、以及产权和交易成本的关系。一般来说，产权是由"产权束"组成的。产权的发生来源有自发性的、政府规定的、由习惯法（即法庭）产生的，更多的是由于经济需要而来的。后者指当重新组织产权所带来的效益大于其交易成本时，新的产权就可能会发生和发展。

林业政策和大多数其他的政府产业政策都是以重新定义或改变产权为基础的。这不仅仅包括所有制，还包括管制、税收、补贴、价格调控等。因此，在现代社会中，"完整的（完全的）"的产权几乎不存在。对经济发展和资源保护而言，产权的重要性不言而喻。林业和其他行业的实证分析表明，稳定、长期、安全的产权对生产和资源保护有促进作用。反之，生产就会受到影响，资源的消耗就会过快。产权还对收入分配起决定性作用。

我国集体林区和国有林区改革的核心问题就是产权。所以，理解产权的发生和作用非常重要。这方面的理论和实证分析是政策制定的前提。另外，森林产权研究的一个热点是森林生态服务方面的产权。值得指出的是,国家或地方生态补偿基金固然是个好办法,利用市场进行交易而发生森林生态服务方面的产权转让的案例也在增多。后者是科斯定理的一种具体应用。

复习题

1. 假如财产可以看做是一束枝条,其中每一个枝条代表一种权力,一个人森林财产的利益将由哪些枝条组成?
2. 运用外部性解释如果一个人对一片森林中生产的工业原木拥有明确界定的利益,但却不拥有关于野生动物方面的经济利益,这将导致什么结果?为何政府负有保护野生动物价值的责任?
3. 什么是交易成本?为何交易成本很重要?
4. 请阐述科斯定理。
5. 如果一个人只拥有某片森林短期收获的权力,为何从社会整体角度看,他或她的收益最大化决策可能比拥有永久期限产权时的效率要低?
6. 为何财产的交换性对提升资源利用效率至关重要?
7. 你如何认识对林地公有的政治支持要高于农地公有?

参考文献

[1] Allen, Douglas. 1992. What are transaction costs? *Research in Law and Economics* 14: 1-18.

[2] Barzel, Yoram. 1997. *Economic Analysis of Property Rights*. 2nd ed. Cambridge, UK: Cambridge University Press.

[3] Coase, Ronald H. 1960. The problem of social cost. *Journal of Law and Economics* 3: 1-44.

[4] Demsetz, Harold. 1967. Toward a theory of property rights. *American Economic Review* 57(2): 347-59.

[5] Fortmann, Louise, and John W. Bruce, eds. 1988. *Whose Trees? Proprietary Dimensions of Forestry*. Boulder, CO: Westview Press. Chapter 8.

[6] Furubotn, E., and S. Pejovich, eds. 1974. *The Economics of Property Rights*. Cambridge, MA: Ballinger Publishing.

[7] Libecap, Gary D., and Ronald N. Johnson. 1978. Property rights, nineteenth century federal timber policy, and the conservation movement. *Journal of Economic History* 39(1): 129-42.

[8] North, Douglas C. 1981. *Structure and Change in Economic History*. New York: W. W. Norton.

[9] Pearse, Peter H. 1980. Property rights and the regulation of commercial fisheries. *Journal of Business Administration* 11(1&2): 185-209.

[10] —. 1988. Property rights and the development of natural resource policies in Canada. *Canadian Public Policy / Analyse de Politiques* 14(3): 307-20.

[11] Posner, Richard A. 1991. *Economic Analysis of Law*. 4th ed. Boston: Little, Brown. Chapter 3.

[12] Randall, Alan. 1987. *Resource Economics: An Economic Approach to Natural Resource and Environmental Policy*. 2nd ed. New York: John Wiley and Sons. Chapter 8.

[13] Scott, Anthony D. 1985. Property rights and property wrongs. *Canadian Journal of Economics* 14(4): 556-73.

[14] —. 2008. *The Evolution of Property Rights*. New York: Oxford University Press.

[15] Zhang, D., and E. Oweridu. 2007. Land tenure, market and the establishment of forest plantations in

Ghana. *Forest Policy and Economics* 9: 602 – 10.

[16] Zhang, D., and P. H. Pearse. 1996. Differences in silvicultural investment under various types of forest tenure in British Columbia. *Forest Science* 44(4): 442 – 49.

第十一章 森林税费

政府对私有林课税，而公有和私有林主在自己的森林被他人使用时会对使用者收取林地、木材和其他林产品与服务方面的费用。这些费用形式包括使用费、租金、租赁费、立木费（林价）、税收等等。它们都影响着森林的管理和利用方式以及它们所产生的收益的分配。

本章讨论应用于森林资源的税收和其他收费，但不涉及其他对商业、个体、商品和服务的直接和间接税收。这些常见的财务手段对林业的作用和它们对其他经济活动的作用一样。公共财政方面的教材对此有详尽的讨论。我们这里所关心的是直接或间接应用于林地和木材的那些税费。

在前面的章节中，我们曾提到两个对美国林业的发展有着广泛影响的税费问题。一个是20世纪90年代至21世纪初期的有差别企业林业所得税。它推动了工业林向享有优惠税收待遇的机构投资者的转移。另一种是对木材收入征收的资本所得税（资本利得税）。资本所得税是对资本投资（如持有时间超过一年的股票）收益征收的一种税。因为资本所得税可以获得更大的免税额或者较低的税率，资本所得税比普通收入所得税一般要低。当林地所有者持有林地超过一年，他们便有资格将其木材（立木）收入按资本收益纳税。对木材收入征收的资本所得税减少了私人土地所有者的税收负担，并且对美国人工林的发展有着积极的作用。

一、森林收费的特点

传统上人们用四个标准评判税收的优劣：中立性，公平性，简单性和收入的稳定性。

1. 中立性

一个中立性的税收不产生改变行为的激励。它不会扭曲资源配置或资源的利用效率。

税收和费用很少是完全中立的。多数税费促使纳税人通过某种方式改变其经济行为，从而减轻税收负担。例如，对林主的采伐收入进行征税时，他们会发现在诸多因素中，推迟采伐会对他们更有利。此外，对不同用途农村土地征收的财产税差异，可能会导致边际土地利用的变化。当然，许多国家因为不同的目标，土地财产税法律的应用也各不相同。因此，重要的是探究由特定种类的征税造成的激励和行为扭曲和进一步导致经济损失的情况。

2. 公平性

公平性或收入分配是非常重要的，这是因为对森林资源课税会把收入和福利从纳税人转给收税人。事实上，这是课税的主要目的。由于大多数税费并不是中立的，因此会导致经济行为的变化。这种变化对收入分配有着微妙或复杂的影响，这种影响明显超过了从纳税人到收税人的直接收入转移。例如，上面提到的对采伐收入征税，因为它会导致森林采伐和造林活动的变化，也会影响参与这些活动个人的收入。因此，需要格外关注征税的最终影响，即要仔细分析税收负担的最终分配情况。

正如第一章所述，公平性或公正性是一个主观的概念，但这一概念在税收上尤其重要。税收中有关公平的两个公认的原则分别是有能力支付原则和受益原则。前者是指应该根据人们的财富和收入状况课税；对情况相同的人应该征收相同水平的税负。收入所得税反映了这个原则。后者指应该根据人们从公共支出中获得的利益课税。由于受惠于地方服务而对财产所有者征收的财产税与这一原则相一致。可是，这两个原则之间并不总是相互一致的。就目前的税费制度而言，包括对森林征收的税费常是两者混合的产物。

随着税基增加而税率提高的税是累进的，而随着税基增加税率下降的税被认为是累退的。通常情况下，税基是个人或企业的收入或支出。但是，财产税是基于财产的价值，不考虑所有者的收入。因此，累进的(累退的)财产税是一种随着财产价值增加(减少)而税率相应变化的税种。从上述意义上说，如果一项财产税的税赋更多由穷人所有的低价值土地承担，而不是由较好的土地来承担，则该财产税就是累退的。

衡量有关土地的税收负担有两个指标。第一个指标是立地负担(Site Burden，SB)。它衡量由于征收财产税造成的土地价值减少的程度：

$$SB = \frac{V_s^0 - V_s^1}{V_s^0} \tag{11-1}$$

其中 V_s^0 是不存在税费情况下的立地价值或土地期望值，V_s^1 是扣除税费后的立地价值。该指标可以用来比较不同土地利用方式的税收负担。如果农业土地的税收负担低于林地的负担，林地所有者将承担较重的财产税。

第二种衡量指标是森林负担(Forest Burden，FB)，它衡量由于税收造成的森林(林木和土地)价值减少的程度：

$$FB = \frac{FV^0 - FV^1}{FV^0} \tag{11-2}$$

其中，FV^0 是不存在税费情况下的森林价值，或用于林业用途的土地期望值；FV^1 是扣除税费后的森林价值。森林负担是衡量有林地所有者森林财富损失程度的指标。森林负担可以用来比较不同的地块用于林业生产和其他用途的税收负担。

3. 简单性

简单性指管理和施行财务计划的复杂程度、可理解性和遵从的成本。从管理的角度，税务部门希望税收征管简便易行。然而一些税费需要大量的数据、计量经济学计算、投入大量监管资源。而这些成本常常是巨大的，并且其自身就具有效率和分配的后果。

4. 收入的稳定性

最后，森林税费对纳税人和收税人的收入稳定性都具有影响。一些费用，如针对活立木或采伐木材量确立的立木费随着纳税人所获收入的多少而上升或下降。另一些费用，如土地地租和税收不受纳税人的生产规模和收益水平的影响而较为稳定。关于跨时期稳定性的要求需具体情况具体分析。在其他条件相同的情况下，纳税人通常更倾向于选择和他们的收入及支付能力有稳定联系的支付方式。收税人通常喜欢稳定的税收。但对于有多样化收入来源的政府来说，某项税收的稳定不很重要。此外，令人满意的是，收入与经济活动水平之间常常存在着同步波动的内在稳定机制。

因此，税费对资源分配及使用的效率、收入分配、管理复杂程度和收入稳定性有着重要影响。本章将集中讨论森林税费的这些效果。

二、森林税费类型

森林税费具有多种形式，每种形式都有其特定的经济影响。根据税种或评估基础的不同，表11-1列出了最常见的几种类型。正如该表中左边一栏所示，最常见的评估基础是土地、活立木、采伐量和产权。对产权征收税费是指对森林产权的获得或更新收费，如执照费和租赁费。

表11-1 森林资源税费的常见形式

税基	常见形式	计征方法	支付方式
林地	林地税	地块价值或森林生产力的百分比率、或者每英亩固定额度	年度收费
	地租	通常不定	年度收费
活立木	木材税	木材价值的百分比率	年度收费
林地和活立木木材	普通财产税	上述林地和活立木木材从价税的合并	
收获量	使用费、采伐税和采伐费	针对收获的从量税、通常不定	根据收获数量和产品或者价值量支付
	采伐收益税（生产税）	收获量价值（或木材销售净收入）的百分比	根据收获价值量支付
	立木费（林价）	竞价投标或评估	根据收获量或一次性支付
权利	土地租赁费、执照费和行政性收费	或多或少的主观评定	一次性或年度收取

这些税费的具体类型，应缴税额的确定方法以及如何进行评估，会因为司法体系的差异而有所不同。虽然如此，最常见的政府税通常包括财产税、收入所得税、销售税、资本所得税、遗产税、房产税、出口税和进口税等。通常对不动产征收财产税，对个人财产征收销售税。收入所得税，包括工资税，主要对个人和企业收入所得征收；资本所得税，则是向长期投资资本的收益征收。私有林或公有林主经常在卖出木材时收取立木费（林价）。在其他情况下他们则收取相应的其他费用，例如当他们把土地租给他人从事狩猎经营时会收取狩猎租赁费。

由于林地和木材都被认为是不动产，我们从财产税开始讲起。森林财产税经常对土地和木材同时征收，但是为了理解对土地和木材所征税收的差异，我们应首先分别考虑两者。当提到土地税时，我们必须要区分究竟是对无林地价值征税还是对土地的资本价值征税，后者将包含木材的价值在内。采伐木材时还通常会征收采伐税。

1. 土地税

就私有林来说，最重要的税费类型是对林地和木材征收的财产税，课税基础是土地和木材的市场评估价值。土地税一般通过税基价值乘以年度税率获得。因此，这些税为从价税，这意味着税额将由应税资产的价值决定。

第十一章 森林税费

在北美洲通常采用三种方法评估林地财产税。第一种方法是根据土地的森林生产力价值（也可以称之为土地生产力税）进行估计。第二种方法只考虑无林地价值，而忽略树木价值，因而被称为立地价值税。因为该税不对树木征收，所以有时会与针对采伐木材的所得税结合使用。第三种方法是按林地单位面积征固定税额，而不考虑地块的价值，这种方法计算结果就是定额财产税。

虽然本节标题是"土地税"，但必须认识到土地生产力税同时针对土地和树木，而立地价值税和定额税只针对无林地。美国50个州中半数以上，以及斯堪的纳维亚半岛国家大多采用土地生产力税。

土地生产力税的税基通常经由土地历史的或预期的林业年均收入的现值进行估计的。林地年均总收入（Gross Mean Annual Revenue，GMAR）一般采用森林年均生长量乘以立木价格获得：

$$\text{GMAR} = \frac{PQ(t)}{t} \tag{11-3}$$

其中，P 为立木价格，$Q(t)$ 是第 t 年的林分立木蓄积量，$Q(T)/T$ 是年均生长量（MAI）。使用在第三章中的公式3-6，GMAR的资本化价值是 GMAR/r，其中 r 是利率。资本化价值就形成了财产税的税基或评估价值。

年平均净收入（Net Mean Annual Revenue，NMAR），为年均总收入减去年均管理费用：

$$\text{NMAR} = \frac{PQ(t)}{t} - C \tag{11-4}$$

其中，C 是年平均管理费用。在数学公式上，年平均净收入的税基是（GMAR - C）/r。这种情况下假定森林处于有效管理，能够保证可持续的年产出，同时也假定未来的立木价值保持恒定。这样，森林生产力税两种类型的税基都不会受林分林龄变化的影响而保持稳定。

为了简化管理，有时会根据土地生产力把林地分成有限的几个大类，对每一大类给定一个评估值（税基），然后分大类设定固定税率。在美国，不同生产力土地大类的税基通常由州决定，而税率则因具体县、市灵活确定。

所有这三种类型的土地税——森林生产力税、立地价值税和定额财产税，都有着罕见的中立性。因为可支付额不取决于蓄积量、采伐量、轮伐期的选择和其他能控制的变量。这种税费不产生改变管理决策的动力，所以不干扰有效资源利用。在有和没有税收时，能使最大化私人收益的任何管理措施是一样的。在此意义上，这种税是中立性的。

土地税的效果主要体现在分配上，即把资源租金由森林所有者转向政府或由承租人转向地主。就公平性而言，基于年均总收入的税收使低生产力土地的税收负担大于高生产力土地的税收负担，因此具有累退效应。定额税也是如此。另一方面，如果在生产力较低土地基于年均净收入的税收负担较轻，基于年均净收入的税收就有累进效应。不同生产力林地负担的立地价值税则没有差别（即既没有累退效应，也没有累进效应）。然而，以森林负担衡量时，即以包括土地和森林价值的减少程度来衡量时，立地价值税使低生产力林地将承担较重的税负。

人们可以调整在评估基于土地价值或生产力课税时所使用的税率，以获得任何期望的经济租金的比例。如果税收受到一致管理，它将对具有不同生产力和价值的林地征收一致的租金比例。

如前所述，只要土地税或租金所得比全部经济剩余小，它们就是中立的。但如果超过了经济剩余，利用土地就无利可图了。因此，对具有不同生产力的林地使用统一的税费（即定额税）将使林业的粗放临界值缩小。用第六章和图 6-3 的概念来说，对边际土地课税将给所有者造成损失，迫使所有者将林地改为它用。

尽管前面注意到某些形式的土地税费随木材价格而变，因为它们不取决于生产规模或收益水平，对土地和土地价值的税费趋于相当稳定。最后，这种税收易于计算、管理和征收，因为不需要每年的木材蓄积量数据。只有在需要对土地生产力进行较详细评估和计算土地价值时才会用到某些数据。

2. 立木木材税

对活立木征收财产税一般采用比例税率，通常是木材蓄积量评估价值的百分比率，或者采用每年千元资产价值税率（如果该税率为 1，即意味着每 1000 美元资产每年的应缴税额就是 1 美元）。评估通常依据近期同类木材销售价或可采蓄积量和价值的信息。这种财产税与林木现值的评估值成比例。如果其他情况不变，这种税收随森林蓄积和价值的增长而增加。因此，只要森林继续生长，其蓄积量也在增长，林主就面临着每年评估森林蓄积价值的状况。

即使对生长着的森林采用适度的税率，到森林主伐时所产生的纳税额和积累的利息之和也会占森林价值的相当大部分。例如，如果对第七章表 7-1 所描述的森林每年按森林价值的 1% 课税，在它达到 58 年采伐期时，纳税额及其利息将占去森林价值的 1/4。对于生产力更低的土地或一个较高的税率，纳税额可能使所有者一无所获，甚至还有损失。结果，林主发现有时采伐了有价值的森林后保持土地荒芜更划算。通过降低林业的利润率和使培育森林的收益低于土地其他用途收益的方式，这种税收可能迫使某些土地不再被用于木材生产。

因此，对立木木材价值征税将导致更短的森林轮伐期并造成林地流失。这种缺乏中立性的税会促使林地所有者更早地砍伐木材，甚至放弃森林来避税。

政府有时寻求利用对木材征收财产税而刺激采伐。特别是在具有相当多的私人占有原始森林的发展中国家和地区，这种税收被用于鼓励采伐和发展森林工业。可是，如果这种税收延续到随之而来的人工林中，它将对继续进行木材生产带来制约。

根据公正性，该类林木税是累退的，这在下一小节会有说明。由于没有使所有者的赋税责任和他们在林木中所获收益同步（如果没有木材采伐的话，林农没有木材收益），对木材征收财产税广受诟病。不同于对采伐收入征税，这种税收在林木生长期间每年重复发生，给所有者加上了为纳税而融资的额外负担。

从简单性角度看，该类税收征管需要每一份森林财产的详尽信息，并需要每年或者至少定期更新征管信息，包括森林资源清查信息。这种信息和管理要求的成本是极其昂贵的。不难预见，个别森林的纳税额会随着时间变化而波动，因为土地和木材价值会随着林木生长和采伐而变化，但整个纳税区域森林财产税收额度却是相对稳定的，因为区域的森林面积更大、税费种类更多。

3. 土地和立木木材税

森林财产税可以对林地和立木木材结合征收，这类似于通常对住宅区和房屋同时征收的住宅物业税。该类财产税主要是根据所有者的资产价值对其征收。这类财产价值受供求关系影响处于不断变动过程中。这给森林财产的征税员带来了特别困难的挑战，因为相对于住宅房地产，市场中同类森林财产交易的连续信息较为匮乏。此外，森林的价值会因为林木生长和采伐而随着时间不断变动，这意味着需要不断重新评估。然而在实践中，几乎没有哪个政府机构能每年更新他们的税收目录。

这类对土地和木材所征的从价税效果类似对立木征收的从价税——也就是说，他们不是财政中立的，也不容易管理；它是累退的，但存在着收入稳定的可能性。

很多争论主要集中在和农业地主相比，对土地和木材征收的从价财产税是否对林地所有者形成了较重的税收负担。由于农业土地税只对土地的价值征税，而林地的从价税则同时对土地和林木生长的价值征税。显而易见，同等税率的从价税会加重林地的负担。另一个问题是，该类税收是否会造成低生产力林地比高生产力林地承担更重的负担。当从价税充分施行时，该类税率会产生与提高利率相同的影响。因此，该种税收对低生产力林地形成的负担高于高生产力林地。

出于所有这些原因，土地和立木木材的从价税在美国已经不常见了。事实上，只有 7 个州执行这种税费制度。表 11-2 总结了财产税的影响。

表 11-2　森林财产税制度的效应

标准	土地税				立木木材税*
	总生产力	净产力	立地价值	定额	
财政中立	是	是	是	是	否
税收负担					
立地负担	累退	累进	比例	累退	累退
森林负担	累退	累进	比例	累退	累退
收益稳定性	是	是	是	是	可能
管理简单性	是	是	可能	是	否

＊土地和立木木材税的效应与活立木木材税的效应一致。

4. 土地租金和费用

租金通常由森林租赁和许可证持有人向公共或私人地主交纳。与土地税不同，租金通常对租赁或许可证的森林按照单位面积固定征收。

由于租赁费，特别是那些由政府向公共森林用益物权持有人征收的租赁费，通常按被评估的单位面积固定金额征收，收费者得到比例各异的资源的价值。另一方面，土地租金和费用的经济影响类似土地税：他们具有财政中立性，易于管理而且稳定。

5. 对采伐量、采伐收入、或立木征收税费

对已采伐的木材（或将被采伐的木材、立木）征收的税费种数很多。不同于对森林财产所有者征收的财产税，对采伐的木材征收的税费通常由木材采伐者支付给公有或私有林主。公有林的此类税费收入上交公库，私有林的此类费收入为私人林主所得。

我们可以根据对其经济效果的评估方法把这些税费分为三种类型。第一种由根据采伐数量评估应付额的税费类型，其很少或不考虑木材自身的价值。这包括使用费（Royalties）、采伐税（Severance Taxes）和采伐费（Cutting Fees）。然而，在不同的地区，针对硬木和软木，或不同质量的木材，采伐税可能执行不同的单位税率，按每立方米或每千板英尺的单位材积收取。第二种采用所采伐木材的价值的一定百分比形式，通常称为收益税。第三种以将被采伐

立木木材价值的形式出现，称为立木价格、立木费或林价。

各种税费所使用的术语常是令人混淆而且不一致。在下面的段落中每个术语都用一种特定方式加以规定，以便评价其经济效果。

税收使用费或立木价格不同，税收实际上常是政府为公共目的收取的私人财富或收入的一部分；使用费或立木价格则是购买者对一种商品——木材的支付。可是，我们将要看到税收和费用的影响效果可能是相似的——这取决于它们的评估方法。

这三种税费可概述如下。

(1) 使用费，采伐税和采伐费

这些通常是指特定的对各种木材按每立方米或其他木材单位收取的费用。在多数情况下，它们是用货币单位计量的适度收费，因而常受通货膨胀的影响而贬值。

传统上，正如第十章所介绍，当把土地和资源的权力授予其他人而把主权留给所有者本人时，使用费(Royalties)通常代表资源主权的价值。这在加拿大很常见。常见于美国的采伐税(Severance Taxes)，被认为是由于从不动产(立木)变成了个人财产(原木)而对政府的支付。采伐费(Cutting Fees)和使用费一样，常是对公有林的简单收费。所有这些收费都以货币的形式按采伐每单位木材收取(有时根据产品不同而不同，如锯木和纸浆木)。所以，不管其最初的目的或理由如何不同，它们都具有相似的经济效果。

这些收费的直接分配效果，是把从木材中所获的经济收益从采伐者手里转给政府，使采伐者在采伐边际森林和回收边际原木时无利可图，而影响采伐的经济效率和资源分配。

从不同林分、不同树种、不同林木、甚至每棵不同的树采伐的原木的单位价值有着很大差异。图11-1表明从一片森林采伐的原木每立方米价值是如何随着它的质量下降而下降的。木材质量可以用规格、树种、等级或其他指标衡量。在某个质量等级，如图11-1中的g，原木价值恰好等于采伐成本，表明这是边际或"临界"原木等级和有利采伐的边界。对每立方米木材所征收的固定数额的使用费、采伐税和采伐费，具有以评估数额降低采伐者全部原木净价值的效果，并把经济可采伐木材的范围降低了，如图11-1所示的g_tg。因此，这种税费鼓励采伐木材时"拔大毛"。

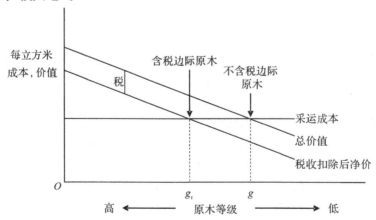

图11-1 使用费或采伐税对采伐原木等级范围的影响

这类税费具有使森林采伐集约和粗放边际同时收缩的效果。森林采伐集约边际的收缩可以参考第六章的图6-1来解释，对所有采伐木材（或原木）征税将会降低在任何数量原木上劳动力的边际产品收入，因此限制了采伐的劳动量以及森林采伐的集约边际。

相应地，森林采伐集约边际的收缩伴随着森林采伐粗放边际的收缩，即经济可采伐的边际林分由于税费变成了次边际林分了。这种变化可参考第四章图4-8（或图11-1），对所有木材征税将会降低蓄积的价值并缩小粗放边际。

此外，在边际土地上培育森林也变得无利可图。同样，这种效果也可以参考第六章图6-1，对木材的征税会降低任何土地上劳动的边际产品收入，从而制约了林业的集约边际。从所有这些方面来看，这种税收妨碍了资源的有效管理和利用。

这种使用费相对来讲易于管理，因为它们仅需要木材采伐量的信息，这些信息常由于为其他目的而加以统计。支付者对这种税费的负担取决于他的采伐量。尽管这样做是以牺牲受益者的收入稳定为代价，却保证了支付者有能力支付。

(2) 采伐收益税

收益税是政府对在私人林地上采伐的木材收入收取的，并以一定的百分比税率和原木售价（采伐的总价值）或立木价格（采伐木材的净价值）乘积的形式出现。这都是随价值而变的税收，是建立在纳税基础（采伐收益）之上的。在北美洲，采伐收益税有时被用来代替立木木材的财产税。

对于林主来说，对他销售的原木价值课税与降低售价有同样的效果。这种税收限制了经济采伐的粗放和集约边际。除了收益税用固定的比例而不是固定的现金数量降低原木的总价值之外，其效果相似于图11-1所示的使用费或采伐税。如果我们采用类似图11-1的图示，扣除税收净值的曲线将在总价值曲线和横轴相交会的那一点开始，当这两条曲线和纵轴相交时，它们间的差距是最大的。

这种对经济边际的干扰若按木材净价值的一定百分比课税时就不会发生。在边际上（该点总价值曲线和采伐成本曲线相交，或图11-1中原木质量等级的点g）木材的净价值是零，而按这个价值评估的税收也是零，所以边际点并不会变化。在这种情况下，税收的经济效果与下面谈到的立木费的效果一样。

不管收益税是应该用于采伐总价值还是采伐净价值，都将会影响轮伐期和造林投资。这些已在第七章里面提到。

向木材净价值征收益税管理起来更为复杂，因为这不仅需要知道木材采伐量，还要掌握木材的市场价值和采伐成本的信息。收集和处理价格数据，扣除价格浮动和监督销售信息等程序增加了相当多的评估和收集成本。

和年度性的立木木材财产税相比，采伐收益税具有避免在森林生长时对税收和利息的积累，从而避免了前面谈到的阻碍培育森林的不利之处。这种税还能使政府在森林收获后，始终能按固定的比例占有森林生产价值的一部分，并使支付者有能力支付。可是，采伐量和采伐木的价格都随市场周期而波动，所以收益税相较于财产税更为不稳定。对于通常很大程度上依赖于财产税的地方政府而言，这种不稳定性带来了许多困难。

(3) 立木费或林价

立木费是他人采伐木材时对公有林主或私人林主的支付额。在这个方面，立木费与使用费和采伐税有同样的作用，但后两者通常一致使用相对适度的某个固定税率。立木费则通常是更具有区别性的费用，它能使所有者从具有不同价值的每块森林中获取他应得的全部或大部分价值。

立木费是建立在"立木"净价值基础上的。它被用于获得这种净价值的全部或一部分。立木价格的决定有多种形式：竞价拍卖、评估和谈判协商。

在美国，多数公有木材是以竞价拍卖的形式出售，潜在的购买者被邀请来对采伐单位蓄积的现金额进行投标。投标通常受到一个最低可接受价格或"拍卖底价"的制约，而该价格由公有林管理者基于评估值给出。标价最高的投标者获得采伐凭证，并由此确定了立木价格。在加拿大，竞争性投标也被用在分配一些公有林及私有林的某些较次要的采伐权。只要竞争激烈，这种方法基本可以保证出售者能获得每块森林的最大净价值。

在购买者之间缺乏竞争时，拍卖底价就变成了立木价格。而出售者所获得木材净价值的份额大小，很大程度上取决于这些管理或评估价格的计算方法。评估程序互有不同，但它们具有一些共同特征。第一，从森林中采伐原木的树种和等级，是根据蓄积量资料估算的。第二，每种原木每立方米的价值或出售价格是根据市场信息或由有关制造品的价格决定的。第三，采伐每立方米木材的成本，包括筑路、采伐和运输成本是估计的，并从出售价格中扣除。最后，剩下的称为"保留收益"。从中扣除采伐者的利润和风险之后就是支付给森林出售者的立木价格。

计算过程如下所示：

	每立方米的价值或成本
原木的销售价格	$100.00
减去：采伐和运输成本	-60.00
等于：保留收益	40.00
减去：采伐者利润和风险因素	-15.00
等于：评估价或拍卖底价	25.00

这种计算可以按每个材种分别进行，也可根据每个材种在木材采伐总蓄积中的比例，将各材种的售价加权平均来计算各材种的平均值。

这种评价制度常常很复杂，并需要有关木材、作业条件、当前成本和市场价格的资料。它还取决于对风险的大小、折旧和对采伐者合理回报等因素的判断。所以，管理费用很高，其结果也常是有争议的。

立木费试图征收的木材净价值的比例越大，这种计算方法的责任就越大。在一些情况下，森林所有者利用很简单的技术来设立能保证他们资源价值合理份额的立木费，如使用同一地区的竞争性的可比木材出售价值，或通过估计的方法把销售原木的收益在所有者和采伐者之间进行划分。

立木费对经济效率的影响不仅取决于它们是如何决定的，更重要的是取决于它们是如何评估的。一旦木材的立木价格被确定，它将被用于估计立木的蓄积上。可以一次性的征收全部立木费，也可以在计划采伐期内平均多次收取。立木费还可以在采伐和检尺后再征收。如果立木费是一次性交付或用事先决定的额度交付，亦或用其他任何不受采伐商经营活动影响的方式支付，那么不管当初立木费是如何决定，采伐商的经济活动将不受立木费的影响。由此，立木费变成了中立性的固定或沉没成本，不影响生产者的任何边际生产决策。他的生产利润最大化的形式将和没有立木费时的形式一样。

相反地，如果立木费是根据实际木材采伐量确定的，并以货币形式按每立方米采伐原木来征收，则会影响采伐者的决策。在这种情况下，他从每立方米木材所获得净收益减少的数量等于立木费。这就产生了与图 11-1 所示的使用费或采伐税同样的效果，使得采伐边际木材无利可图。可是，由于立木费通常较高，相应的作用也就较大。

这种在采伐作业中促使"拔大毛"的情况可能产生严重的后果。如果每立方米立木价值是按木材的平均净价值计算，那么采伐者将只能从经济可采伐木材蓄积中的一半获得利润，这一部分的价值超过了采伐成本加上立木价格。在另一半蓄积中采伐者将会产生损失，这一半蓄积从财务角度就不值得进行采伐。一些机构制定了森林采伐利用标准以抵消这种机制的不利因素。但这种规则难免或多或少有主观因素，并且很少考虑不同林分上原木价值的变动和作业条件的差异，或成本和价格的变动。

总之，对已采伐木材征收的立木费，不同于将被采伐活立木的应付立木费。前者限制了采伐作业的集约边际和粗放边际，导致了有价值木材的浪费。

由于对采伐作业影响的中立性，对活立木评估征收的应付费用（林价）更受欢迎。而且估算采伐量不需要非常精确的森林信息，还可以消除采伐者的一些风险。另外，在通常情况下，采伐量常是为其他目的而计量。所以，在这些计量基础上确定立木费更为方便。

但采伐前确定的立木费使采伐者容易遭受任何误算或在投标价格中所犯错误的影响。这样做法还给采伐者加上了与采伐条件、成本和木材价格变化有关的所有不可测的风险。在制定支付额和采伐之间的时间越长，风险就越大。在立木费用采取事先一次总付形式交纳，而采伐要延续很长时期的情况下，采伐者的负担最大。

20 世纪 70 年代末和 80 年代初美国太平洋西北部联邦木材销售事件可以用来说明木材买家的风险和脆弱性。在 20 世纪 70 年代后期，这些买家期望伴随着高通货膨胀率的经济，木材会经历一段短缺时期，因此迅速竞高联邦政府的立木木材销售价。20 世纪 80 年代初，严重的经济危机导致了立木木材价格的急速下降。结果是，按木材采伐合同的要求，这些买家需要支付比当时立木木材价值 5 倍的价格。一些伐木工人因此失业。其他人不停游说。直到 1984 年得到联邦数十亿的帮助，他们的债务才得以免除。这个例子说明了木材相关收费及误算潜在成本的重要性。

木材买家对风险的负担可以用各种方法减轻。一个方法是在设计征收额时仅征收木材净价值的一部分。这样风险就成比例地由所有者和生产者分担。另一个办法是根据实际采伐量征收而不是事先一次性地征收固定额。这消除了有关可采伐蓄积的财务不确定性。而变化着的市场条件的风险可以通过把征收额和某些产品价格指数结合而加以抵消。因此，一些公共机构根据特定林产品市场价格变化的指标，调整在采伐开始之前决定的立木费。所有这些方法都把支付者的风险转移给了立木费的获得者。

6. 对产权收费

为了全面起见，我们必须考虑对木材和林地使用权的收费，以区别对木材本身的税费。常见的是，私人地主对其林地使用者收取租金，不仅包括木材采伐，也包括狩猎和其他目的。政府对森林许可和租赁人收取一定的年度费用，用以防火、租借及其他用途。这些费用通常是产权持有人把资源留给自己单独使用的成本（或相反地，对政府排除其他资源使用者的赔偿）。在美国，一些州政府同样对私有林主收取防火费。

这种费用常是在合同签署或凭证发放时支付，或保证产权处于良好状态而每年征收固定数额。开始就一次总付的执照费和其他任何一次总付的税费对行为具有同样的中立效果；年度性费用与前面讨论的年度租金同样具有中立性。只要这种费用不受持证人行为的影响，并且不会从森林作业中榨干所有的潜在经济价值，它们将不干扰有效作业。

三、直接税收

尽管许多地区都对具有重要经济意义的林业企业给予特殊政策，但大部分司法系统会遵循一般收入和资本收益所得税的原则对林主和林业企业的收入征税。有三点值得注意，我们将会用美国的例子来阐述。

1. 木材收入的资本所得税及折减抵扣

正如前面提到，在美国持有林地一年以上的业主，其木材销售的所有收入可以按照长期资本所得纳税。许多地主每年向联邦政府和各州政府支付所得税时利用此税法。由于对资本所得的适用税率通常远低于普通收入的税率，这有利于林主，并且提供了强有力的激励让他们投资于造林及其他林业活动。

然而，美国的木材收入税是复杂的。从一开始，购买林地的总成本就应在资本帐户中对土地、木材及其资产科目之间适当分配。赠与或继承林地的合理市场价值也应同理分配。赠与土地成本的基础是赠与人的原始成本，加上支付与赠与行为有关的合理税费。继承土地成本的基础是前人过世前该土地的公允市场价值。这样就可以确立木材的基价。那些没有确立木材基价的人，如果他们愿意的话，就可以通过类似的方式去回溯木材的基价。

在历史购置成本中，只有木材部分可获得折减（或豁免所得税）。美国的税收法律规定了计算"折减单位"的方法，通常以每千板英尺或每吨的货币价值表示。折减单位中包括了各种费用和资本性支出。连续采伐需要对折减单位连续调整。土地所有者可以使用折减，使他们部分或全部的的收入免于收入所得税。

只有立木增值部分的收益有资格作为资本收益。采伐和集材的附加值则是普通收入。例如，如果某人打算出售一块林地上价值为 8000 美元的 1000 吨松木锯材中的 200 吨，并且该块土地的基价是 10000 美元，销售费用 900 美元，则折减单位将是 10 美元每吨（10000 美元/1000 吨），应税收益额为 5100 美元（8000 美元 -[200 吨 × 10 美元/吨] - 900 美元）。这 5100 美元收入需要支付资本所得税。

2. 再造林税收激励

目前，美国的税法允许林主从每林分的采伐收入中扣除高达 10000 美元的更新造林支出。任何多余的造林支出可以在长达 84 个月的时间内摊销（扣除）。该税收待遇使小规模土地所有者节省税金，并且更快回收更新造林成本，因此对于造林是一个很大的激励。

此外，为追求利润而拥有林地的林主和其他积极参与森林管理的林主（即每年花一定的时间进行林业生产，称为主动型林主）也可以从他们一般收入所得税中扣除必要的日常管理开支，如灌丛清理、防火、森防、林分抚育、施肥等。除此以外的林主（不主动型的林主）不能从他们的收入所得税中抵扣其木材管理费用。他们可以按零利率资本化他们的支出，并在采伐木材时扣除这些资本化支出。

当然，就收入所得税而言，无论土地所有者是投资者、主动型的林主、不主动型的林主，都可以选择资本化支出直到木材采伐以代替折减抵扣。然而，如果采用这种方式，土地所有者就不能尽早收回其开支。如果在费用发生时点和最终木材采伐时点之间存在很长的时滞，土地所有者实际上可以只承担一部分的资本化成本，因为现行税收法律不考虑利率和通货膨胀率的年度资本持有成本。

由于收入所得税总是代表净收入的减少百分比，因此不会干扰森林管理决策。就此而言，普通收入所得税是中立的。然而，任何对木材收入专门的税收政策和再造林税收激励可以改变经营强度和轮伐期。

个人所得税通常是累进的，而企业所得税不是。收入所得税可能很难管理，尤其是伴随着复杂的、大量的、不断变化着的税收法规。

3. 遗产税和继承税

遗产税和继承税都只在所有者死亡时征收一次，通常被称为"死亡税"。两者之间的差异是遗产税把全部遗产作为一个单元进行征收，并从死者遗产中支付；而继承税是对留给每个继承人的份额进行征收，并由继承人支付。此外，遗产税在美国是一种联邦税，继承税是州税。欠缺公平且蓄意的（即低于市场价的）财产转移既要支付生前转移时的赠予税，死后还要为作为遗产部分而缴纳相应的遗产税费。美国目前遗产税税率为 45%，高于最高收入阶层的个人所得税率。继承税只存在于部分州。

遗产税和继承税的支持者认为，这项政策的目标是避免财富过度集中。因其符合所有公民机会平等的自由原则，这类税收也被认为是一个公平而简单的提高政府收入的方法。一般情况下，部分遗产会免税。其余的部分则累进至最高百分比或定额税率。

和公司林相比，死亡税给私有林带来一个决定性的不利因素，因为公司通常有一个较长的生命期。根据现行美国税法，农村财产（包括森林财产）可以根据现在用途的价值，而不是按市场价值计征。就美国的遗产税而言，2009 年免税额为 100 万美元。然而，因为要缴纳税款，遗产继承人有时不得不出售部分林地或采伐一些木材。由此产生的林地破碎化和加速的采伐可能会破坏有效的森林经营。

四、税收负担和无谓损失

如前面提到，多数税收同时影响经济效率和收入分配。在本节中，我们涉及消费税（征收形式为每单位产品征收固定金额）和销售税（征收商品价值的一定比例，即从价税）；并用这种税收的征收方法演示税收负担是如何分布的。政府往往对森林产品如纸张和木材收取消费税和销售税。在林产品的国际贸易中，这两种税多以关税和出口税的形式征收，这在本书第十二章中会进一步讨论。更重要的是，由于林产品、原木和活立木市场之间的联系，对林产品征收的该类税收往往被转移给采伐者和林地所有者的收入。同样地，对森林所有者征收税，往往会传递并反映在立木、原木和林产品的市场价格中，进而影响着林产品的生产者和消费者的收入。

税收负担最终分配方式的经济分析，即税收归宿，引出了两个重要的结论。第一，不论是向卖方（供给方）还是买方（需求方）征税，税收最终归宿都是一样的。这一原理如图 11-2 所示，对供给者征收 5 美元商品消费税，导致供给曲线向上移动（从 S_1 到 S_2，$S_2 = S_1 + 5$）。对供给者征税，导致其税后价格下降，进而造成其产量下降（从 Q_1 到 Q_2）。另一方面，如果购买者必须支付更高的价格（从 P_1 到 P_C），他们也会减少购买量（从 Q_1 到 Q_2）。

如果是采取相反策略，对购买者征收 5 美元消费税，图 11-2 中的需求曲线会向下平行移动，从 D_1 移动到 D_2，而对应 5 美元时供给曲线处于 S_1 位置。由于购买者要支付税金，导致购买活动吸引力下降，买方减少了需求量；卖方也较征税前减少了供应量，供应量因此沿着征税前的供给曲线向下移动。最终结果是卖方供给量减少，销售价格下降（到 P_p），买卖双方的福利状况因为税收都趋于恶化。

在这两种情况下，对于买家和卖家而言，新的均衡价格和数量将是相同的。不管是向哪一方征收，买卖分担全部税收负担（5 美元 × Q_2）的份额是一样的。

紧接上述情况的第二个结论是，消费税准确的归宿（税收负担）比例取决于供给和需求的弹性：

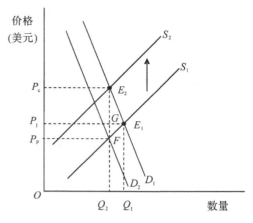

图 11-2 税收相关的负担

$$T_S = \frac{E_d}{E_s + E_d} \tag{11-5}$$

和

$$T_d = \frac{E_s}{E_s + E_d} \tag{11-6}$$

其中 T_s 是卖方承担的税收归宿，T_d 是买方承担的税收归宿，E_s 和 E_d 分别是供给和需求弹性的绝对值。

公式 11-5 和 11-6 可以通过以下三步计算得出：

- 根据需求和供给价格弹性的概念计算图 11-2 中需求和供给曲线中的价格变动量（分别为 P_1P_c 和 P_1P_p）。
- 计算消费者剩余（$P_1GE_2P_c$ 区域，等于 $P_1P_c \times Q_2$）和生产者剩余（区域 $P_1GFP_p = P_1P_p \times Q_2$）损失的绝对量。
- 推导出消费者和供给者的税收负担比例（$P_pFE_2P_c$ 区域是税收）。

直观上，我们可以通过观察买家和卖家各自的价格变化来了解他们实际承担的税收比例。图 11-2 中 P_1P_c 大于 P_1P_p——消费价格上涨幅度大于生产价格降低幅度——在这个例子中消费者就承担了更多的税收负担。为什么消费价格上涨幅度更大呢？这是因为本例中的需求价格弹性小于供给价格弹性。

因此，税收负担更多地由市场中缺乏弹性的一方承受。如果供需双方相关的价格弹性是相反的情况，则生产者将承担更大份额的税收负担。在极端情况下，当供应是完全弹性的，消费者承担全部的税收负担；当需求是完全弹性时，生产者承担全部的税收负担。

这两条原理对从价税同样适用。当对供给方征收从价税时，供给曲线将从纵轴（价格轴或 Y 轴）的截距点开始，向上以百分比税率的幅度移动和旋转。如果对消费者征收从价税，需求曲线将从其横轴（X 轴）截距点开始向下以相同的税率旋转。在这两种情况下，都可以证明在新的均衡点税收归宿一致。同样，税收负担的最大份额将会落在市场上缺乏弹性的的一方。供给和需求弹性的相对值决定了供给者和消费者之间的税收负担分配。

注意，图 11-2 中 E_1FE_2 区域被称为"无谓损失"（Deadweight Loss）或税收的无谓成本。这是因为征税导致卖方收到的价格低于买方的成本。这意味着交易量的减少以及参与到市场中的个人或企业利润下降。只有当供给曲线是完全无弹性或需求曲线是完全富有弹性时，才可以消除这种经济效率的损失。由于税收意味着收入的转移或再分配，税收收入相对于征税的无谓损失越高，表明税收制度越有效率。

五、风险成本

在讨论税费时，我们谈到了风险和经济环境变化所产生的不利后果在森林所有者和使用者之间分配的方法。很明显，分担风险和不利后果的方式受税费征收方式的影响。事先固定支付数量和支付时间的征收方式使收税人的收益不确定因素降为最小，但给纳税人带来了各种可能的失算或不可预测的风险。相反地，在支付额是根据实际采伐量和市场情况而确定的时候，纳税人的风险下降，而收益者的风险则相应增加。正如前面讨论过，我们可以用多种方法将风险在支付者和收益者之间进行分配。

这个问题的重要性源于第三章讨论的企业家都希望避免风险这一普遍规则。所以，他们期望从风险性投资中得到比安全投资更高的收益。相应地，如果森林使用者必须在财务上承担更大的风险和不确定性，林主从森林中所得的租金收益就会降低。在经常是不稳定的森林工业经济环境中，这种效果非常明显。

如果一个私人企业家可以在一次性固定纳税额和根据他的利润交纳同样数量的赋税额之间选择，他很可能选择后者。因为后者使他和政府一起分担了风险，从而使不可测的不利因素和低收益事件发生对他的威胁较少，负担较轻。因此，人们常常争论到，如果政府在设计税费时把企业所承担的风险和不确定性转给政府，从长远来说政府可以从公有林中获得更多收益。

在这种关系中，同样重要的是人们认为政府受某个资金来源（如森林税收）浮动的影响比必须纳税的企业要小。政府也对稳定收益感兴趣，但由于森林收益仅是政府巨大的和多样化的资金体系中一个较次要的组成部分。所以，当森林收益单独波动时，并不具有高度破坏性。相反，采伐企业很可能对这种税费的变化更敏感。因此，一个承担森林作业财务风险的政府成本，很可能比森林企业从避免这些风险中所获的收益要小。

所以，一个企业或政府对某块森林收益不稳定的敏感程度，取决于它业务的多样性和作业规模。这对采伐前的财政费用承担的问题（如对立木木材征收的年度性财产税）来说是一样的。如果某片森林仅是一直被采伐的大片森林的一部分，税费的压力就小多了。

六、其他经济方面的考虑

必须强调的是，任何税费都是复杂的，且随着时间的推移而改变，对森林资源任何的特定税收或收费的影响依赖于林业生产所在的整体财政和体制环境。一些费用被允许在计算收入所得税或资本所得税时加以扣除；有的可以堵塞某种漏洞，或抑制扭曲行为的激励；还有一些是用于补偿某种不公平问题，等等。这些情况不一而足，所以必须根据各种环境的时间和地点等具体情况仔细分析林业税费的影响。在接下来不多的篇幅中，我们将谈一下在北美洲和其他地区涉及林业税费的有关问题和对它们经济学方面的思考。

1. 不同体制下的森林税费

在一些国家中,林产工业企业向非工业私有林主提供诸如种苗、经营方案和技术咨询等形式的援助。作为回报,这些企业要求非工业私有林主在准备出售木材时通知他们。在某些情况下,这些企业会获得对土地所有者木材的"优先购买权":也就是说,只要某个企业对林主拟出售木材的报价等于林主已收到所有其他买家的最高报价,林主应将木材出售给该企业。

近年,当某些美国的林产工业公司向机构林地投资者出售林地时,他们会签订长期的木材供应合同。这些合同的期限从 10 年至 50 年不等,并可能包含一个最低木材供应量的条款,规定了每年采伐并销售给林业工业公司最低的木材数量。立木价格则会随行就市根据金额、树种和采伐量每月或每季度确定一次。

斯堪的纳维亚半岛国家的非工业林主有时建立地方的森林地主协会或合作社。由这些协会或合作社代表了所有林主和木材买家就立木和拨交原木价格进行谈判。

2. 税收和林业集约边际

正如我们看到的,对森林资源中立性的税费是那些对管理决策不造成影响的税费,如对无林地价值征收的税、由森林生产力决定的林地价值税、年租金和一次性征收的税费等。所有其他税费都会促使生产者为降低成本而改变生产决策。我们已注意到根据采伐量或采伐总价值课收税费,是如何限制了木材可获利采伐的范围。我们也同样观察到对立木木材课税将如何刺激所有者缩短森林轮伐期,而对采伐收入课税将如何刺激他们延长轮伐期。此外,任何降低森林培育经济回报的税费,都限制了营林和管理中有利可图的投资范围。这些最终都对林业集约边际产生影响。

3. 税收、林业粗放边际和当前用途规则

许多税费还影响林业的粗放边际。对木材采伐量课税使采伐边际林分变得不经济,而对立木木材课税会使边际土地上培育森林不合算。

因而中介性的概念也适用于第六章所讨论的将土地在各种用途中分配的问题。只有在不管用途为何,对所有土地都征收同样的财产税时,才能避免土地利用格局发生变化。当然,这种税收不能以木材或任何对土地的改善为依据,必须以土地的市场价值为依据。

但是,林地的市场价值会因为发现了潜在的更好用途大幅增加。换句话说,随着人口增加和经济增长,林业可能不再是一块特定土地上生产力最高的利用方式。因此,以收税为目的对该地块市场公允价值的评估结果,将超过林业用途创造收入能力资本化的价值。虽然这种升值有利于土地所有者和政府,但是并没有改善土地所有者缴税的能力。这种升值和税负的增加往往会迫使土地利用向城镇用地的方向发展。

在美国,为了恢复农村财产(包括森林财产)应课税价值和其创收潜力之间的平衡,每个州都已实施当前用途价值法案。该法案允许或要求对农田和其他农村土地给予财产税优惠待遇。最常见的政策是根据农村土地当前的使用情况,而不是它的市场价值计算应税金额。这就是当前用途规则。

当前用途规则被看做是对农村土地拥有者提供税收减免,使他们能够保证土地的传统用途,这些传统用途被认为是符合社会利益的。像农场、森林,有时以相对较低的税率征税来鼓励农村土地利用、促进就业,提高低收入群体的福利或稳定的农村社区。实证研究发现,在不同州,当前用途规则的有效性存在差异。然而,在大多数情况下,由人口增长、经济发展和城市化驱动的发展压力势不可挡。所以，当前用途规则的总体作用较为有限。

有趣的是，现行财产税法在不同州经常会造成农村土地用途税务处理方面的人为差异。例如，农业用地的税基可能会被限制为其市场价值的1/3，而林地则可能等于其市场价值的60%。极端情况下，一个州最好的(一级)林地比最好的(一级)农地支付更高的财产税。可以预期到，同时实证分析也表明，该差异会导致以牺牲林地为代价，而扩大农业土地的粗放边际，从而扭曲了土地配置的有效性。

一个在历史上影响林地税费设计的问题，是对木材产权的投机性占有。在北美洲森林工业的历史上，投资者为寻求预期短缺性增长和资源价值增加而占有大量木材产权的例子很多。政府倾向于把这种行为看做是不利的，并试图抑制它。正如前面注意到的，财产税有时被用来鼓励所有者采伐木材。基于同样的原因，对公有木材凭证或租赁征收年租金，其目的是使持有超过计划生产所需要的那部分资源产权变得无吸引力。这种政策要求对森林课收的税费超过投机者所期望的从占有木材中获取的收益净现值。

经济学没有对投机性资源产权的获得和占有与公共利益冲突的假定提供理论依据。通常认为，投机者通过经常性地寻找利用资源的最有利的时间，帮助了对资源的有效分配。当然，如果政府认为阻止投机活动合适，对木材产权课税可谓是一个便利的方法。

七、要点与讨论

本章讨论林业税收及其对林主收入和林业生产的影响。一般来说，某项税收的好坏取决于它是否中性(即是否影响纳税人的投资行为)、公平(即是否考虑纳税人的支付能力或是否受益)、简单及相对稳定。北美洲林地所有者所交纳的主要税收是森林财产税。由于森林由林地和林木组成；森林财产税的征收有多种方式。一般而言，他们对林木收入的所得税按照一般收入所得税税率低的资本所得税税率交纳。另外，国家还允许造林费用从家庭当年收入中减去，降低可纳税收入。所以，北美洲林地所有者所要交纳的各项税费较少。这在一定程度上体现了国家对林业的扶持。

我国在2003年，林业税费改革前林农进行木材生产所要交纳的税费率太高。相关研究表明中国南方林农销售1立方米木材的收入(即林价)比例只有木材到厂价的20%~25%(100% - 各种税率% - 采伐运输成本%)。然而，在美国和芬兰，这一比例要达到47%~50%和38%~41%。这说明中国林农进行林业生产的成本比另外两国林业者的成本要高得多。如何长期地将我国林农所交纳的税费保持在较低水平既是促进我国林业发展和林业经济学的一个重要课题，又是一个严肃的政治经济学的问题。

复习题

1. 什么是"中立性"的税收？试举一例。
2. 使用在第七章复习题3中的数据，如果对木材价值每年征收1.5%的税，直至立木林龄达到50年，计算应付税款和累积利息的金额(为了简化计算，假设所列数据中每隔五年期内立木蓄积量保持不变)。
3. 收益税如何影响造林投资的积极性？
4. 土地税法对林地比农地执行更高的税率，会以什么样的方式影响林业和农业用地之间粗放边际?

5. 为何立木费会影响采伐者"拔大毛"的动机? a)立木费是采伐木材单位材积评估的,b)按林分评估一次性支付,而不考虑实际采伐量。

6. 什么是财产税中的当前用途规则?

7. 详细说明您所在地区一个典型的森林土地所有者支付的税款和费用,并评估在一个完整的轮伐期,这些税费占他森林收入的百分比。

参考文献

[1] British Columbia Royal Commission on Forest Resources. 1976. *Timber Rights and Forest Policy in British Columbia*. Report of the Royal Commission on Forest Resources, Peter H. Pearse, Commissioner. Victoria: Queen's Printer. Chapter 13.

[2] Boyd, Roy G., and William F. Hyde. 1989. *Forestry Sector Intervention: The Impacts of Public Regulation on Social Welfare*. Ames, IA: Iowa State University Press. Chapter 7.

[3] Chang, Sun Joseph. 1996. US forestry property taxation systems and their effects. *Proceedings of Symposium on Nonindustrial Private Forests: Learning from the Past, Prospects for the Future*, Washington, DC, February 18–20.

[4] Duerr, William A. 1960. *Fundamentals of Forestry Economics*. New York: McGraw-Hill. Chapters 26 and 27.

[5] Gregory, G. Robinson. 1987. *Resource Economics for Foresters*. New York: John Wiley and Sons. Chapter 8.

[6] Mattey, J. P. 1990. *The Timber Bubble that Burst: Government Policy and the Bailout of 1984*. New York: Oxford University Press.

[7] Musgrave, Richard A., and Peggy B. Musgrave. 1989. *Public Finance in Theory and Practice*. 5th ed. New York: McGraw-Hill. Part 3.

[8] Polyakov, Maksym, and Daowei Zhang. 2008. Property tax and land use change. *Land Economics* 84: 396–408.

第五部分

全球视野下的林业经济学

第十二章 林产品贸易

在当今经济全球化的情况下,世界上某个地区的林业与其他地区的林业相互联系并相互影响。这种联系是通过国际贸易扩张、投资、劳动力流动、交流增多以及全球环境改变实现的。如今的林业工作者仅研究本地或本国内的林业是不够的,还需要有国际化的视角。

本章主要讲国际林产品贸易。我们马上要看到,在过去几十年,林产品贸易增长迅速。林产品贸易增长不仅影响着林业、林产品生产、就业和工资水平,也影响着我们要在下一章关注的全球森林资源保护和环境。

本章,我们从林产品贸易的水平、产品和模式开始,继而讲到基本概念和问题,例如比较优势、专业化和汇率。接下来会讲到各种限制性和救济性的贸易措施,以及关于贸易措施的政治经济学讨论和贸易体系。最后,我们以国外林业直接投资作为本章结束。

一、国际林产品贸易趋势

在过去几十年,主要林产品国际贸易从贸易数量和额度都不断增长,并成为全球林产品生产体系的重要组成部分。1970~2006年,全球林产品名义出口额达到近两千亿美元,增长了15倍(表12-1)。此外,模具、门、家具等加工林产品和藤、橡胶、坚果、油和药品等非木质林产品(Non-Wood Forest Products,NWFPs)的出口贡献巨大。

表12-1 1970年、1996年和2006年全球林产品出口结构

产品	1970		1996		2006	
	价值(百万美元)	%	价值(百万美元)	%	价值(百万美元)	%
工业原木	1790	14.1	8053	6.0	10926	5.4
锯材	2683	21.2	24891	18.5	33031	16.3
纸和纸板	4414	34.8	65699	48.9	100006	49.2
木浆	2528	20.0	16669	12.7	24438	12.0
木质人造板	1146	9.1	16604	12.4	30968	15.3
其他	106	0.8	2462	1.8	3752	1.9
总计	12667	100.0	134377	100.0	203121	100.0

数据来源:联合国粮农组织,2010。

1970~2006年,所有主要林产品的出口量都增加了(图12-1)。工业用原木的贸易量增幅最小,大约为每年1.15%。锯材贸易量几乎翻了三倍,纸浆也类似,以每年2.8%的速度增长。纸和纸板的贸易量翻了三倍。人造板贸易量增加了五成。最后这两种产品的年均增长率分别为4.6%和6.1%。

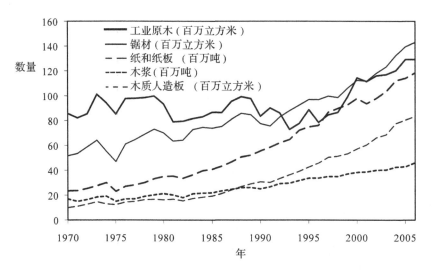

图 12-1　1970~2006 年全球林产品出口量
数据来源：联合国粮农组织，2010。

在 2006 年，林产品的贸易额占国际贸易额的 3%。随着市场、资源情况、国内生产和消费水平的不断变化，林产品出口国和进口国的相对地位也不断发生变化。表 12-2 显示了 2006 年主要的林产品进、出口国。出口国中加拿大、德国、美国、瑞典、芬兰和俄罗斯排在前 6 位，进口国中美国、中国、德国、日本、英国和意大利排在前 6 位，排名前 15 位进、出口国的贸易额占到所有林产品进口额的 74% 和林产品出口额的 77%。

表 12-2　2006 年全球林产品主要进出口国家(地区)

排名	进口国(地区)	价值(百万美元)	排名	出口国(地区)	价值(百万美元)
1	美国	31689	1	加拿大	28223
2	中国	20367	2	美国	18482
3	德国	16012	3	德国	18179
4	日本	12778	4	瑞典	14553
5	英国	11343	5	芬兰	14343
6	意大利	10456	6	俄罗斯	8740
7	法国	9628	7	法国	7699
8	西班牙	6326	8	中国	7618
9	荷兰	6248	9	奥地利	6649
10	比利时	5858	10	印度尼西亚	6170
11	加拿大	5133	11	巴西	5626
12	墨西哥	4356	12	比利时	5618
13	朝鲜	4300	13	意大利	4785
14	奥地利	3683	14	马来西亚	4035
15	波兰	3268	15	荷兰	4030
	总计	151444		总计	154749
	世界	207349		世界	203121

数据来源：联合国粮农组织，2010。

表 12-2 列出的主要林产品进口国大多具有人口基数大、人均收入高或经济增长率高的特点。而主要的出口国普遍具有丰富的森林资源，并有足够的林产品生产能力。例如美国，虽然是林产品尤其是木制品的净进口国，但也是纸和纸板的主要出口国。同样的，中国虽然进口大量原木、纸浆以及纸制品，但近些年也大量出口木制品，尤其是劳动密集型的木制品。德国多数从北欧进口林产品并将出口商品输往其他欧洲国家。加拿大是最大的林产品出口国，同样也进口木制品，特别是国内供应有限的硬木产品。

二、比较优势和专业化原则

为什么美国既是一个森林产品的进口大国又是一个出口大国？为什么加拿大是最大的林产品出口国？从更根本上讲，为什么国际贸易会发生并扩大呢？

国际贸易产生的大部分原因和国内贸易的产生相似：因为贸易改善了交易双方的福利。普通的国内交换，例如用自行车换手提电脑的情况可能会发生，很可能是由于交换双方对商品和服务的需求不同：一个倾向于拥有自行车，另一个更希望有一台电脑。然而，国际贸易与许多国内贸易不同。即使两个国家的人有相同的偏好，他们也可以通过生产各具有比较优势的商品和服务，然后进行贸易，形成双赢。因此，国际贸易很多是完全由供给驱动的。供给驱动的贸易是由于国家自身生产性资源禀赋（如劳动力、资本、自然资源、其他原料的数量和质量以及技术复杂程度）的不同，从而在某些商品和服务的生产上有比较优势。国际贸易还受生产专业化驱动。

1. 专业分工原理

专业化是指这样一种情形，生产商品和服务相关的任务分开，有时还需细分。这些服务由许多不同的个体执行，从而增加商品或服务的总产量。众所周知的事实是，几乎每个人都在从事专门的工作。某些人可能有某些方面的专长，更可能的情况是，那些在一段时间内一直专于某些生产行为的个体，会在一定时间内生产出更多更好的专项产品，因为他们变得习惯于从事该生产并得到了有关的技能。当任务被进一步细分，允许个人专于某一商品生产的单一部件，那么总产量就会比一个人生产所有商品和服务时的产量高。专业化发生在各种的商品和服务生产中。

因此，专业化分工导致了产量的增加。所有现代国家、地区、企业和个人都在不同程度上专业化生产商品和服务。把分工落实到个人这个最基本的经济实体，是专业化的极致形式。然而，要决定哪些任务需要专业化，就需要对个人相较其他人的比较优势以及从事不同任务的机会成本进行比较和分析。尽管在下一节我们用个人为例对比较优势加以说明，相同的逻辑也可以应用于国家和不同国家的生产者之间。

2. 比较优势原理

比较优势是指个体（个人、企业或国家）有能力以比其他个体更低的机会成本去生产特定的商品或服务。相反的，绝对优势是指个体有能力比其他个体投入少但生产出相同的商品。机会成本是衡量比较优势的标准，然而，生产力则是确定绝对优势的基础。

即使当某个个体在两种商品生产上都具有绝对优势，但同时生产这两种商品的机会成本可能很高。这意味着集中生产其中有较低机会成本的商品，并与其他人进行贸易是有利的。比较优势解释了为什么即使一个人在生产所有商品上都有绝对优势，贸易仍是有利的原因。

例如，一个律师可能在法律方面和打字方面都堪称一流。然而，当用收入（机会成本）来衡量价值时，律师的比较优势在于法律事务而不是文秘工作，因此，他或她应该致力于法律工作，并雇一个秘书进行文字处理。这表明比较优势的存在是因为生产者之间的机会成本存在差异。

一个简单的数字例子可以说明在贸易中是如何运用比较优势的。有两个学生，亚当和约翰，他们都喜欢捕鱼和狩鹿。假设亚当一天能抓4条鱼或捕1头鹿。约翰一天能捕3条鱼或2头鹿。两天周末过后，亚当能捕到8条鱼（没有鹿）或捕2头鹿（没有鱼），而约翰预计可以捕到6条鱼（没有鹿）或4头鹿（没有鱼）。这就是他们每个人的生产可能性组合。为简化起见，我们可以先不给鱼和鹿赋以货币价值，我们仅知道亚当和约翰喜欢有更多的鹿和鱼作为食物，并且他们的消费偏好大致相等。那么，当亚当和约翰分别是单独一个人时，都只可能在一天进行捕鹿，另一天捕鱼。

表12-3显示亚当和约翰的鱼–鹿比率是不同的。事实上，这个比率表明的是每次捕鱼的机会成本。相反的，我们可以计算鹿–鱼比率。只要这些比率是不相等的，就会有专业化和贸易的机会。

表12-3 亚当和约翰的生产可能性、机会成本、专业化、与贸易的总收益

	鱼	鹿	比率（机会成本）	两天自给自足	两天专业化分工	专业化与贸易的收益
亚当	4	1	4.0	4鱼+1鹿	8鱼	
约翰	3	2	1.5	3鱼+2鹿	4鹿	
总计				7鱼+3鹿=10	8鱼+4鹿=12	1鱼+1鹿

因为亚当的鱼–鹿比率（4.0）比约翰的高，他应该集中捕两天鱼。另一方面，约翰应该集中精力捕鹿。两天后，他们将共同生产出12单位食物，而不是通过各自单独进行一天捕鹿、另一天捕鱼的行动而只生产出10单位的食物。

单独行动的话，他们可以捕7条鱼和3头鹿。然而，如果他们发挥自身的比较优势，也就是亚当两天都捕鱼，约翰两天都捕鹿。他们的总量就会增加到8条鱼和4头鹿。这样他们就可以进行交易，并且每个人都会受益。

交易的比例是什么呢？它将会在4.0和1.5（鱼–鹿比例）之间，那是两个人的机会成本。超出这两个边界，就不会有交易的存在。因为那样的话，他们自己做自己的会更好。交易比例的最终结果取决于两个人的议价能力和力量。

如果亚当每天能捕4条鱼或2头鹿，而约翰每天能捕5条鱼或4头鹿，那么约翰就会比亚当有绝对优势。即使这样，基于比较优势的专业化生产和贸易都会比原来更好。有兴趣的读者可以计算出两人按各自的比较优势进行专业化生产和进行贸易后的收益。

三、双边贸易的可能性和价格

从国家间的专业化来看，我们注意到存在特定商品的跨国专业化模式。例如，虽然美国人和加拿大人消费的大量商品来源于本国资源，但两个国家都不生产某些商品。比如，所有的天然橡胶都来自于进口。在加拿大，尽管可以通过温室和充足的资金种植异国调料，但它们并没有进行商业种植。加拿大却在生产着占全球很大比例的小麦、软木、新闻用纸、石油和天然气。就像加勒比海岸的格林纳达不生产细纹丝绸，却生产肉豆蔻和调味料一样。因此，比较优势、专业化和贸易的基本经济概念就可以解释国家间的这种生产模式的存在。

1. 两国模型

两国间某一特定的林产品贸易会在何时发生呢？如果两个国家对某商品有类似的需求，贸易发生与否就取决于该产品的本国价格及相关运输费用（包括保险、关税和其他费用）之间的差异。如果两国间价格的差异大于运输费和相关费用之和，贸易就有可能发生。

在图12-2中，我们把两个国家的胶合板需求和供给显示在同一个图中。图12-2的每一边都代表以各自货币衡量的本国供给和需求。简化起见，假设两国货币汇率是1。因为两国共用一个价格轴，所以当他们各自的产量从 O 开始往反方向移动时，产品数量相应增加。

假设 S_A 和 D_A 分别是 A 国胶合板的供给和需求，S_B 和 D_B 是 B 国的供给和需求。如果没有贸易，两国的价格分别是 P_A 和 P_B，相应的均衡数量是 Q_A（相当于 $P_A U$）和 Q_B（$P_B L$）。

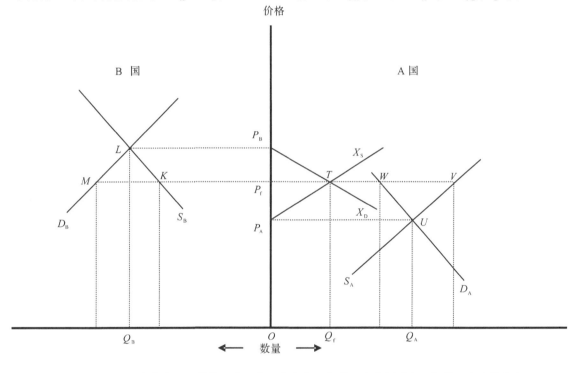

图12-2　忽略运输成本，且其他因素不变，自由贸易条件下人造板进出口数量和价格的决定

如果两国间的贸易是自由的，并且运输费用忽略不计，胶合板的贸易将在两国间产生。均衡价格在 P_A 和 P_B 之间，A 国的出口等于 B 国的进口。

为了弄清楚两国的均衡价格是如何决定的，我们需要找到 A 国的超额供给曲线和 B 国的超额需求曲线。注意，当价格等于 P_A，A 国的超额供给量为 0。因此，A 国的超额供给曲线 X_S 和 y 轴交与 P_A。当价格超过 P_A 时，A 国就会产生超额供给。而其超额供给是供给数量和需求数量的差额，在横轴上用 S_A 和 D_A 之间的水平距离表示。因此，如果知道 A 国供给和需求的函数，超额供给曲线就可以通过代数方法或数字的变动超过 P_A 的价格而得出。

同样的，超额需求曲线 X_D 可以从 B 国得出。它与 y 轴交于 P_B，代表在最初均衡（没有贸易）时超额需求为 0。把超额供给和超额需求曲线都放在图中，可以找到两条曲线的相交

点 T，这就是新的均衡点。在点 T，价格是 P_f，贸易量是 Q_f（或 P_fT）。后者和 WV 或 MK 相等。

通过图 12-2 可以看出，两国贸易的经济结果变得很明显。在 A 国，生产水平会从 P_AU（Q_A）增加到 P_fV，生产者剩余将增加 P_AUVP_f，消费者剩余将减少 P_AUWP_f。结果是，A 国胶合板生产者变的更好，而消费者变得更糟。A 国的社会净福利将增加 UVW。

相反的，B 国生产者剩余将减少（P_BLKP_f）、消费者剩余将增加（P_BLMP_f）。B 国的社会净福利将增加 MLK。

因此，两国的贸易总收益应该是 UVW 加上 MLK。如果我们看超额需求和超额供给曲线，这个数量等于 P_ATP_B 区域。尽管一些人强烈反对某些产业的自由贸易和劳动力分工，但贸易确实增加了两国的社会福利，这就是 20 世纪贸易迅速扩张的基本原因。

我们应该指出，为找到贸易中的均衡价格，在图 12-2 中超额需求 X_D 和超额供给 X_S 必须以其中一国的货币来衡量。这意味着，如果 X_D 是以 A 国货币衡量，那么 X_S 就需要用两国间汇率来转换成 A 国的货币，反之亦然。当我们讨论汇率对贸易的影响时这很重要。

2. 更复杂的地区与国际贸易模型

前面的讨论为建立更为复杂的林产品（或其他产品）贸易模型建立了理论基础。我们已经知道贸易可以增加两国的社会福利。在其他条件不变，贸易均衡点是使两国社会净福利最大的那个点。因此，在考虑了运输费用、关税和其他贸易壁垒并将这些包含在模型中的情况下，三个或更多国家林产品贸易模型的目标函数可以简化为使所有这些国家的净社会福利的最大化。

要建立地区或全球的林产品贸易模型需要大量的数据（各类林产品的价格、成本、数量）并需要对不同国家、不同林产品供给与需求函数做严谨的估计。此外，林产品贸易模型通常和这些国家的林业资源的供给和需求相关（第四章有概述），这需要根据具体情况具体分析。最后，为优化或运行这个模型，需要运用线性规划或其他复杂的数学工具。然而，不管过去的几十年林产品模型的变得有多复杂，所有模型都是以使参与国家的净社会福利最大化为基础的，并且以图 12-2 中的结构构建。

这些林产品贸易模型有不同的用途。他们可以用来分析贸易潜力和贸易流、贸易政策如禁止原木出口和提高关税、资源使用政策如采伐规定、交通（能源）成本的变化、地区经济合作及整合力度、与气候变化相关的碳信用和碳税。对全球林产品贸易模型有兴趣的读者可以从本章后面参考文献中列出的全球森林产品模型开始研读。

3. 两点注意事项

我们已经解释了"贸易收益"的传统基本原理，但必须对以下两点再加以说明。

首先，A、B 两国间贸易产品的供需不是静态的，而是受贸易流量影响。一旦贸易发展了，A 国的生产就会增加，接着就会带来就业和收入的增加。由于就业和收入增长，D_A 有可能外移。这使得 A 国与静态需求相比潜在地减少了出口水平和贸易收益。在 B 国，生产减少，就业、收入下降。假设 B 国失业者，不论是失业一段时间还是找到收入低的工作，D_B 有可能内移。因此，B 国贸易的顺差收益随着时间的推移有可能减少。两国需求曲线的同时移动，可能会减少图 12-2 所示的静态模型的贸易水平和预测的贸易收益。

其次，如果 B 国的高成本是由于该国环境管制以及其他保护生活质量的政策，而 A 国的低成本是由于这类保护的缺失，贸易会导致 B 国的"干净"工厂倒闭，A 国"污染"工厂扩张,那么贸易可能使两国总的社会净福利下降。这是一个"出口外部性"的例子,污染工厂从 B 国出口到 A 国产生了负的外部效应。因为不是所有生产者都要求保持统一标准,干净的工厂很可能没有能力在国际经济中进行竞争。在这种情况下,贸易带来的福利可能是一种错觉。近些年,一些支持这种观点的环保组织(绿色)已经和工会(蓝色)一起组成"绿/蓝"联盟来反对自由贸易。更多反对自由贸易的讨论将在下面的"贸易管制的政治经济学"一节出现。

四、影响国际林产品贸易的因素

因为双边贸易包括一个商品的两个市场,任何影响该商品供需的因素同样也影响贸易流量和价格。在需求方面,这些因素包括收入、偏好和两国替代品的价格。在供给方面,包括资源禀赋(或决定生产成本的要素成本)的比较优势、市场营销(广告)、运输、装卸和保险费用。大部分因素例如收入不会在短期内变化太快。然而汇率和贸易壁垒(有无和大小)这两个因素,可以彻底改变短期和长期的国际贸易平衡。

1. 汇率

汇率是衡量两国货币的比率。分子可以是两种货币中的任意一个。我们用美元(US $)和加元(CDN $)作为一个例子。假设两个货币汇率是 1(CDN $/US $ =1)。如果美元增长 20%,那么 1 美元就有 1.20 加元的购买力。另一方面,1 加元则只有 0.833 美元的购买力,意味着加元贬值了 16.67%。

汇率变化是如何影响两国间双边贸易的?可以参考图 12-2 来解释,假设 A 是加拿大,B 是美国。

在图 12-2 中,如果美国超额需求(X_D)和加拿大超额供给(X_S)最初用美元表示,当汇率为 1 时,美元 20% 的增值并没有改变或移动美国的超额需求曲线。另一方面,加拿大超额供给曲线向下移动,或从 P_A 点平行下降 16.67%。换句话说,以美元衡量的新的加拿大超额供给曲线,低于最初的超额供给曲线 16.67%。因此,在加拿大生产的 1 加元商品在美国卖 0.833 美元。这增加了加拿大的超额供给(即 X_S 向下移动),并鼓励美国人购买更多加拿大商品。在图 12-2 中,后者表示由于价格下降,沿着超额需求曲线(需求数量增加)向右移动。结果是,加拿大出口到美国的数量增加,美国出口到加拿大的数量减少。但是用美元衡量的均衡价格的变化将少于 16.67%,因为美国超额需求曲线不是完全没有弹性的(即美国超额需求弹性不等于零)。

值得注意的是,加拿大超额供给曲线向下移动 16.67%,对以加元为衡量的加拿大国内供给和需求曲线没有影响。它仅使以美元衡量的原始均衡价格(图 12-2 中的 P_A)下降,加拿大的生产(供给数量)沿着本国供给曲线而增加,加拿大扩大对美国的出口。同时,加拿大的需求数量下降,因为更多的加拿大产品会被出口,这就抬高了本国的价格。

同样的,如果美国的超额需求(X_D)和加拿大超额供给(X_S)最初用加元表示,美元升值 20% 将不会改变或移动加拿大超额供给曲线。然而美国超额需求曲线从点 P_B 向上移动 20%;意味着用加元衡量的美元购买力增长了 20%。

无论最初的超额需求和超额供给是用美元或加元衡量,美元升值 20% 的市场影响是一样的。图 11-2 和相关的讨论可以得出这个结论。有兴趣的读者可以在保持其他曲线不变的情况下，平行移动（用已给出的百分比）超额供给曲线或超额需求曲线证实这一结论。读者应该可以用新的汇率得出同样的均衡价格（或数量），不管贸易是用美元或加元计量的。

如果加元升值，那么贸易影响会和我们的描述相反。

一个国家货币汇率的变化既有好处也有坏处。例如，美元下跌，鼓励美国商品出口并抑制国外商品进口可以帮助减少贸易赤字。然而，它增加了美国消费者进口商品和国外旅游的价格以及美国投资商投资国外的成本。

一个行业的表现不大可能对汇率有很大的影响。尽管如此，知道汇率是如何影响公司、整个产业的利润和国家的贸易平衡还是很重要的。

如果林业部门主要是出口导向（像加拿大）或受进口影响很大（例如美国，在2000年中期，进口量占林产品消费的13%），那么汇率对于这些国家是至关重要的。在2000年中期，当美元强劲时，美国生产者曾抱怨巴西胶合板对于美国南部的传统市场（尤其是迈阿密和亚特兰大市场）是一种"入侵"，"甚至没有一个电话打进来"。后来美元贬值，巴西对美国胶合板出口剧烈下降时，这些生产商放松很多。同样的，如果美国、加拿大、德国和日本四个国家生产相同功能的伐木设备，那么汇率的变化对伐木公司选择购买哪国设备有很大的影响。

两种货币间的汇率反映了这些货币的相对价值。感兴趣的读者可以参考国际经济学教材中的支付平衡模型、资本市场模型和其他汇率模型。

2. 贸易壁垒

贸易壁垒是或公开或秘而不宣的限制贸易制度措施。历史上，他们通过阻碍林产品进出口在国际贸易中扮演着重要的角色。贸易壁垒可以划分成：

- 对进出口收费：关税、出口税、差额税、阶梯关税（或递增关税）
- 数量限制：配额、出口控制、原木出口禁令和禁运
- 管制：产业标准；包装、标签和市场条例；通关手续；健康和卫生规定；许可证；认定要求
- 政府直接干预：补贴、反补贴税、倾销和反倾销关税

有时，这些措施中的两个或更多会被结合起来。例如，定额关税配额是当进口达到一定水平后使用的关税。还有一些措施，例如与环境问题有关的，就很难完全归为上述类型的某一类。

贸易管制一直是1947~1994年关贸总协定（GATT）和之后国际贸易组织（WTO）主持的国际多边贸易谈判的焦点。最终国际贸易变得更加自由了。例如在21世纪初，加拿大和美国签订自由贸易协议十年后，美国和加拿大70%~80%的进口实行免税，其余进口的平均税率只有4%~5%，这意味着两国所有进口商品的加权平均关税刚刚超过1%。尽管如此，一些国家依旧实行高关税和其他贸易管制措施来限制林产品进口。

(1) 关税和出口税

关税是在进口时由进口国征收的，出口税是出口国出口时征的。相同税率的关税和出口税对进口国保护本国工业有相同的市场影响，这可以在图12-2和相关讨论中容易看出。

当关税和出口税的税率一样时，无论关税是否应用于进口（在超额需求X_d上）或是出口关税应用于出口（在超额供给曲线X_s上），新的市场均衡价格（和进出口数量）是一致的。他们之间的不同在于关税为进口国政府所有，而出口税为出口国政府所有。虽然在美国政府对出口提高税收是违法的，但是还有其他的措施（如禁运）可以控制出口。在加拿大和其他许

多国家，可以采用出口税，但有些出口税可能是由于进口国的压力而实行的。

如果基于出口量来征收出口税，那么出口国的超额（出口）供给曲线将向左上方移动，如果出口税以出口商品的价值为基础，那么超额供给曲线会向左上方移动并旋转。两种情况下，出口量都会下降。总体来讲，林产品关税在过去的几十年里已经下降了，与之前描述的总体贸易扩大相类似。

许多关税制度的一个特征是阶梯税率，一般是随着产品加工程度提高，关税税率也相应增加。例如，原木一般是免税的；锯木采用低关税；人造板就会面临较高的税率；加工程度进一步提高的产品（如家具）会面临更高的税率。这可以为本国深加工产品的生产商提供更多的保护。

（2）配额

对产品的配额限制了进口的数量。配额有多种形式，包括整体配额（不考虑产地），特定出口国的配额或定额关税配额。后者是一种与关税相联系的配额，意思是指，对在某个配额之内的商品给予免税或一定优惠税率，超出了这个配额以外的进口量将执行全额关税税率。一般来说，配额会分配给进口国（对不同商品产地，或国家）和出口企业（同一产地／国家内的不同企业）。

配额一经实施，影响既直接又严重。经济学家普遍认为它比关税对经济效率的影响更大。配额不能带给政府任何收入，但比关税更能保护国内产业，使其远离市场竞争。如果外国生产者足够高效，他们可以克服关税，但却不能越过配额。最后，配额扭曲了进口国由国内和国外来源组成的总供给曲线，使它有一个或多个拐点。其结果是，需求改变时，同样在牺牲国内消费者利益情况下，国内市场价格比使用关税或出口税更不稳定。由于国内生产者受到更好的保护，尽管他们也面临配额带来的价格不稳定，国内生产者一般更倾向于使用配额制度。国内消费者，甚至两国政府则最不喜欢配额制度。

一些出口国生产商如果不用交出口税或关税就能得到配额时，他们也喜欢配额这种措施，特别是当他们在国外市场有市场影响力时，因为他们可以利用受保护国外市场上的高昂价格获取配额租金（Qouta Rent，或稀缺租金）。配额租金能够弥补由于配额引致的出口量限制带来的部分损失。尽管如此，配额，像其他贸易管制措施一样，限制了出口产业的长期发展。

数量限制的极端案例就是全面禁止出口或进口。尽管饱受争议，美国和加拿大公共土地上砍伐的木材仍禁止出口。还有一些国家在私人土地上砍伐的木材也限制出口。

（3）管制

与贸易相关的管制应用范围相当广泛。林产品出口商面临的一个特别问题就是标准，包括技术标准和与植物健康有关的植物检疫标准。与环境有关的技术标准——例如报纸中最低纤维回收含量、对使用甲醛粘合剂的木质板的限制、禁止非法木材贸易——同样会扭曲贸易。大部分管制都是出于公共政策目的，因此，任何贸易损失必须和公众利益相权衡。

（4）补贴和反补贴税

私人补贴，特别是政府对生产者的直接特殊补贴、优先对待出口企业或产业，可能会导致贸易扭曲并损害其他国家的相关产业。因此，损害进口国产业的补贴会受到该进口国征收报复性的反补贴税。许多国家制定贸易法抵制外国政府的掠夺性补贴。世界贸易组织（WTO）和北美洲自由贸易协定（NAFTA）有复杂的争端解决系统来裁定有关补贴的贸易争端，但美国和加拿大长达30多年的软木锯材贸易战表明,这个机制并不是总能解决问题。这个贸易战的核心是加拿大是否对其软木锯材生产商有补贴以及美国的生产商是否受到伤害。

(5) 倾销和反倾销税

倾销是指进口产品在国外市场以不正常的低价进行销售的情况,即国外市场售价甚至低于包含所有运输成本的出口商国内市场的价格。由于倾销的定义内容宽泛,实践中用于认定是否形成倾销行为的裁定办法和程序种类繁多,这导致裁决结果的不一致。有时还会与经济原理相矛盾。

如果出口商被发现存在倾销行为并对进口国的企业带来损害,会导致进口国征收反倾销税。继而经常发生的就是在法院上以及世界贸易组织(WTO)和北美洲自由贸易协定(NAFTA)规则和程序下的谈判和诉讼。过去30年,美国和欧盟的反倾销案例越来越多。

五、贸易管制的政治经济学

既然贸易限制有这么明显的害处,为什么有关产业经理阶层、劳工代表和某些政治家倾尽全力要求限制贸易,特别是进口呢?我们也许可以从贸易限制的政治经济学中找到答案。

如第二章所说,关税、配额和其他贸易管理措施,都是政府基于公共利益或特殊群体利益管理经济活动的形式。有些贸易限制,如禁止毒品和麻醉剂(后者指具有致瘾性含有镇定成分的各类药品。如果监管不当,自由贸易可能导致它的滥用,成为毒品)贸易,对公众整体是有好处的。而许多贸易限制是为了维护特定群体的利益,主要是寻求免受外国产品竞争的生产商。后者将导致保护本国生产者的收益会低于消费者的损失,给全社会带来负的净收益。

本国生产者视外国生产者为威胁是可以理解的。如果外国生产者可以用较低的成本生产出同样的商品,并有机会进入市场,本国生产者自然而然会害怕自己产品销售额和利润降低。这种情况也可能引起失业增加,工厂倒闭,资本严重受损。这时,受进口冲击的生产者通常会寻求他们选举出来的代表来保护他们。

政治家会评估响应有关利益群体要求的成本和收益,并基于他们自己的利益作出决策。政治家的利益主要是获得相关利益团体的政治支持——这个群体就不仅是在市场竞争中受到威胁的公司,还包括公司的员工以及公司所在地的社区。自由贸易的受益人通常是消费者,分布广泛、不集中、甚至没有统一的发言人。而那些寻求保护者,尽管人少,却更有政治上的威胁力量,也因此更有政治影响力。这些人虽然数量相对少,但因曾遭受巨大损失,所以有更大的动力组织起来,进行统一行动,影响政府的决策。最近的大量实证研究结果支持政府管制限制贸易活动中的利益团体理论。

这并不表示这些利益团体不道德,或总能把自己的利益凌驾于公众利益之上。利益团体的壮大可能是经济发展天然的、良性的结果。他们被认为是现代化社会的民主政治中必要而有价值的参与者。没有他们的参与,政府制定的政策可能不会那么符合人民的需求。权力分化——机构和社会多元化——多种多样的利益团体在使用同一机制来防止任何单独利益团体的独裁。正如我们注意到的,近几十年,自由贸易迅速发展,也帮助了另一利益团体,即想进入外国市场的出口商。

然而,不可否认的是,在政治上明显活跃的群体往往不能同时反映整个社会的经济利益。因为组织资源、资金、信息、技能、谈判能力在不同利益群体中分配不均等,使得某种利益可能反映更多,而某种利益会反映较小。这解释了为什么有悖于大众利益的一些特殊利益群体仍可以在众多经济政策(包括贸易管制)中找到自己的路径。

六、林业产业的国外直接投资

随着产品和服务贸易的增长,一些生产要素也加速了在全球的流动。资金这一生产要素,比其他生产要素例如劳动力、材料、流通得更快、更容易。我们对全球内资金短期的流动兴趣不大;主要讨论国外直接投资(Foreign Direct Investment,FDI),即投入到国外长期生产的资金的流动。

国际货币基金把国外直接投资定义为获得持久利益和企业管理中的决策权,一国常驻实体对他国企业进行投资的行为。为了便于统计,一般情况下,如果一国常驻实体拥有国外公司10%以上具有投票权的普通股股份,相应的投资就被划分为直接投资。据我们了解,大多数国家在国外直接投资报告中采用这个定义。有国外直接投资的公司被称为跨国公司。

国外直接投资和新的国内投资在定义上有所区别。新的国内投资指新设备、新机器、新工厂。这些代表了国内经济新的资本。国外直接投资(FDI)不仅仅包括对一国有新的资本投资,还包括购买该国内已有资产的所有权的投资行为。和贸易一样,国外直接(FDI)投资是双向的,既包括指外国投资者向本国投资,也包括一国对外国的投资。前者类似于通常所称的引进外资,后者通常称为对外直接投资。

就像林产品贸易一样,近几十年来,在林业产业方面的国外直接投资有显著增加,图12-3和12-4分别显示的美国和加拿大的林业行业的国外直接投资和引进外资。1983～2008年,美国在林业产业上累积对外直接投资(股息累积股本)从66亿美元增至104亿美元;同期吸引外资也增长了近3倍,从25亿美元增至93亿美元。加拿大累积对外直接投资由19亿加元增至56亿加元,吸引国外直接投资从41亿加元增至99亿加元。此外,可以明显看出,相比于对外国进行直接投资而言,加拿大林业产业吸引了更多国外直接投资。美国则恰好相反。最后,这两个国家也顺理成章地在林业产业方面成为另一个国家的最大海外投资目的地国。同样,其他国家近些年来自于美国和加拿大的直接投资份额也大幅增长。

跨国公司可以通过以国外直接投资以外的其他安排,如出口和许可证贸易,参与到国际商业活动。为什么有些跨国公司选择国外直接投资而不是出口和许可证贸易呢?这可以用经济学家约翰·邓宁的所有权-区位-内部化(Ownership-Location-Internalization,OLI)范式来解释。所有权-区位-内部化(OLI)模式是影响国外直接投资的三种理论或三个因素的折中。所谓的OLI要素就是三种优势:所有权优势(O)、区位优势(L)和内部化优势(I)。

- 所有权优势回答了为什么的问题(即为什么一定要去国外?)。为了参与到任何形式的国际活动,公司必须有一种或多种企业公司特有的所有权优势。这些优势可以用来开出许可证、作为扩大国内生产和出口的投入或者降低国外直接投资(FDI)情况下公司在国外运营产生的成本。所有权优势,例如商标、规模经济收益、技术等在公司内部都可以低成本的转移。这些优势要么能提高收益,要么可以降低成本,必须能够足以抵消远程运营国外公司的费用。

- 区位优势回答了在哪(在哪选址)的问题。区位优势是国外直接投资(FDI)所必须的,

图 12-3　以 2000 年不变价计美国 1983～2008 年林业对外直接投资和引进国外直接投资额
资料来源：Nagubadi and Zhang，2011。

图 12-4　以 2000 年不变价计加拿大 1983～2008 年林业对外直接投资和引进国外直接投资额
资料来源：Nagubadi and Zhang，2011。

而出口和许可证贸易则不要求必须具备这种优势。从这个角度来说，把所有权优势和海外其他要素(例如人力、土地、资源)有机结合起来的能力是推动公司向海外发展的驱动力量。企业可以利用自身的所有权优势、利用海外生产要素获取更大的利益。投资地点的选择需要复杂的计算，包括经济、社会和政治因素。

- 内部化优势强调如何(如何进军海外)的问题。企业一般会在非市场机制或市场不完全的国家和地区实施内部化战略(指建立子公司或者控股方式)，因为在非市场或者市场不完全的国家通过外部路径运营的交易成本很高。通过国外直接投资(FDI)，企业实现了内部的自我代理，从而获得效率提升、成本节约。例如，企业可以仅通过向国外出口产品走向海外市场，但是不确定性、搜索成本和关税壁垒都成为阻碍贸易发展的因素。同样，企业也可以通过许可证贸易来分销产品，但其又担忧许可证持有者的投机行为。在这些情况下，国外直接投资(FDI)就是符合逻辑的选择。

国外直接投资(FDI)可能是供给驱动、需求驱动或者两者都有。资源获取型国外直接投资(FDI)目标是找到能以低于其他地区的成本生产商品和服务所需丰富资源。市场拓展型国外直接投资(FDI)则寻求有巨大的现实和潜在市场的目的地。可以说美国林业对外直接投资被认为主要是资源获取型，因其投资目的地都是森林资源丰富的国家，例如加拿大和巴西。而加拿大的对外直接投资则是市场拓展型，因其投资主要目的地是美国和其他发达国家。

国外直接投资(FDI)对资本输入和输出国经济都有重要意义。对资本输入国来说，引进外资不仅带来了资金投入，还附带了技术、管理技能，并可能增加就业。它也带来了能扩大了商业机会和贸易的多种销售和采购网络，增加了国内其他公司改善技术和配置效率的竞争压力。不利方面则是外资会受世界资本市场和资本输入国国内市场影响，有可能造成当地经济的起伏。对资本输出国而言，国外直接投资(FDI)带来更高的资本回报，并能有效利用国内资源，促进了产品和服务的出口。另一方面，对外直接投资(FDI)会减少本国投资支出，进而影响本国就业。

林业贸易和国外直接投资促进了林业经济的发展，影响着森林资源消耗和更新速率，进而影响全球林业发展可持续性。第十三章将讨论全球森林资源的经济和环境问题。

七、要点与讨论

本章讨论了林产品贸易的趋势、贸易的基本理论和模型、影响国际林产品贸易的因素、贸易保护主义的政治经济学和国外林业直接投资。

改革开放以来，中国林产品贸易额从很低的水平为起点增长了10多倍，远远高于同期世界林产品贸易的增长率。到2010年，中国已经成为世界第二大林产品进口国和出口国。从2000年中期开始，美国、加拿大等一些发达国家与中国林产品贸易的摩擦逐渐增多。这就要求我国林产品进出口企业和林产品工业协会认真研究世贸组织及贸易对象国的贸易规则和政治经济学生态，作出适当应对。一般来说，受到贸易伤害的企业和个人容易形成利益集团一类的政治势力。而贸易受益者则因为人数众多、人均受益有限难以组织起有效的反对势力。因此，反对自由贸易的力量很可能得逞，导致贸易保护主义政策的产生。美国和加拿大已经打了30多年软木锯材贸易战，目前仍没有迹象表明何时能结束。在这场贸易战中，以保护一部分木材生产商和林主为目的，但损害广大消费者甚至美国经济的贸易保护政策的出笼和实施说明真正的自由贸易比较难实现。

本章有关对国外林业直接投资的讨论也许对我国利用外资发展林业和林产品工业，以及发展我国的对外林业投资有所启示。

复习题
1. 什么是比较优势？什么是绝对优势？什么是专业化？
2. 衡量比较优势和绝对优势的标准分别是什么？
3. 双边贸易关系是如何决定的？
4. 两国以上和多种林产品贸易模型的基础是什么？
5. 贸易有什么好处？汇率如何影响国际贸易的流动？

6. 什么是反补贴税? 在什么条件下公共或私有补贴会引起国际贸易上的反补贴行动?
7. 什么是倾销?
8. 说明在国际贸易壁垒中绿/蓝联盟的作用
9. 国外直接投资和本国资本支出有哪些相同点和不同点?

参考文献

[1] Adams, Darius A., and Richard W. Haynes. 1980. The 1980 softwood timber assessment market model: The structure, projections and policy simulations. Forest Science Monograph 22.

[2] Bourke, I. J., and Jeanette Leitch. 1998. Trade Restrictions and Their Impact on International Trade in Forest Products. Rome: Food and Agriculture Organization of the United Nations.

[3] Buongiorno, Joseph, Shushuai Zhu, Dali Zhang, James Turner, and David Tomberlin. 2003. Global Forest Products Model: Structure, Estimation, and Applications. San Diego: Academic Press.

[4] Dunning, John H. 2001. The Eclectic (OLI) Paradigm of international production: Past, present and future. International Journal of the Economics of Business 8(2): 173-90.

[5] Nagubadi, R., and D. Zhang. 2011. Bilateral Foreign Direct Investment in Forest Industry between the U. S. and Canada. Forest Policy and Economics 13(5): 338-344.

[6] United Nations COMTRADE. 2010. United Nations Commodity Trade Statistics Database. http://comtrade.un.org/db/dqQuickQuery.aspx.

[7] Zhang, Daowei. 1997. Inward and outward foreign investment: The case of US forest industry. Forest Products Journal 47(5): 29-35.

[8] —. 2007. The Softwood Lumber War: Politics, Economics, and the Long US-Canada Trade Dispute. Washington, DC: RFF Press.

第十三章　全球森林资源与环境

在这一章，我们将讨论全球森林资源现状和经营管理的经济问题。我们关注的焦点是全球的森林资源分布，特别是森林资源在经济发展和环境保护中的作用。虽然在混合经济体系中所应用的经济学原理还可能被应用到其他体系中来，我们要强调每一个国家都有自己的历史、文化和政治管理结构。所以，处理全球的问题要比一个国家内部的事情要困难的多。然而，某个国家的森林资源和森林资源管理不但影响本国的经济发展，还会对其他国家的人们和世界环境产生影响。所以，我们必须要从全球的角度来研究森林资源的管理问题。

从全球的角度来看，森林资源的利用和管理包括森林在欠发达国家的经济发展中的作用、在保护没有市场的环境资源如生物多样性（生物多样性通常是全球性的公共物品）和在应对气候变化中的作用。这些作用之间相互关联，但是后两项在近年来受到了特别的关注。我们首先看下全球的森林资源，然后讨论以森林为基础的工业化经济问题、毁林和有关森林的环境产品和服务供给不足的问题。最后，我们指出在有关全球森林资源和环境的林业经济学研究中出现的几个新动向。

一、全球森林资源

从统计学的角度来讲，森林通常被定义为覆盖率至少要达到10%或20%的、一定数量的树木的集合体。森林可以是茂密的也可以是稀疏的。茂密的森林（Closed Forests）通常生长在多雨地带和热带气候条件下。稀疏的森林（疏林，Open Forests）通常出现在干燥气候如非洲撒哈拉以南地区。根据联合国粮农组织统计，全球森林的85%是茂密的森林，12%是稀疏的森林，其余部分是从农地中恢复起来的森林。

表13-1给出了世界的森林资源。2005年，世界的森林面积是39亿公顷，森林覆盖率为30%。然而，森林资源在各个国家的分布不均匀，特别是按人均来计算时更是如此。俄罗斯、巴西、加拿大、美国和中国是世界上森林面积最多的国家，它们的森林面积分别是8.09亿公顷、4.78亿公顷、3.10亿公顷、3.03亿公顷和1.97亿公顷。但是，中国的人均森林面积不仅要比其他四个国家少得多，而且也远远低于世界平均水平。一些国家如柬埔寨、刚果共和国、刚果民主共和国、哥斯达黎加、厄瓜多尔、加纳、秘鲁的土地和森林面积虽小，但具有丰富和重要的森林资源。全球人均的森林面积是0.62公顷，而全球有64个国家（总人口为20亿）的人均森林面积不到0.1公顷。

在全球的森林面积中，热带雨林占47%，亚热带森林占9%，温带森林占11%，寒带森林占33%。通常热带和亚热带森林是由阔叶树种（大部分是硬木）组成，寒带森林大部分是由针叶树种（软木）组成。大部分分布在北半球的发达国家，许多林产品是产自针叶林而非阔叶林。然而，大部分阔叶林树种除了木材以外还具有重要的美学和环境服务功能及价值。

森林还可以根据它的特性和所有权进行分类。如 2005 年世界森林面积统计中，天然林（包括原始林和天然次生林；指天然更新或利用当地树种人工促进天然更新而建立起来的森林）占世界森林的 94%。人工林（通过植苗或播种建立起来的森林）占 7%。在过去的几十年人工林增长很快，在全球木材供应中占有约 1/3 的份额。森林的公共所有在大多数国家中占有统治地位，但经营和利用的权经常是分配给了个人和私人公司。

表 13-1 人口、所有权、林地特征和林地变化

地区/国家	2004 年的人口数（百万）	2005 年的森林总面积（1000 公顷）	2000 年时林地所有权			林地变化（2000~2005 年）	
			公有（%）	私有（%）	其他（%）	1,000 公顷/年	变化率 %
非洲	868	635412	97.6	1.8	0.6	-4040	-0.6
亚洲	38378	571577	94.4	5.0	0.6	1003	0.2
中国	1327	197290	100.0	0.0	0.0	4058	2.2
印度尼西亚	218	88495	100.0	0.0	0.0	-1871	-2.0
日本	128	24868	41.9	58.1	0.0	-2	n.s.*
大洋洲	33	206254	61.3	23.7	15.0	-356	-0.2
澳大利亚	20	163678	72.0	27.1	0.9	-193	-0.1
欧洲	723	1001394	89.9	10.0	0.1	661	0.1
德国	83	11076	52.8	47.2	0.0	0	0.0
俄罗斯	143	808790	100.0	0.0	0.0	-96	n.s.
瑞典	9	27528	19.7	80.3	0.0	11	n.s.
北美洲	429	677464	66.7	29.3	4.0	-101	n.s.
加拿大	32	310134	92.1	7.9	0.0	0	0.0
美国	294	303089	42.4	57.6	0.0	159	0.1
墨西哥	104	64238	58.8	-	41.2	-260	-0.4
中美洲	39	22411	42.5	56.1	1.4	-285	-1.2
南美洲	365	831540	75.9	17.3	6.9	-4251	-0.5
巴西	179	477698	-	-	-	-3103	-0.6
厄瓜多尔	13	10853	77.1	0.0	22.9	-198	-1.7
世界	6335	3952025	84.4	13.3	2.4	-7317	-0.2

来源：联合国粮农组织（2006），*n.s. 代表不显著。

表 13-2 2000~2005 年间森林面积净损失最多的 10 个国家和净增长最多的 10 个国家

净损失最多的 10 个国家	年变化（1000 公顷/年）	净增长最多的 10 个国家	年变化（1000 公顷/年）
巴西	-3103	中国	4058
印度尼西亚	-1871	西班牙	296
苏丹	-589	越南	241

(续)

净损失最多的 10个国家	年变化 （1000公顷/年）	净增长最多的 10个国家	年变化 （1000公顷/年）
缅甸	-466	美国	159
赞比亚	-445	意大利	106
坦桑尼亚联合共和国	-412	智利	57
尼日利亚	-410	古巴	56
刚果共和国	-319	保加利亚	50
津巴布韦	-313	法国	41
委内瑞拉	-288	葡萄牙	40
合计	-8216	合计	5104

来源：联合国粮农组织(2006)。

大多数毁林比率高于世界平均水平的国家都是欠发达热带国家。表13-2给出了2000～2005年世界上森林面积净损失最高的前10个国家都是热带地区的发展中国家。而森林面积净增加最多的前10个国家大多是发达国家或近年来经济发展快的国家。

二、人口、经济增长和环境

在森林资源丰富的国家，作为资本的森林资源经常在促进经济发展中发挥重要作用。要满足人口增长和人们生活水平的提高，促进经济发展是必然途径。因此，全球森林资源的利用与管理就与人口的增长、经济发展和环境紧密相关。

1. 全球人口变动趋势、资源不足和经济增长

世界人口在1800年的时候不足10亿，1950年增长到25亿，1999年是60亿，2011年是70亿。在如此大的人口基数基础上，人口增长率就是按我们预期的低水平增长时，到2050年世界人口将达到93亿。虽然人口的增长可以为经济的发展提供额外的劳动力，但也会给全球的自然资源包括森林带来压力。联合国粮农组织的数据显示，在过去的几十年来全球的森林面积在持续减少，尽管减少的速度在下降，一些国家的森林面积变动不大甚至有所上升。

相关的问题还有人均收入的增加和生活水平的提高。尽管比较不同时代人们的消费水平可能是困难的，但有人估计200年前全球10亿人口年均的消费为600～700美元（用2000年的不变价格来衡量）。20世纪初这一数据上升到1000美元，1950年是2000美元，现在是8000美元。这一数据显示全球每年人均的收入是在持续上升。

人口和人们生活水平的提升需要经济的持续增长，但是从长期来看，在有限的土地和自然资源的条件下持续的经济增长可能吗？经济学家、哲学家和人口学家长期以来一直在争论资源的安全性和它对经济增长的影响。

在18世纪，英国学者托马斯·马尔萨斯提出了具有重要影响的理论。这一理论解释了在一定面积上不断膨胀的人口是如何降低生活水准和产生饥饿和疾病的。前面我们提到，由于对担心资源过快开发，20世纪初美国出现了环境保护运动。当时，对加拿大东部白松（White Pines）的大量采伐也被认为会导致木材的短缺。第二次世界大战以后，人们重新燃起

了对自然资源短缺的担忧。近些年,人们对石油供给的担忧有增无减。然而,从长期来看,大多数国家和世界总的经济已经持续增长了很长时间。

有人认为,在土地和一些自然资源供给有限的情况下,可以通过人力资本和制造能力的提升来实现经济的持续发展。但是,如果没有更多的土地和自然资源的投入,对其他生产要素投入的增加能获得的收益是不断下降的。(边际)收益率递减的规律指出,受不变的土地和自然资源制约的经济发展是注定要停滞的。

另一些人则持有乐观的态度。他们认为,克服土地和自然资源短缺的关键是科学与技术的发展。科技的发展可以通过发现新的矿藏、开采那些过去不能开采的资源、利用低品质的材料和扩大再生资源的利用来增加自然资源的供给。这些发展对资源供给与需求的长期效果反映在资源的价格上。而价格是度量它们稀缺程度的经济指标。值得注意的是,自从工业革命以来,尽管产品的生产量有了极大的提高,但大多数自然资源的价格并没有上涨多少,有许多甚至是下降的。

最近的几十年来,人们越来越关心一种新的短缺,也就是环境对在经济发展和人口不断膨胀过程中所产生的未经处理的污染物的承受和分解能力的局限性。新的短缺关注环境污染和全球生态资产的耗竭。这些能够影响世界上每个人,因此它们是全球性的公共物品。例如,地球上的每个人都受到气候变化的影响,可能还会受到生物多样性变化、其他生态系统所提供的各类生态服务变动的影响。这些问题的全球规模和持续性考验着国家间在制定有效的公共政策上的协调与合作。

2. 环境库兹涅兹曲线

在最近的几十年,人们在控制污染物的生产、排放以及防止生物多样性消失方面取得了一定的进展。研究人员提出了环境库兹涅兹曲线(Environmental Kuznets Curve)的概念(图 13-1)。环境库兹涅兹曲线指出国家的污染物排放首先是增加的,然后随着人均财富的增长,污染物的排放不断下降。这一连接着以人均收入表示的经济增长和环境改善的倒 U 字性曲线给我们提供了一个希望。也就是说,随着经济的发展公共的污染将得到控制。实践中,这种关系在城市的空气质量、水的质量(环境卫生)、一个国家中受到保护的土地总面积和具有不同收入水平的国家间或一个国家内地区间的毁林(和森林增长)速度得到了证实。

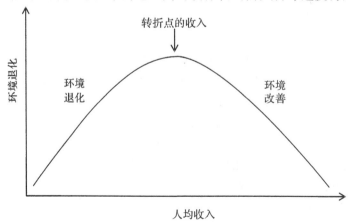

图 13-1 环境库兹涅兹曲线

然而，从某些方面来看这种描述可能太乐观了。首先，这收入与污染关系的可能是一种不同国家之间的组成效果，即富裕的国家经常注重用高技术和服务产业来发展它们的经济，而将污染产业转移到欠发达国家。其次，不是所有的污染都遵循库兹涅兹曲线。二氧化碳和其他温室气体在过去的200多年中就没有随着全球人均收入的快速增长而减少。再次，累计性的污染物（如温室气体）显示，其累计过程不会迅速发生逆转。最后，有些生物多样性的损失将不可逆转。没人确切的知道地球上存在有多少物种和每年消失多少物种。但是，有些生物学家指出，目前物种消失的速度是地质记录速度的1000倍。

三、以森林为基础的工业化和热带毁林

1. 以森林为基础的工业化

在第九章中，我们讨论了林业部门的长期发展趋势，也就是在混合资本经济中森林工业化的问题。如J·R·文森和C·S·宾克利(1992)所讲："森林的工业化始于未开发的成过熟林。森林生态学的原理告诉我们成过熟林的木材生长量为零，即林木的死亡率与光合作用下的生长率相等。在这种情况下，只要进行采伐，森林的采伐量就会超过生长量，从而导致森林蓄积量的下降。木材所包含的生态资本就转化成经济资本并被用于发展经济。如果被采伐的林地被用于农业或其他能够带来更高收益方面，森林的面积也随之减少。"

大多数的工业化国家都经历了这种森林蓄积和面积的减少阶段。各个国家所不同的是随后所采取的调控措施和进程。采伐量超过生长量的森林采伐并不意味着开发就是坏事和不可持续的。更重要的是随着森林蓄积减少而发生的经济和生态系统的调整。

J·R·文森和C·S·宾克利进一步指出："木材（活立木）的价格是反映木材是否短缺和随后是否要采取调整的信号。"如果产权配置合理和活立木市场运行有效，即使在没有充分考虑森林的非市场价值的情况下，森林面积显得太小并小于国家最初的规模时，林价（活立木的价格）的上升也会产生支撑稳定和永久森林面积的财政激励。因为森林蓄积的下降，林木生长量的增加有可能持续到生长量等于采伐量那一点，这时森林系统将沿着可持续的路径发展下去。同时，为了应对较高的木材价格，木材加工产业将采用更有效的方式利用木材。

然而，许多由国家启动（有时还得到了国际援助组织的支持）的以森林为基础的工业化项目都失败了。这一个过程工业化甚至使有些国家远离了可持续发展的道路。加上有些国际援助组织担心的以森林为基础的工业化对生物多样性和其他环境价值的影响，近年来有些国际组织不再对这类项目提供财务支持。

问题在于不适合的宏观经济政策和特殊部门政策，这一点在一些欠发达国家更为突出。有些政府没有维持一个稳定的宏观经济环境和产权制度安排。另外一些政府人为的使木材价格维持在低水平以鼓励对国内木材加工业的投资。但通常这些措施是无效的。其结果如J·R·文森和C·S·宾克利所指出的那样：森林资源的减少、不适当的自然资源管理、有限的人工林和低下的加工能力利用。这些政策经常使得林业的经济运行、就业和收入大起大落，没有起到促进森林的可持续发展的作用。最近，人们从环境的角度对成熟原始林的开发和人工林对生物多样性的影响的关注，阻止了一些国家以森林为基础的工业化的努力。

2. 热带森林：私有财产和全球财产

正如本章开始时指出的，世界上森林面积减少最多的前 10 个国家都处于热带地区。2000~2005 年期间，巴西的森林面积减少了 15515000 公顷，相当于美国乔治亚州的面积，世界第一。除了绝对数字外，我们看下国家森林面积减少的相对数据。同期世界上森林净减少比率最高的前 10 个国家是：科摩罗（位于马达加斯加北面，-7.4%）、布隆迪（中非，-5.2%）、多哥（-4.5%）、毛里塔尼亚（-3.4%）、尼日利亚（-3.3%）、阿富汗（-3.1%）、洪都拉斯（-3.1%）、贝宁（-2.5%）、乌干达（-2.2%）和菲律宾（-2.1%）。除了遭受战争破坏的阿富汗以外，其他国家都是热带国家。

和世界上其他地区的情况一样，有些热带雨林的减少是由于人们将森林和林地转换成其他更好的用途的结果。这是生态资本转换成经济资本。然而，过度的和浪费的森林采伐带来了深远（有时是毁灭性）的经济、社会和环境后果。这些结果包括当地和其他地区的长期贫困、社会冲突、动物和植物的消失和气候变化。

因此，从上世纪 70 年代开始经济学家在热带地区进行了大量的研究，来探索毁林的变动趋势和它所带来的土地利用的变化。最直接的导致热带雨林减少的动因是农业的扩张、木材采伐（不论是商业采伐还是为了家庭所需而进行的采伐，这有可能是以森林为基础的工业化活动的一部分）、基础建设发展的需要和城市化。通常森林的减少是上述多个因素共同影响的结果。

图 13-2 是对森林减少的简要说明图，给出了导致热带雨林减少的直接和潜在的因素。展示了热带雨林的减少是许多因素和过程的综合作用所致。

例如，贫困和人口的增长可能直接导致一些人移居到林区，并采用刀耕火种的方式毁林以维持生存。而国家促进经济发展的政策和项目，如公路和铁路建设，既可能直接地造成毁林，也可以使人们向原始林区的迁移速度加快。农业补贴、税费减免、土地的登记（要求证实利用和占用形式）和不适宜的木材特许权都会刺激对森林的采伐。政策的不稳定和低水平的管理所带来的不确定性也给产权的确定和执行带来了不确定的问题。全球的经济因素如一国的外债水平、世界市场对热带林木材和纸浆材的需求、或国内土地、劳动力和燃料的相对低成本都可以促使对森林的砍伐而不是可持续的土地利用。

技术的应用可能扩大或缩小毁林规模。适用于大规模农业生产的技术可能加快毁林的步伐。低效的森林采伐技术增加了采伐过程中对森林周边的破坏和木材的浪费，并很可能导致以后对森林更多的采伐。木材加工产业的木材节约技术的进步则可以减少森林的采伐。

到目前为止，我们一直是将热带雨林看做私有财产。当地的政府、商业界和群众可以去开发和利用它们。热带雨林还是全球性的公共物品。森林庇护着比其他生态系统多的多的物种和储藏着大量的碳。没有遭到人类干扰的热带雨林的碳循环是平衡的。但是森林的采伐和退化使得热带地区成了向大气中输送碳的一个源泉。在未来的几十年中这种输送的能力有可能会进一步扩大。

确实，全球对热带雨林的关注是由于对它的采伐使得公共物品的价值下降。不同国家的热带雨林的公共或私人所有者通常没有获得对没有市场森林价值的补偿。除非建立起了对森林所有者的有效补偿机制，否则森林的价值就一直会被低估，而且对森林的开发也太快。

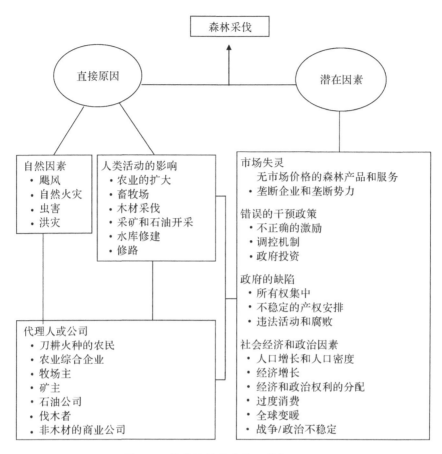

图 13-2 热带毁林的直接和潜在原因

四、森林在减缓全球气候变化中的作用

全球气候变化影响着经济活动、人类的福祉、环境和所有生物体的生存。全球未来的气候不会以我们今天所知道的方式来持久地支撑我们的生活。全球变暖是气候变化的主要形式。

全球变暖的概念是指在近百年来或更长时间里全球平均气温的持续上升。对于这段时期全球气温上升没有任何质疑。另外一个不争的事实是人类在使用化石燃料（主要是煤、石油和天然气）过程中排放了二氧化碳和其他温室气体。排放气体中二氧化碳占有重要的比例。2008 年大气中的二氧化碳的含量比工业革命前要高 40%~45%。

然而，科学家没有就全球变暖中人类的作用占多大份额完全达成一致。[1] 人们还在继续争论人们能做什么和应该如何做来控制全球变暖，每个国家该减少多少温室气体排放和什么样的政策工具可以用来控制温室气体的排放。

全球变暖与森林和林业经济学有什么关系？相当多。森林和其他生态系统一样都受到全球变暖和其他气候变化的影响。海平面上升威胁着海岸森林。气温上升使温带森林的分布向北扩张，改变降雨模式、火灾和虫害的形式以及森林生长率。在有些地方这些影响是负面的，在另外一些地方则是正面的。现在开展了大量的研究来评估气候变化对经济的影响，如森林生长率的变化和火灾及虫害的发生方式和频率的变化。事实上，全球变暖和其他气候变化是引起全球森林经营管理变化的最重要因素之一。

森林也会影响气候和气候变化进程。森林通过树干、树叶和土壤吸收碳；通过林木的腐烂、燃烧以及森林采伐向大气中释放碳。因此，森林是一个重要碳储库和碳的释放源。森林在全球生物化学碳循环中起到了一个碳库的作用，在全球变暖的讨论中处于重要的位置。

在过去的两个世纪中，毁林向大气中释放了大量的碳。政府间应对气候变化工作组（Intergovernmental Panel on Climate Change，IPCC）估计毁林和将林地转为非林地的行为向大气中释放的温室气体约占这些气体总排放量的20%。森林退化也释放了大量的温室气体。正如我们所看到的，在有些国家特别是热带国家毁林还在继续。而每公顷热带雨林和林地的碳储量是最高的。2008年联合国启动了一个合作项目称为REDD+（即：通过减少毁林、森林退化和用可持续的森林经营来减少碳释放），其目标是堵住毁林和森林退化向全球碳释放的渠道。另一方面，造林吸收大气中的碳。木制品中储存的碳则可望在较长的时间内得以保存。

1. 碳市场

因为化石燃料的使用被认为是最大的人为温室气体排放源，目前已提出了几种减少化石燃料使用的方法。这些方法包括支持旨在减少全球经济活动中能源利用和转化的新技术、制定限制能源消费的规定（如制定汽车必须达到燃料的有效标准）、碳税和排放收费制度。在后面将要讨论增加可再生能源的利用，同样可以减少温室气体的排放。最后，碳释放的限额交易系统（Cap and Trade）有助于通过市场机制来实现减少温室气体排放的目标。

在限额交易体系中，排放的总量是一个具有约束性的数量。这一约束性的数量要首先经过排放许可的方式在企业间进行分配。而企业在如何使用所分配到的排放数量上具有灵活性。以这种方式，规则的制定部门确定可供分配的总排放数量并颁发排放许可。不论最初的分派是通过拍卖或其他分配系统来实现，排放许可交易最终建立起一个排放许可的价格体系。企业将它们的排放量限制在控制排放的边际成本等于市场上购买或销售排放许可的价格水平点。因此，排放者的边际成本相等。

限额交易体系的逻辑基础是，有些企业可以用比其他企业更容易或成本更低的方式，将它们的实际排放量控制在所获得排放许可水平以下。这些高效的企业就可以将他们所剩余的排放许可量销售给那些不如它们高效的企业。这样就建立起了一个可以保证总的减排量能够实现的体系。在这个体系中高效的企业得到了补偿同时也保证了减排限额能够以最低的经济成本来实现。

限额交易的成功案例有美国、加拿大五大湖地区的酸雨项目和美国东北部氮氧化物预算交易项目（NO_x Budget Trading Program）。实践结果表明，这些排放交易项目比制定规则或命令与控制等方式要显著的节约成本。

对于碳市场来说，交易项目可能要包括碳排放分配（Carbon Allowance，共享排放限额）和碳汇（Carbon Offsets，碳抵消）两个方面。碳汇使得生产新的或增加二氧化碳排放的来源（如能源生产者）可以从其他渠道（如碳储存）抵消他们排放的二氧化碳。由于树吸收了碳，森林可以成为碳储存物。因此，一个林业项目所吸收的碳可以抵消使用化石燃料所排放的碳。

因此，即使在美国和加拿大碳排放交易项目还没有得到政府的认可，也没有碳排放额分配的情况下，近年来各式各样的自愿碳登记标准和一个自愿市场（芝加哥气候交易所）在北美洲相继出现。在芝加哥气候交易所和世界上其他气候交易市场交易的合格的林业碳吸收项目包括：造林、再造林和森林的可持续经营。通常市场交易的碳价格或价值是基于碳信用。一个碳信用等于一吨的二氧化碳或等量的二氧化碳气体。

从交易开始的 2003～2009 年，在芝加哥气候交易所交易的碳信用的现价变动很大，从 0.01 美元到 7.4 美元，平均为每公吨为 2.4 美元。我们以阿拉巴马州为例来看一下这些发展变化对林主可能带来的机会。

2000 年阿拉巴马州的松树人工林的平均年净生长量为每年每公顷 6.8 立方米。相当于每年每公顷 3.4 吨的碳生物量（在北美洲每生长 1 立方米的蓄积等于 0.5 吨的碳生物量）。1 吨的碳等于 3.66 吨的二氧化碳。因此，阿拉巴马州的人工松树林每年每公顷将储存 12.5（3.4 * 3.66）吨的二氧化碳。以每吨二氧化碳的市场平均价格为 2.4 美元来计算，阿拉巴马州的人工松树林林主所获得碳信用的收入是每公顷每年 30 美元。林主还要从这笔收入中减去与生产、销售碳信用相关交易成本。因为碳信用的认证和森林经营的认证要在大范围内进行，所以这种交易成本可能不小。相应地，他们的净收入可能会更低些。这是林主的一笔额外收入，但目前的碳信用不会促使他们在森林经营上有大的变化。然而，如果碳信用达到欧洲的价格水平，大的森林经营的变化是可能的。

这解释了在北美洲为什么只有少数森林碳汇项目在芝加哥气候交易所的资源市场上进行交易。碳的价格非常低和对碳汇的需求很有限是主要原因。这种现状在强制性的排放许可制度体系出台，或碳信用具有比我们今天在北美洲所看到的价值要高的情况出现以前不会有多大的改善。通过《京都议定书》的清洁发展机制，许多林业碳汇项目在世界各地，特别是在南美洲和亚洲展开。这些项目的效果需要进行系统的研究。

此外，在实践中林业碳汇项目要符合联合国气候变化框架协议的三原则：额外性（Additionality）、避免泄露性（Leakage Avoidance）和持久性（Permanence）。额外性的原则是要保证一个项目所提供的碳汇信用，是在没有本项目就不能被吸收的碳量。一个项目碳吸收的底线是按照一切正常（Business as Usual，BAU）的原则计算。众所周知，森林碳吸收的 BAU 水平是很难计算出来的，因为有些事情的发生是不受控制的。因此，有必要建立一个清晰和能够普遍可以接受的、计算 BAU 水平的方法。

避免泄露性的原则要保证一个林业碳汇项目所带来的有利效果不会因为受到项目区以外其他项目而被抵消。例如，许多人相信，20 世纪 90 年代美国联邦政府的木材采伐量的减少，直接导致了美国私有林和美国以外国家（特别是在加拿大）公有林和私有林采伐量的增加。因此，美国为了出售碳汇信用而减少的采伐量可能导致了在世界其他地方采伐量的增加。

持久性的原则要求有资格的抵消，一个项目带来的温室气体减少必须是持久的，将排放推后不算。这项原则适用于直接排放。但是，对林业项目很难判定，因为林业项目具有长期性和不确定性。这条原则可能限制了林业项目的资格确认。

2. 木质生物能

森林还可以通过生产再生的生物质能源来替代化石燃料的方式为减少温室气体排放作出贡献。木质能源大体上是碳中和的。即使是在木材的采运过程中可能使用了化石燃料和产生了一些排放，每生产一个单位重量的木质能源的温室气体排放量要小于草和非纤维质生物（玉米乙醇和大豆油）。

问题是从木材中生产生物质能源的成本要高于其他的能源生产成本。近来的研究表明利用采伐剩余物发电的成本要高于用煤发电，主要原因是每单位木材重量所包含的能源只相当于煤的一半，木材运输和处理的成本也远高于煤炭。这些成本上的差异转移到吸收一吨的二氧化碳的成本差别是 57 美元。换句话来说，这类项目要想付诸实施，每吨二氧化碳的价值必须高于 57 美元，否则成本效益更好的(煤电)项目将会被选中。

近年来，美国政府推出了鼓励木质生物能源生产的政策。2007 年的美国能源独立和安全法案要求大幅度的增加可再生能源的使用，从 2007 年的每年 70 亿加仑(1 加仑 = 3.78 公升)增加到 2022 年的每年 360 亿加仑。增长量中的大部分来自于用非食物(包括纤维质的木质生物)所生产的生物燃料，其使用量从 6 亿加仑增加到 210 亿加仑。美国政府对启动建设利用木材的生物质能源工厂进行补贴，同时也资助将木质生物转化为乙醇、甲醇和其他化学品的技术研发。如果技术上突破性的进展降低了生产纤维质生物燃料的成本，或木材乙醇工厂在没有政府投入和补贴的情况下建设成功，那么新的木材生物质能源市场也将会建立起来。这一市场开始阶段可能会增加对采伐剩余物的需求，然后对人工林需求的增加。后者会促使人们适当的营造速生树种进行短轮伐期的经营。

五、林业经济学新出现的议题

在这一部分，我们谈谈林业经济学的三个新的和重要的议题，即：生态系统服务、森林健康和支持可持续林业的政府管理、政策制定和制度。人口和经济活动的扩张将它们带入公众和林业经济学的视野以内。

1. 生态系统服务

纽约市有 800 万人口，水资源很丰富。纽约市的大部分日常用水来自于上游的水库并通过渠道输送。为了使饮用水能达到国家标准，纽约市平均每天要消耗 16 吨的化学品用于提高和保持水质。

在 20 世纪 90 年代末，纽约市和国家的官员担心从美国最大的无过滤系统所提供的水变得浑浊；而浑浊的沉淀物妨碍了清除污染物的氯化作用。如果找不到其他的办法，纽约市需要建设一个大型的过滤厂，其投资要 60 亿~80 亿美元，再加上每年数亿的运行费。

纽约市选择了不同的解决途径。市政府发现导致水中浑浊物增加的主要原因是上游积水区土地利用变化产生的径流增加所致。因此，他们开始寻找限制在积水区内林业和农业土地利用的方法。他们考虑过推动建立一个全州性的土地利用法规。但这种法规不受欢迎。最后，他们选择了在大多数情况下直接购买方式，即与土地所有者签订保护协议并支付相应的费用。大体上，市政府是从林主的产权中购买了某些部分(产权在第十章进行了讨论)。在 1996~2006 年，市政府花费了 1.68 亿美元保护了超过 70000 英亩的林地，在可预见的未来还将继续做下去。这项土地购买和保护的投资相当于 10 亿~15 亿的投入，可以被看做是对自然资本的投入。以这种方式，纽约市避免了要建设一个投资和运行费用要高很多的过滤工厂。

这个故事展示了森林资源和环境领域新出现的经济和政策问题，即：生态系统服务。

人类从生态系统中获取重要的物品和服务。因此，从广义上讲生态系统服务可以定义为人们从生态系统中所获取的全部效益，包括清洁饮用水和废物的生物化学分解等。联合国2005年千年生态系统评价将生态系统服务分为四部分，即：提供必须品，如食品和水；调节功能，如气候和疾病的控制；支撑功能，如营养系统和作物授粉；文化功能，如精神上和休闲游憩效益。

林业界很早就认识到森林多种产品和效益，如木材、饲料、水、游憩和物种的栖息地是联合生产的。近年来，用生态系统服务管理代替林分管理或森林经理的说法强调了生态系统服务的概念，特别是生态系统的保护。但目前所说的生态系统服务与第六章中所提到的森林经营多重利用传统概念的差别，只是重点强调了将生态系统(而不是林分)看做产生效益的单位。

有些生态系统服务在市场上进行交易。在不久以前，林业经济学和其他经济学的大部分工作重点，都放在研究自然界能够为经济生产提供什么样的和多少原料的作用上，很少考虑环境质量、荒野、其他生态系统服务。当经济学家扩大了他们对自然系统价值的认识视野时，他们开始评价生态系统所提供的各种各样服务的价值。到目前为止，人们也只是对大部分生态系统服务价值的评估才刚刚开始。

评价生态系统产品和服务的挑战来自于三个方面。一是大多数的生态系统服务没有市场价格。二是人们通常是不知道生态系统服务的生产函数，这使得问题在地域范围和时间空间上都变得复杂起来。三是大多数生态系统服务的公共物品的属性又使得政策的制定者很难设计出刺激它们增加供给的政策体系。为了使生态系统服务的总价值实现最大化，我们可能要将它们分为一般的产品和服务、集体产品(collective good，或俱乐部产品)和公共物品，并根据各类产品的特征分别进行生产和交易。

纽约市水源地保护项目就是一个将表面上看来是公共物品转化为集体产品，并在市场上进行交易的很好案例。纽约市政府对北部水源地的土地所有者在保护和净化受到污染水源上所提供的生态系统服务给予一定的补偿。这样做的结果不但改善了水质，使其达到了国家的标准，而且也使市政府节约了50亿元的支出，土地所有者得到了额外的收入。

这种对于某一特定生态系统服务的自愿市场类似于在第十章中所讨论的，由于外部性给个人所带来收益与损失的私人之间的谈判。当产权的界定是清晰的和从交易中所获得净收入足以覆盖交易成本时，这种谈判将有可能实现。当生态系统服务的效益的清晰度、可度量和可实施程度更高时，自愿谈判也可能进行。

另一方面，当交易成本太高，或生态系统服务效益的清晰度和可度量较低且不具有可实施性时，私人之间的谈判就不会发生。这可能就是大部分生态系统服务的典型现状。例如，作为一个极端的例子是碳排放和气候变化，如此大的一个问题受到许多因素的影响，人们在时间和空间上准确配置的预期效果非常不清晰，人们很难搞清楚这个问题是如何影响到他们个人生活的和该如何去做。2009年在哥本哈根气候首脑会议上，各国首脑围绕着达成一个政治性协议的斗争就证实了这一任务的艰巨性。

正因为如此，许多传统和非政府组织在扮演着中介的角色。在没有生态系统服务自愿市场或市场功能发挥不好的地方，这些组织可能起到降低生态系统服务市场的交易成本的作用。然而，许多自愿市场成功的案例都有政府的介入或是在启动阶段受到政府规章的支持。

前面提到的酸雨项目就是(首先有)政府的限制与(然后的)私人交易的成功案例。减少湿地损失的新兴市场就是在美国的无湿地流失政策的基础上建立起来的。在这个市场上湿地开发者和土地所有者对土地以及湿地开发者和湿地占用者对湿地信用进行买卖。类似地，1997年，美国南卡罗来纳州的一个林主由于准许在她的林地上建立新的红顶啄木鸟的栖息地以增加啄木鸟的数量，从某个开发商收取了20万美元的赔偿。该开发商想在他要开发的一块土地上合法地赶走一对濒危的红顶啄木鸟。在这个案例中"赶走"意味着合法清除这对啄木鸟的栖息地，这可能导致它们的死亡。获得收入的林主则要抵消那个开发商由于在他的土地上开发而使濒危物种的损失。尽管美国濒危物种法案禁止赶走任何濒危物种，但这个交易之所以能够发生，就是由于新的政府规定在如下两种情况下可以赶走濒危动物：首先如果损失是不可避免的（如孤立的濒危鸟难以长期生存），其次要有减轻损失的计划和补救措施。

正如前面所讲，政府还有其他的办法来调控生态系统服务。在理论层面上，政府可以通过对破坏生态的行为征税、改变法规、对有益行为进行资助和土地的公共所有来提供同样的生态系统服务。当许多生态系统服务的自愿市场没有自发建立起来的时候，政府可以直接建立某种市场。林业经济学家通过个案或总体上对不同的生态系统服务的评价来帮助政府作出适当的决策。

2. 森林健康：火灾和病虫害防治与外来物种的管理

尽管火灾、病虫害发生和外来物种侵入的管理对林业来说不是新的话题，但是近年来它们在北美洲和其他地方发生的程度和频率确是灾难性的，并引起了人们极大的关注。1997~1998年在南亚的印度尼西亚、巴布亚新几内亚和马来西亚的一场森林大火烧掉了至少75万公顷的森林。2010年俄国的森林火灾也是吸引了全球林业和环境团体的注意力。近来的几十年，美国和加拿大的森林火灾在夏季的新闻报道中有提及。20世纪90年代中期在美国太平洋西北沿岸和加拿大西部（主要在哥伦比亚省）爆发的山区松树甲壳虫灾害，造成了几百万英亩的松树林死亡。两国损失的成过熟林蓄积量超过10亿立方米。损失的木材量占加拿大可采针叶林总蓄积（210亿立方米）的4%~5%，或是两国可采针叶林总蓄积（350亿立方米）的3%。

火灾和虫害发生的范围和频率不断的增长，部分原因是气候的变化，更可能是由于人类的活动和公共政策因素所致。例如，自从20世纪20年代在美国实行的火灾预防政策，很可能增加了发生灾难性火灾的风险。作为荒野与城市过渡地带林区的人口增长，也增加了火灾发生的风险和对火灾管理的难度。外来物种侵入范围的扩大与贸易、交通和旅游发展紧密相关。

火灾管理、病虫害防治、阻止外来物种侵入和扩散的核心理论是成本和损失总量最小理论。该理论解释了如何权衡危险与管理或避免损失的问题。例如，火灾管理政策受三个概念的约束，即：提供充分的保护、使损失最小化、从而使火灾管理成本与损失之和达到最小。这意味着最佳的火灾管理（或火灾预算）的目标是使管理成本加财产损失的总量达到最小。

管理成本包括预防火灾、阻止和扑救火灾的成本。然而，因为对没有市场价格的森林产品、服务进行量化的困难、计算的不准确性、财产的损失有时很难估计。

3. 理解执政和建立支持可持续林业的政策和制度

可持续的林业依赖于强有力的、对林主和森林利用者具有适当激励的政策和制度。浪费性的毁林行为经常是由于脆弱的土地产权制度安排、森林政策以及管理的不善所致。因此，理解执政（Governance）的责任和建立起激励可持续林业发展的政策和制度体系，是一个对全球森林资源保护和管理来讲具有重要作用的事情。

执政被定义为由国家权力部门执行的传统和制度，它有多个维度，包括公共参与和政府的责任、政治的稳定和完善、公共安全、政府效力、调控质量和法律规则。这些综合特征给出了执政的质量内涵，它们都对森林的经营具有影响作用。

执政通常被认为是政治家的工作。有些林业工作者和林业经济学家试图避开它。然而，他们不能完全避开它，正像他们不可能避开法律和规章一样。例如，森林认证是一个新的管理机制，作为在森林经营管理上传统政府主导的执政机制的补充。森林认证使非政府组织在如何管理森林上具有话语权。

林业工作者和林业经济学家可能对政策和制度的制定有较好的判断力。政策和制度的失灵阻碍了可持续林业的发展现象，在发达国家与发展中国家同样普遍存在。例如，在最近几十年里，美国国有林销售木材的收入不能覆盖木材销售、造林更新和修建道路的成本。这种低于成本销售木材现象发生的部分原因，是木材销售费用太高和有些费用（如建设永久的道路来代替采运道路；前者可以被森林游憩者使用）被认为建设了具有多种用途的设施。然而，有些经济学家认为重要的是美国国有林微妙的产权制度安排，即：国有林的管理者——美国林务局没有法律上的责任去获取利润和几乎没有降低木材销售成本的动力。确实，目前美国的法令、规章和行政法规也不允许美国林务局降低其木材销售成本。

为了说明美国林务局在木材销售中时如何亏损的，我们来看下蒙大拿州的公有林（包括国有林、地方政府所有林和社区所有林）的比较研究结果。在这里国有林和州有林相互交错的生长在一起，林木生长的立地条件和木材质量基本相同，不同所有者在相同的市场上出售木材。国有林和州有林都是进行多目标经营，遵循相同的环境规章制度。环境审查的结果显示，在环境服务上州有林经营不比国有林差，有些地块还要好。在 1988~1992 年期间州有林的木材销售收入是 1330 万美元，然而，蒙大拿州内 10 个国有林区同期产生了 4200 万美元的亏损。值得注意的是这些木材销售收入的州有林采伐量（1.91 亿板尺）只占同期蒙大拿州内国有林采伐量（23 亿板尺）的 8%。

这一收入上的差异并不代表美国林务局的经营管理没有州林业部门效率高。然而，两个林业管理部门在市场收益上的差异反映出了他们在利用各自土地上的目的不同。根据法律，州有林的经营要追求木材销售净收入的提高以用于支持公立学校。国有林没有如此的职责，所以国有林的木材销售成本要比蒙大拿州有林要高许多。

类似的情况也存在于加拿大的大不列颠哥伦比亚省。在该省持有林场许可（Tree Farm Licences）的木材采伐公司和持有森林许可（Forest Licences）的林业公司，在营林投入和造林更新活动上都具有明显的不同。两种许可都是长期森林许可，许可持有者要遵循相同的森林生产和造林更新规则，也就是在采伐后的最初几年中要保证采伐迹地的树木能够自由生长。这两种许可的唯一区别是林场许可更安全。持有林场许可的公司在规定的地块内有 25 年的权力，而且这种许可可以延续，每 10 年延期一次。然而，森林许可提供了一定采伐数量的权力，有效期是 15 年，可延期，每 5 年延一次。由于森林许可是基于采伐数量的许可，该许可的持有者不可能再回到他们采伐过的林地上进行采伐活动。这与林场许可持有者不同。另外，每次当许可持有者申请延期时，政府都要收回 5%。这样与林场许可持有者相比森林许可持有者频繁的延期申请将使他们失去得更多。在产权安排上的这两中细小的不同意味着林场许可的持有者可能更注意他们在采伐迹地上更新造林的质量，而森林许可持有者更多的是关注他们的造林结果是否达到了规章制度的最低要求。

我们最后的一个例子是巴西的亚马孙河地区。2006 年以前巴西缺少对于占亚马孙森林

80%的公有林管理的机制。在那里,非法占有、非法采伐和非法侵入流行,缺乏可持续的森林管理制度。2006年,巴西通过对公有林进行可持续经营和保护的森林管理法律。该法律规定为了可持续生产要在公有林(在国有土地上的森林)中实行新的木材特许权制度。木材特许权可以发给私人、社区和其他潜在的所有者。法律规定森林特许权为40年,通过拍卖的方式进行(虽然社会团体和非政府组织的森林不需要参与进行正式的拍卖)。特许权价格根据具体森林的状况而定,没有统一标准。它受到森林的特征、位置和其他因素影响。根据法律,土地利用总收入的20%归新成立的巴西林务局和巴西环境与可再生资源协会。

巴西政府希望用特许权制度实现森林的多重经营利用和减少农业的毁林程度(农业是该地区毁林的主要原因)。在最初10年计划分配1100万公顷的森林,占亚马孙地区森林的3%。巴西在森林占有制度上的改革再一次说明林业政策和制度在实现可持续森林经营上的重要性。

总之,政策和制度的建立对全球可持续林业具有关键作用。在最近的几十年,发达国家进行了产权改革。类似地,土地和产权改革也发生在中国、巴西、越南、东欧国家和其他国家与地区。即使各国的政治体系、经济和文化背景不同,相互之间的学习对各国都有利。在理解了产权理论和制度的基础上,并掌握了大量的实践结果的证据后,林业经济学家能够帮助政府设计有助于实现可持续林业和保护环境的政策与制度体系。

六、要点与讨论

本章阐述了世界森林资源的发展变化,人口、经济增长和环境的关系,热带林减少的原因,森林与全球环境变化双向关系,林业经济学面临的三个新问题和挑战:如何使森林生态服务市场化(即生态补偿)、如何保护森林健康和如何从执政、政策和制度上为林业可持续发展提供保障。

森林生态服务市场化(生态服务补偿)指买卖森林所有者的某些"产权束"。购买者可以是私人(或赞助者)或政府。前者是只有在买卖双方付出交易成本后仍有收益的情况下才可能出现。这种交易有可能将一个看似"公共物品"的服务转化成一个"俱乐部产品"(集体产品)或私人产品。后者主要是政府由购买公共物品而引起的。我国的退耕还林、生态补偿基金制度都是政府购买生态服务的案例。

森林健康的经济学问题主要是由气候变化、人口和经济增长等引起的。森林病虫害增多、大面积火灾的发生、外来生物入侵、台风和冰雪灾害,都对森林健康带来严重影响。维护森林健康的基本经济学原理是使控制成本和损失最小化。

最后,林业经济学者应关注政策的制定、实施和效果、制度和社会资本能力的提高。世界各国的大量事例说明政策失败和制度的缺失是影响林业可持续发展的主要原因。中国和世界其他国家林业改革的根本是林业政策和制度的改革。

注释:

①在这个问题上我们不需要全体同意。全体同意主要是一个政治的概念。进一步来讲,当所有国家领导人和科学家在应对气候变化上达成一致时再采取行动可能就迟了。但"科学家在应对气候变化上达成一致"的报道引起了争论。确实有新闻媒体报道过来自130多个国家的3750个科学家支持联合国应对气候的

第十三章 全球森林资源与环境

政府间谈判所产生的2007年报告。在该报告中指出人类引起的全球变暖对地球带来了威胁。然而,该报告的绝大多数作者和审稿人关注的是历史和技术部分。只有报告的第九章(理解气候变化特点)的53个作者和该章的7个评审者明确的支持报告中关于人类活动引起气候变化的结论。

复习题

1. 全球的森林覆盖率是多少?世界上森林减少比率最高的国家是那些?
2. 什么是库兹涅兹曲线?它的含义是什么?
3. 请解释在限额交易体系中自愿市场是如何运作的?
4. 请找出你所在地区的林主是如何通过林木生长来销售碳信用获取收入的。请讨论林主如何管理它的森林以获取碳信用。
5. 请解释碳汇的三项原则和如何在林业碳汇项目上进行应用。
6. 什么样的政策体系才能促进生产和使用木质能源?
7. 什么因素阻碍了建立生态系统服务的资源市场?

参考文献

[1] Banerjee, Onil, Alexander J. Macpherson, and Janaki Alavalapati. 2009. Toward a policy of sustainable forest management in Brazil: A historical analysis. *Journal of Environment and Development* 18(2): 130-53.

[2] Chichilnisky, Graciela, and Geoffrey Heal. 1998. Economic returns from the Biosphere. *Nature* 391: 629-30.

[3] Food and Agriculture Organization of the United Nations(FAO). 2006. *Global Forest Resources Assessment 2005*. FAO Forestry Paper 147. Rome: FAO.

[4] Gan, Jianbang. 2007. Supply of biomass, bioenergy, and carbon mitigation: Method and application. *Energy Policy* 35(12): 6003-9.

[5] Geist, Helmut J., and Eric F. Lambin. 2001. *What Drives Tropical Deforestation? A Meta-Analysis of Proximate and Underlying Causes of Deforestation Based on Subnational Case Study Evidence*. Louvain-la-Neuve, Belgium: LUCC International Project Office.

[6] Leal, Donald R. 1995. *Turning a Profit on Public Forests*. PERC Policy Series PS-4. Bozeman, MT: Political Economic Research Center.

[7] Lindsey, Rebecca. 2007. Tropical Deforestation. http://earthobservatory.nasa.gov.

[8] Mannes, Thomas. 2009. Forest management and climate change mitigation: Good policy requires careful thought. *Journal of Forestry* 107(3): 119-24.

[9] Simpson, R. David, Michael A. Toman, and Robert U. Ayres. 2005. "Introduction: The 'New Scarcity.'" In *Scarcity and Growth Revisited: Natural Resources and the Environment in the New Millennium*, edited by R. David Simpson, Michael A. Toman, and Robert U. Ayres. Chapter 1. Washington, DC: RFF Press.

[10] United Nations Millennium Ecosystem Assessment. 2005. *Ecosystems and Human Well-Being: Synthesis*. Washington, DC: Island Press.

[11] Vincent, J. R., and C. S. Binkley. 1992. Forest-based industrialzation: A dynamic perspective. In *Managing the World's Forests: Looking for Belance between Conservation and Development*. Washington, DC: World Bank: 93-94.

[12] Zhang, Daowei, and Peter H. Pearse. 1996. Differences in silvicultural investment under various types of forest tenure in British Columbia. *Forest Science* 44(4): 442-49.

[13] —. 1997. The influence of the form of tenure on reforestation in British Columbia. *Forest Ecology and Management* 98: 239-50.